出版说明

"影像文丛"为中国民族摄影艺术出版社出版的影像文化系列丛书。该丛书将是一套开放的书系，以引进、翻译国外经典和当代摄影理论、史论、文论为主，也包括国内影像文化研究的最新理论成果，力图通过经典作品的引介，探究摄影理论演进中的发展轨迹，同时体现出摄影理论研究的当代性。丛书的计划出版书目中，很多都是经典、文献性的学术著作，和当下国外大学摄影艺术专业的教科书或指定阅读书目，这些均为"影像文丛"选题选择的方向与范围。"影像文丛"体裁既有专著，文选，也有个案研究，案例分析，以及对话访谈，这些也体现了这套丛书的包容性和多样性。

我们致力于影像文化的普及和提高，希望通过出版"影像文丛"这样实实在在的工作，为读者建构一个有层次，较完整，既有历史脉络，又有当下性的摄影理论研究体系。以期拓展读者视野，为摄影创作和理论研究提供学术支撑，为相关的影像文化研究提供借鉴和参考。

需要说明的是，影像文化是一个涵盖面广的概念。其理论分析自然离不开哲学、美学、社会学、历史、传播学等范畴。再加之作者理论体系和语言风格的不同，相关文章难免晦涩、拗口，翻译时我们将尽力遵循学术著作翻译的要求和规范，准确传达原作的思想内容，语言贴近原作的风格，译作力求"信、达、雅"。

本系列图书将统一加注原版书的页码，方便读者对照原文查阅。

目 录

中译版序

作为本书的两位作者，能对中国读者说几句话，实在备感荣幸。你们会发现，这本出版物是之前多年研究和教学的成果。该书英文版已发行了两年。凭借我们作为（比利时布鲁塞尔）鲁汶大学和（荷兰）莱顿大学艺术史系摄影理论教授的能力，我们同时也能让文本付诸实践。

首先，我们在为其他研究者组织的研讨会上使用了本书的一些章节，把它们和指定阅读本书所讨论的原始材料结合起来。其次，我们在大学课堂上利用了正文文本和与之一起讨论的影像。在鲁汶大学和莱顿大学学习摄影理论的学生，来自世界各地，包括中国和美国，他们都表达了对本书的方法和内容的浓厚兴趣。

本书的英文版也已证明，其对于在名校教授摄影理论课程的其他教授们有着足够的使用价值，例如美国布朗大学的阿列尔·阿祖莱（Ariella Azoulay）教授，就把这本书列入指定阅读书目中。

此外，我们感到非常高兴，能有这个机会通过中译本将我们的著作介绍到中国的学术背景中。这个译本不但能使中国读者广泛分享我们的见解，也有助于西方摄影与亚洲摄影之间更广泛的相互理解。对于想要仔细阅读英文版中所有插图的读者，我们建议用一本原版出版物和中译本对照阅读。

这个译本出版之际，我们进一步希望为那些渴望登上国际舞台的中国摄影学生打开大门。虽然本书的写作是出于西方人的视角，但我们真诚地希望它也将对中国读者产生吸引力。它的目的在于促成在中国从历史的角度更深入地理解摄影理论的国际趋势。

作为回报，中国的读者能够运用各种素材，在我们的阐释之外提出他们自己对中国摄影及其历史的分析。只有由此出发，中西方理论之间才能有卓有成效的互动。如果这个译本有助于加强思想交流，进一步研究今天和未来中国和西方的文化，那就再好不过了。我们期待着这一天。

希尔达·凡·吉尔德
海伦·维斯特杰斯特

导　言

当今世界，摄影无处不在，致使摄影自身诸多显著特征未被人们认真思考过。最近几十年，摄影在当代艺术中发挥的作用越发巨大，就此而言，很难说是一种巧合。本书绝大部分内容力图反思日常生活中的摄影语言。

有关摄影的文献，主要由重要摄影家的传记出版物、他们的作品概述以及摄影的历史所组成。另一类出版物则专门致力于有关摄影本质的理论探讨，全然不理会传记和历史的方面。本书以更加宽泛综合的方式，集中着眼于摄影理论，但并不妄图提供一种摄影的本体论。在有关这一媒介的学术著作中，"本体论"的概念通常指媒介特性，即定义一种媒介与另一种媒介之间的基本差异。我们与扎比内·克里贝尔（Sabine Kriebel）的观点相同，觉得根本无法用单一定义来把握照片（photographs）的精髓所在（2007:3）。

摄影这个领域太具有多样性，并不存在包罗一切的单一理论模式。因此，本书的目的是通过分析当代艺术的摄影实践中选取的不同案例，促使人们理解摄影媒介多样而复杂的特性，我们将通过摄影术诞生170多年来有关摄影的观点和理论这一语境展开讨论。对该媒介采用这种研究方法，目的在于强调当代有关摄影的争论中提出的问题，以及历史根源究竟何在。

出于几个原因，我们在这本书中以一种媒介比较研究的方法为基础，讨论摄影常被人提及的特征。按照当今各种不同媒介之间相互作用、相互融合的这一不断变化的特征，媒介理论家杰伊·大卫·波尔特（Jay David Bolter）和理查德·格鲁森（Richard Grusin）主张，在西方文化中，一种媒介从来都不是孤立地发挥作用。"它必然与其他媒介形成重要的、敌对的关系……如果不借助其他媒介，我们甚至无法认清一种媒介的表现力"（1999:65）。有关摄影的特性的大部分文本都用这样或那样的方式，参照了视觉艺术中的其他媒介——主要是绘画和电影——从而证明这一媒介所特有的属性，或者说明了定义其独特性有多么困难。不过这种比较很少从历史脉络的角度来进行研究，或者与再现、时间、地点和功能等等核心概念联系起来。

基于目前有关摄影的争论，本书涉及到五个主要领域：摄影与绘画的比较；摄影是一种时基艺术（与电影和行为艺术比较）；摄影与虚拟现场以及空间艺术的关系（与特定现场空间艺术之类媒介比较）；摄影是社会批判的视觉化工具；以及摄影是一种自我映现（self-reflactive）的媒介。这几个领域都同有关摄影本身媒介特性的争论联系在一起，提出了有关再现、时间、地点和功能的问题。这使得我们把再现理论同摄影与绘画的比较研究、时间理论同摄影与电影的比较研究、地点概念同摄影与空间艺术的比较研究，以及功能论与作为社会批判视觉工具的摄影联系起来。

不消说，关于摄影的理论见解，因为与之进行比较的媒介的不同而有所不同。值得注意的是，有关摄影特性的大部分文本，来自对作品进行单一学科性研究，相反，与摄影应用的目前发展密切相关，我们的一些案例分析是在混合媒介（mixed-media）的语境下来考察摄影。混合媒介往往是由画家、行为艺术家、录像艺术家以及大地艺术家来实现的。这使得人们能够证明，一种媒介与其他媒介并置或混合时，其特有的特性是否被削弱、强化或发生变化，一切又是如何发生的。这种方法也使我们能够质疑，这种变化对于一件作品的视觉传达和意义生产可能造成的影响。

虽然本书着眼于媒介问题，但我们并未以美国艺术批评家克莱门特·格林伯格（Clement Greenberg）的方式，采取现代主义的研究方法，试图确立一种媒介的若干本质。相反，我们主张，当代艺术中的媒介是以歧义性、多样性、不确定性以及媒介之间的相互作用为特征，而不是纯粹性。这并不意味着媒介之间的差异被消解了，或者艺术家对自己使用的媒介已漠不关心。相反，过去的艺术家们在自己的整个创作生涯中往往坚持采用同一种媒介来创作，而当代艺术家们则往往选择深入研究不同媒介之间的界限，或以不止一种媒介来进行探索。

罗萨琳·克劳斯（Rosalind Krauss, 1999a, 1999b）采纳了格林伯格有关媒介特性的观点，主张艺术家必须根据对媒介历史的了解，"彻底改造"所选择的媒介，旨在使之得到进一步的发展。因此，她对混合媒介艺术以及装置艺术中所采用的混合媒介持批评态度，这也许表明在后媒介（post-medium）时代里，每一种媒介都与其自身的历史疏远了。正如我们在本书当中论证的，摄影的混杂形式可能会把人们的注意力吸引到所涉及的各种不同媒介的特性上，不仅仅是否定了媒介问题，而且这样的形式往往确实导致了与其自身历史联系在一起的媒介改造。借用其他媒介的成分，或者把自己的作品同其他媒介成分相结合的摄影师们，可以看成是对我们当今生活的反映。早在1964年，马歇尔·麦克卢汉（Marshall McLuhan）就曾主张，人类毫无疑问已"透过他们所使用的各种不同媒介，让自己的感官和神经大大延伸了"（1999[1964]:4）。的确，摄影在这方面广泛而多样的应用，充当了一面镜子，反映了我们在一个集体层面上如何在社会中发挥作用。

本书的结构

本书章节顺序和结构遵循了如下逻辑。历史上以及当下与摄影特性有关的争论，主要集中在——即便并非一目了然——这样几个问题上：当人物、对象、事件、时间或观念最终成为一幅照片中的材料（素材）时，(1) 再现；(2) 时间；(3) 地点究竟是如何发生的？前三章从媒介比较研究的角度入手，探讨了这些问题。这也是它们为何在本书当中构成了某种独立的整体。除了将摄影与其他媒介并置之外，这些章节中各小节的结构，都是根据互补的配对，指出了相互形成对比的特性。在我们看来，这种方法构成了一种卓有成效的策略，形成了全新的理解或中肯的见地。

第四章很少着眼于照片本身所从属的各个方面。相反，它探讨了与照片的社会功能有关的各种要素，特别是作为社会记录。我们的论述针对目前批评界争论的质疑和理解，这些争论一方面是关于作为艺术的纪实摄影，另一方面是关于广告摄影和时尚摄影。

第五章和最后一章的论述，着眼点转向了元层面，即所谓摄影的自我映现。就像绘画、雕塑或素描一样，一幅照片可以反映它所描述的对象，同样也可以映现自身。这并不是说每张照片都会直接呈现出这一媒介的自我映现性。我们对照片的选择，在摄影的主题和具体应用上都突显了这一特性。在这一范畴里，我们详尽考察了这一媒介的不同方面。

有些照片充分说明了摄影师或制作工艺的作用，另外一些照片则反映了照片是一个物件，是比例关系的破坏者，光的记录，或复制手段。值得注意的是，在几乎所有这些范畴中，镜子都以某种方式发挥着作用，这就让我们提出了有关镜像（mirroring）概念的心理分析学观点，这在过去30年来的摄影当中一直影响深远。镜子在摄影师的自拍照中最常用到，揭示了摄影师与照相机之间的亲密结合。不过我们不仅在这一章里讨论了照相机和人眼的作用，而且在第二章里还谈及对动态的认知能力，在第三章中讨论了单眼式与复眼式的观看方式。

　　本书的章节编排也使得对上述主题的讨论多少按历史年代顺序来进行。有关这五个连贯主题领域的理论争论，都源自摄影史和艺术史：摄影与绘画之间关系的讨论，始于19世纪40年代对摄影本质的深入论述；经由20世纪初有关"画意摄影"（pictorialism）问题的争论，再到今天"影像主义"（picturalism）的问题。对摄影中各种时间概念的讨论，大体上是在20世纪中叶对摄影与电影之间的比较进行讨论后才开始的。摄影对于空间艺术的贡献，自20世纪60年代后期以来，就一直引起热议，那是有关特定现场艺术的艺术家理论时期，而且这场争论今天仍在继续。尽管可以指出历史上前卫艺术开创性的应用，但摄影作为一种社会批判的视觉工具，在20世纪70年代早期应用广泛，当时批评家们质疑60年代早期发展起来的观念艺术与摄影之间关系的理论。这一对话一直持续至今。最后，有关摄影的自我映现性的论述在20世纪70年代开始出现，也一直延续至今，与艺术和艺术理论中"自我映现"的时期并行。

5　**何谓"媒介"？**

　　尽管本书着眼于媒介本身，但我们并未忽略媒介与内容之间的种种联系。一件艺术作品的这两个方面始终相互作用。有关某物或事件的一幅照片，不同于该物或事件本身。当某物在摄影中得到描述时，究竟发生了什么变化呢？"一幅照片"（不是一张画）是如何影响主题和内容的意义呢？更普遍地讲，在社会如何构建现实的问题上，照片提供了什么样的见地。洞察一种媒介的作用意味着理解我们怎样应对我们周遭的世界。

　　但是实际上一种媒介究竟是什么？这个词的意思是什么？我们所讨论的大部分理论家，都把"媒介"定义成借由特定技巧和能力来传达视觉世界的一个片断或一种观念。这样的媒介不仅必然包含物理成分、工具和材料（例如照相机、胶片、相纸），而且大多还包括了进行再现的工艺方法以及处理时间和地点的方式。摄影往往被描述成一种具有穿透力的透明媒介——一个人忘记了自己是在观看被传达的现实，而非现实本身。但是同绘画、雕塑或素描一样，一幅照片也往往既反映了所描绘的事物，也反映了其自身。这就意味着这种媒介既由外而内地传达了一些东西，又把它自身呈现为媒介本身。正如帕米拉·李（Pamela M. Lee）指出的，"媒介"来自拉丁文里*medius*这个中性词，意思是"居间的"。她引用了16世纪晚期的一份佚名文献，其中把媒介定义成"处在中间位置、中间状态或程度"的某种东西。她指出，这也正是韦氏大辞典中的定义，强调了媒介一词在词源学意义上的来源，即"实现或传达某物的手段，交流、信息或娱乐的一个渠道或系统。艺术表现或交流的一种模式"。李最后得出的结论是："这个词强调了一个过程或传达，是交流的载体，而非交流本身……（它是）两点之间的交流中介。"（2004:51-52）

20世纪前60年当中，即所谓现代主义时期，就像其他艺术家和艺术批评家们一样，摄影师们也一直在寻找他们这一领域的特定媒介特性。他们仍相信自己能够定义摄影的本体论，但是从20世纪60年代以来，不论是艺术家还是理论家，都得出了这样的结论：一种媒介的"本体特征"（identity）并非固定不变的，而是随时间的变化而变化。积极寻求理解这一变动不居的本体特征非常值得，对于摄影来说尤其如此（参看翁弗雷，2010[1996]）。同样的趋势也出现在社会学家和心理学家的研究中。他们主张，人类的本体特征是可变的，甚至是多重的，而非恒定不变；它可以根据时间和地点，或者我们所发挥的职能而变化。同样，为摄影提供一个特定媒介的准确定义，既适用于摄影术的整个传统，又适用于其不同的表现形式，是根本不可能做到的。这些形式相互共存，但并不意味着我们与理查德·博登（Richard Bolton）的观点一致。他提出："除了灵活性（适应性），摄影完全没有任何主导的特征。"（1989:11）如果摄影理论可说的就是这一结论的话，我们可以就此止步了。

作为起点，我们再一次回到了本体论的定义上。在当今许多摄影理论中，我们仍能看到摄影与其他视觉媒介之间假设的差异要素，而这些构成了其本体论的定义。不过，这些理论并非探讨可以适用于每幅照片

6

的特定媒介特性，而是讨论适用于某些摄影范畴的特性，但并未提供有关其他类型的见解。按照同样的脉络，我们觉得根据重要作品来讨论摄影的理论和特性是非常有益的。少数情况下，我们根据所选出的照片来讨论摄影的特性，肯定了某些理论，证明了为何以及何时某一理论并不适用，或者指出一些当代摄影家们对老生常谈的媒介特性的局限性所进行的实验。

构架本书的重点

虽然本书涉及有关新近和更为古老的摄影理论的大量著作，但是有几个重要的理论或历史问题，我们只是一带而过。例如，我们并未涉及摄影术发明于何时何地及其渊源之类问题的争论，因为这在对摄影的诸多历史回顾中已得到了详细阐述。我们也不打算写一部摄影理论的历史回顾，例如贝恩特·施蒂格勒（Bernd Stiegler）的《摄影理论史》（*Theoriegeschichte der Photographie*, 2006年）以及沃尔夫冈·肯普（Wolfgang Kemp）和胡贝图斯·冯·阿梅隆克森（Hubertus von Amelunxen）题为《摄影理论》（*Theorie der Fotografie*，1999-2000年）的四卷本文献。本书的标题《摄影理论：历史脉络与案例分析》，用意并不在于过多涉猎对摄影理论按年代顺序进行讨论，而是考察当今有关摄影的理论反思的理论基础，这就必然把当下有关摄影的争论放在历史背景或历史视野之下。在每一章里，包括这篇导言的后半部分，我们以历史概述的形式提供了几个简明扼要的历史框架。

同样，我们也没有对摄影技巧进行百科全书式的全面考察。因为这一领域早在各种摄影手册中有所涉猎（我们在技术术语表中简单描述了几个常用技巧）。摄影究竟是不是一门艺术，这个问题由来已久，但并不是本书的议题。我们只是就与该媒介相关的问题而触及这个主题；除此之外，我们觉得这属于艺术哲学的讨论范畴。我们选择了对一些今天普遍被公认为艺术的图片案例进行研究。但我们相信，历史上这一艺术形式的风格，例如超现实主义，属于摄影史的范畴，也不是本书涉猎的领域。摄影逐步被接纳的历史以及重要的展览和计划也同样如此。

我们选择一些照片作为至关重要的作品，并不是根据作品或摄影师们公认的权威地位。我们选择一批当代摄影作品的标准，基本上针对的是它们在解决摄影理论方面那种富有挑战性的方式。最终我们把著名作品同知名度略逊的作品放在一起来讨论。精明的读者肯定会从著名摄影家那里看到19世纪和20世纪的若干历史例证，充分说明了他们的一些具有突破性的观点。

也许令读者感到不解的是，这本有关摄影的书并没有过多收录插图，原因在于我们优先考虑对有限的作品进行深入分析。此外我们的观察着眼于最终的照片，而非其制作工艺。虽然摄影师的实践和他们的观点确实占据了重要位置，但我们关注的是看照片的行为以及观众的视角。

模拟与数字的对比

我们着眼于最终的照片而非制作工艺，这一选择也暗示了我们在最近有关模拟摄影与数字摄影之间差异的激烈争论中所持的立场。一些作者，例如媒介理论家威廉·米切尔（William J. Mitchell）在《重组的眼睛：后摄影时代的视觉真相》（*The Reconfigured Eye: Visual Truth in the Post-Photographic Era*，1992年）中指出，从模拟摄影向数字摄影的转变，就是从摄影时代向后摄影时代转型。按米切尔的说法，20世纪90年代初将会作为一个重要时刻而被牢记，即计算机生成的数字影像开始取代在银盐感光乳剂上定影的影像（1992:20）。根据这一观点，雅克·克莱森（Jacques Clayssen）在《数字革命/演进》（*Digital (R)evolution*）一文中，在两种类型的图片之间做出了区分。第一种类型，他称之为"潮湿的"，指的是银盐照片；第二种类型，他称之为"干燥的"，指的是电子计算机图片的电磁特性（1996[1995]:78）。他的结论是，摄影影像的本质的确一直在变化，因为其数字技术的语言与动画、声音、书写和影像的制作中所采用的语言，是完全相同的。彼得·吕嫩菲尔德（Peter Lunenfeld）在《对齐网格》（*Snap to Grid*）中，描述了这种技术上的根本差异，"之前毫不相干的摄影元素甚至更进一步融入到计算机中字母、数字、动态图形和声音文件组成的数码显影剂：最重要的是所有这一切都只不过是以二进制形式维系的数据的不同表现而已"（2001[2000]:59）。因此有些作者甚至怀疑，人们是不是还应该用摄影这一术语来称谓数字影像，即便数字照相机的感光元器件证明了这种应用仍属正当。

尽管就数字摄影而言，影像的制作，特别是记录的技术方式，涉及到一种相当不同的处理方式，但矛盾的是，很多（经过处理的）数字照片很希望看起来像是模拟照片，而且因此才被人们接受。此外，在打印之后，人们可能很难找到模拟摄影与数字摄影之间的任何物理差异。今天，模拟照片在打印输出前，也会经过扫描，因为计算机提供了优化最终输出作品的更微妙的可能性。吕嫩菲尔德表示，模拟摄影与数字照片越发融合在一起：随着数字成像技术的改善和提高，人类肉眼已越来越难以在微妙的细节和流动的曲线之间做出区分，这些都同化学工艺和电子系统的像素化影像联系在一起（58）。

显然，像威廉·米切尔这样的作者强调了模拟摄影与数字摄影之间的差异，着重于制作工艺这个技术方面，而其他人则强调了相似性，突出了最终产品的重要性。例如，莎拉·肯培尔（Sarah Kemper）主张，影像是用机械手段还是数字技术来制作的，这一点无关宏旨。"我们心照不宣地了解到现实早已在再现的过程中丧失了，我们这时还怎么能为现实的丧失而惶惑呢？任何一种表现手法，即便是摄影，也只是构建了现实的形象概念；它并没有捕捉到现实世界，即便看起来似乎做到了"（1998:11,17）。

我们并没有把数字摄影单独放在一章来讨论，或者干脆称之为"新媒体"，而是在每一章当中都针对特定的重点，来讨论模拟摄影与数字摄影之间的异同。我们对待数字摄影的态度，和马丁·李斯特（Martin Lister）的观点完全一致，即数字成像软件能够成为理解摄影再现手法和摄影语言的一种工具，特别是李斯特主张，数字技术已成为"一种至关重要的工具，能够切实证明30年来理论界一直争论的问题：摄影影像本身就是一种'特殊的建构'（special kinds of constructions）"（2004[1996]:316）。

主题的重叠

我们把数字摄影融入所有章节当中的做法，也符合本书的总体结构：那就是从理论概念出发，而不是从摄影理论编年史出发。对于题材问题也同样如此，我们针对各章节中的特定重点而有所讨论。例如我们在再现（第一章）和功能（第四章）问题的语境下讨论肖像摄影。街头摄影和风景摄影大体与地点的观念有关（第三章）。纪实摄影以及时尚和广告摄影则与摄影的功能问题（第四章）联系在一起。女性主义摄影这样的主题，与这一媒介不同的理论方面联系在一起，这也就是这一主题出现在几个章节中的原因，数字摄影以及肉眼与照相机之间的比较亦复如此。

同样，有关摄影特性的具体文本和理论，也一直在单独章节中来探讨，要么在全书当中多次返回去讨论。亚历山大·罗德钦科（Alexander Rodchenko）、安德烈·巴赞（André Bazin）、奥西普·布里克（Ossip Brik）、沃尔特·本雅明、于伯特·达弥施（Hubert Damisch）以及杰伊·大卫·波尔特和理查德·格鲁森等作者在关于再现的第一章中起重要作用；齐格弗里德·克拉考尔（Siegfried Kracauer）、罗兰·巴特（Roland Barthes）、克里斯蒂安·迈茨（Christian Metz）、彼得·沃伦（Peter Wollen）以及大卫·孔帕尼（David Company）在第二章中充当了时间的倡导者；我们在第三章里介绍了维克多·布尔金（Victor Bourgin）、乔纳森·克拉里（Jonathan Crary）、列夫·曼诺维奇（Lev Manovich）和马克·汉森（Mark Hansen）的著作，这一章涉及到地点的概念；艾伦·塞库拉（Allan Sekula）、玛莎·罗斯勒（Martha Rosler）以及维克多·布尔金在论及功能的第四章中隆重登场；在关于自我映现的最后一章里，重要的理论家分别是维勒姆·弗卢瑟尔（Vilém Flusser）、苏珊·桑塔格、威廉·米切尔、乔弗里·巴钦（Geoffrey Batchen）、维克多·斯托伊奇塔（Victor Stoichita）、维克多·布尔金以及菲利普·杜布瓦（Philippe Dubois）。

因为理论家和摄影家并不是按历史或地理的顺序来讨论的，读者也许对于某个理论或某张照片的具体历史或地理背景完全不明就里。为避免过时，我们在正文引用文献中，补充了资料来源最早发表的日期。相关摄影师/艺术家的更多信息，我们参考了很多有关摄影历史的回顾。不过我们觉得在这里有必要多说几句：按年代顺序和地理分布来确定一些最重要的摄影理论家。

从1839年（这标志着摄影术的诞生）到大约1914年这段时期里，有关特定媒介特性的有意思的理论大体是由摄影术的"发明人"们提出的，即法国人路易·雅克·芒代·达盖尔（Louis Jacques Mandé Dagurre）以及英国人威廉·亨利·福克斯·塔尔博特（William Henry Fox Talbot），还有19世纪80年代的几位摄影师，如英国人彼得·亨利·艾默生（Peter Henry Emerson）。

在20世纪20和30年代，也就是两次大战之间的这段时期，德国文化理论家沃尔特·本雅明、俄罗斯作家和文学批评家奥西普·布里克、德国文化批评家和电影理论家齐格弗里德·克拉考尔以及法国电影批评家安德烈·巴赞，都写过有关摄影的基本文论。摄影师们也继续发表反思摄影的文章，最著名的是美国摄影家爱德华·韦斯顿（Edward Weston）、匈牙利画家和摄影家拉兹洛·莫霍利—纳吉（Laszlo Moholy-Nagy）、俄罗斯艺术家/摄影家亚历山大·罗德钦科、意大利摄影家安东·朱利奥·布拉加利亚（Anton Guilio Bragaglia）和阿图洛·布拉加利亚（Arturo Bragaglia）。两次大战之间的这段时期可以描述成摄影本体论探索时期；正如前文所述，这涉及到它的媒介特殊性，摄影渴望借此使自身与其他媒介区分开来。此外，在这段时期里，来自不同国家的理论家们清楚阐述了几个重要的新问题。克里斯托弗·菲利普斯（Christopher Phillips）主张，德国对摄影的批判性审视，是建立在围绕科学技术改变现代生活各个方面的更为广泛的理性论战之上（1989:XVI）。法国对摄影做出的回应，更多地关注个别创作者的贡献、个别摄影影像中抒情价值的发现和文学赏析。最后形成对比的是，这个时期俄罗斯做出的很多贡献，直指一个非常实际的问题：革命艺术家对待过去的视觉文化应该抱什么样的态度？

20世纪50至70年代，对于摄影的媒介特性的信念——例如法国摄影家亨利·卡蒂埃—布列松以及美国摄影家和策展人约翰·沙考夫斯基的文章中所表述的——逐步转向对摄影的多重性和多样性产生兴趣。美国文学和文化批评家苏珊·桑塔格的《论摄影》（*On Photography*，1977年）成为经常被引用的有关摄影特性和功能的一部著作。法国文学理论家罗兰·巴特的《明室》（*Camera Lucida*，1980年）甚至产生了更大的影响。这部著作显然标志着从对摄影师创作实践的普遍兴趣转向了对照片的感受。

11   20世纪80年代至今，往往被称作后现代主义时代，或者随着数字摄影的成功引入，又称为后摄影时代。总体而言，与有关当代艺术的大量文章相类似，很多摄影理论的焦点从关注影像本身转向了观看者的立场，即他们对摄影的感受、解读和期许。维克多·布尔金是一位被人大量引用的英国摄影理论家和摄影师。就像美国持相同意见的人，例如艾伦·塞库拉、玛莎·罗斯勒、理论家乔弗里·巴钦、阿比盖尔·所罗门—戈多（Abigail Solomon-Godeau）和莎莉·斯特恩（Sally Stein）一样，他的著作强调了语境在意义生产中的作用。特别是布尔金，他把自己对心理分析的兴趣同摄影理论研究结合起来。一幅照片的观众的立场和感受——巴特是第一个论及此问题的人——不仅被布尔金和上述相关作者们详加论述，而且也由法国的于贝尔·达弥施和克里斯蒂安·迈茨、美国的罗萨琳·克劳斯以及英国的彼得·沃伦所阐述。捷克人维勒姆·弗卢瑟尔和比利时学者菲利普·杜布瓦则把拍照的动作同看照片的动作联系起来。就数字摄影而言，经常被援引的来自不同国家的理论家们包括威廉·米切尔、W. J. T. 米切尔、列夫·曼诺维奇、马丁·李斯特和胡贝图斯·冯·阿梅隆克森。

过去30年当中，文化研究、视觉研究、媒体研究和叙述学等新学科，都从新的视角对照片提出了一连串问题，产生了诸多出版物。这一领域的大多数学者，像很多论述摄影的符号学家一样，都来自文学研究领域。如果我们的研究触及到作为文本的照片，并且考察并置的照片和文本（第四章），我们的首要着眼点是在于视觉媒体——就像在当代艺术中的应用一样。

也许令人吃惊的是，在现代主义者有关摄影媒介特性的充满自信的文章，和以相对论为标志的关于摄影的"后现代主义"论述之间，语言上的差异远远大于后现代的争论和19世纪末质疑摄影与绘画之间异同的论战之间的差异。在这其中，就像在很多当代文论中一样，作者反思了处理、建构、摆布和夸张的可接受性，也反思了他们的媒介在艺术和社会当中的地位。这些问题和怀疑在最近几十年里又以切实的方式再度出现了。

形成我们论据的富有挑战性的问题之一，就是关于构成"摄影理论"的内容的术语讨论。无可否认，这类理论并不只是"摄影实践"的补充。在最严格的意义上，摄影理论是学术研究得出的一种显而易见的结论，着眼于摄影的某个具体方面。不幸的是，这种有关摄影的理论几乎不存在。大概30年前，维克多·布尔金通过一本书而付诸努力，为摄影理论做出了贡献（1982:1）。最近，瑞士批评家彼得·盖默尔（Peter Geimer）在《摄影理论导论》（*Theorien der Fotografie Zur Einführung*）中主张，也许还有更多人设法提出摄影的理论学说，远比布尔金所承认的还要多——包括布尔金自己的著作在内。不过，他也同意布尔金的看法，即虽然有之前付出的种种努力，但摄影的理论地位仍然悬而未决（2009:9）。我们的这本书考察了来自批评家、摄影家、哲学家和其他视觉艺术家的种种努力，以及文化或文学批评家所做的学术研究，另外也补充了我们自己所从事的研究工作。此外几乎在所有章节里，我们还运用了来自其他学科的观念和观点，包括人文地理学和心理学。

一个更为复杂的问题就是，摄影理论是否包含了形成有关摄影的理论主张的那些照片？一些照片，特别是在第五章中所讨论到的，都包括在我们的论述当中，以表明个别照片的确提出了摄影的视觉理论。摄影理论不一定依仗于书面文本。这类照片在本书中始终属于例外。所选的大部分照片，目的在于证明照片提供了对理论的诸多方面的见地，而理论也提供了对照片的深刻见解。

正如我们所主张的，我们的目的并不是系统归纳摄影的一种本体论。这就意味着我们不会寻求一种有关摄影的无所不包的定义，或是使摄影有别于其他媒介的特定媒介特性。本书的案例分析证明了，摄影与其他媒介之间始终存在着差异，这一点显而易见。

最有意思的问题之一，也许就是接下来哪一种媒介会充当摄影的灵感来源，有着不可预见的技术发展。例如，摄影会设法诉诸或创造性地融入视觉之外的其他感觉领域吗？事实上，有几位艺术家近年来开始在摄影中利用声音和触觉的潜力来进行实验。虽然我们确实提到了这一类新发展，但本书的重点在于从各种不同的视角出发，对作为一种视觉媒介的摄影进行研究：按照这一方法，作为当代摄影中引人注目又反复出现的主题，在场/缺席这一悖论的意义便显现出来。这只是我们在以下五章的讨论中所揭示的与众不同的特征之一。现在，我们期待本书的读者鼓足勇气，提出他们自己有关摄影及其传统的疑问，用一双"澄明"之眼来看新旧照片，甚至为摄影理论与实践做出特殊贡献。

13

第一章 摄影中的再现：与绘画之争

摄影从其发端之初，就与绘画形成了相互对抗的关系。1839年摄影术公之于众时，有人很快就强调了两种再现方式在特性和起源上的差异。有人主张，摄影影像提供了现实世界的一个完美复本（duplication），这是绘画永远无法企及的成就。当然，这种争论往往旨在为摄影辩护，即便不是断言其优越性，但是其他人也凭借这一逻辑推理，指出了绘画具有更显著的可能性，而且有着表达主观视角的能力。即使围绕摄影所谓忠实于自然的那种乐观主义很快就丧失了大部分说服力，但它们仍然存留至今。此外，摄影和绘画能够再现现实的程度，依然是热议的话题。

本章将深入考察这个问题，着眼于在对摄影和绘画进行比较研究时经常提出的那些概念和论据，某种程度上都和再现的问题联系在一起。我们的讨论将尽可能从客观性的问题转向更为主观的方面。第一部分介绍了摄影是否以比绘画更客观、更忠实的方式再现了现实的问题，如果确实如此，这在特定的语境下又是如何发生的。接下来，我们的讨论提出了对直接摄影与合成照片的比较研究，强调了所讨论的艺术家们的摆布和视角选择的重要意义，以及同绘画的这些特性之间的关系。这一部分也提出了摄影中的叙事问题。在接下来的部分章节中，我们专注于"指示性"（indexicality）和"像似性"（iconicity）这些概念在摄影和绘画如何不同地再现现实的争论中的运用，既有偶然的痕迹，也有程式化的相似性。很多批评家利用"灵光"（aura）和本真性（authenticity）的概念，这些是下一节的讨论主题，强调了摄影与绘画之间的差异，而前者被认为是完全缺乏灵光或本真性的，有些批评家事实上依靠这些术语来强调两种媒介之间的共同特征。在第五节中，我们讨论了两种媒体混杂的复绘照片（overpainted photographs）这一传统，以及从黑白摄影到彩色摄影的变化，特别是色彩在比较研究的讨论中的重要作用。最后，我们深入探讨了针对模糊与锐利的争论，及其同照片的透明性的关系。这一考察也强调了本章提出的各种讨论之间的相互联系。

1.1 摄影，客观性与再现

摄影术在发明之后不久，就被用来记录事实——往往是具有历史价值的事实，但并非总是如此。照相机备受追捧的诚实性（veracity）使得它成为一种主要的工具，不仅记录了各种不同事件，而且使之视觉化（巴恩，2001年）。在诸多科学应用之外，摄影术还成为一种适合为名人和无名之辈制作肖像的商业活动，栩栩如生，而且极其相像。人们主张，照片提供了描绘的直感性（immediacy）和透明性（transparency），是雕塑、绘画和平面艺术等传统艺术再现形式无法企及的（波尔特和格鲁森，1999:30）。包括19世纪诗人和批评家波德莱尔（Charles Baudelaire）在内的一些人看来，这是一种极为有害的发展。波德莱尔在一篇重要的文章中写道，摄影是"充满复仇之心的上帝"的子嗣，他让一种新的行业产生，提供了一种模仿的结果，"与自然一致"，所以俨然成为"绝对的艺术"（the absolute of arts）（1965[1859]:152）。

波德莱尔热衷于彻底否定摄影，主张摄影不可能成功地创造出真正的艺术作品，因为它无法满足当时法国鉴赏家们高度重视的重要价值：即人类的创造才能。波德莱尔声称，因为人们利用摄影机械地制造出客观的真实，拍照片始终缺乏主观的投入或想象，如果人们谈起真正的艺术作品，这种投入是绝对不可或缺的。在他看来，创造性的想象力唯独在绘画领域和画家们联系在一起。与波德莱尔相反，其他人则高度重视这一技术所谓必然具备的真实性，盛赞摄影的引入不亚于一场被人们欣然接受的革命。

1.1.1 摄影及其与模本的肖似性

1945年，电影批评家安德烈·巴赞主张，甚至早在古代，人们就一直寻求通过制造已故者的视觉艺术再现来欺骗死神。埃及人使用木乃伊，后来是塑像，以"缅怀这个人物，使他免于第二次的灵魂死亡"（1980[1945]:238）。不久，人们便认可了照片因为其自身的"写实性"（quality of realism）（弗莱迪，2005:342）而彻底改变了这一根深蒂固的偏好，在更明确地满足我们对身份替换品（identity-substitutes）的需要这个方面获得了成功。这一主张的提出，强调了绘画与摄影之间的根本区别，进而把摄影视为"一种不同的艺术"（沙考夫斯基，1975年）。

巴赞主张，摄影影像"凭借其产生的工艺过程，具有了摹本作为复制品的这一本质；它就成为摹本本身"（1980[1945]:241）。乔伊·斯奈德（Joel Snyder）和尼尔·沃尔什·艾伦（Neil Walsh Allen）准确地解释了心理学的观点，即对于一种"'机械的'摹本"而言，摄影以一种纯粹生理化学的方式发挥作用，"强调我们在一幅照片中的所见和照相机前的所在这二者之间存在必然的、机械的联系"（1975:149）。这些作者对于给摄影的本质做出本体论的明确定义持高度怀疑的态度，无论是像巴赞那样支持，还是波德莱尔的反对意见。斯奈德和艾伦并没有质疑"一幅照片同'现实生活中'的原型"之间的必然联系（149），这种联系显然远比在绘画中更为紧密。但是他们质疑这种认知对于理解照片而言的实际意义何在。照片因为与一种"铭刻现实"（inscribing reality）的技术手段有关，那它和描绘"那里有什么"的责任就永远联系在一起了吗（148）？摄影必须"发现"或"捕捉"当下的场面，而画家们自由地创造或虚构就理所应该吗？

照片被认为是纯粹机械地制作出来的影像，它实际提供给我们的那些被再现的事实，有何保障？或者，我们更应该强调摄影师在摄影影像制作过程中的处理、控制和促进作用吗？早在1975年数字摄影尚未问世时，斯奈德和艾伦就认同了这样一句老话，即格式塔心理学家鲁道夫·安海姆（Rudolf Arnheim）（1974年）所表达的，"物理对象（physical objects）把自己的影像晒印成一种奇特的隐喻"。他们主张，（模拟）摄影影像是一种手工制作的物件，而非自然物："它是用自然的材质（光）创造出来的，是按照或至少不违背'自然法则'（natual laws）的手工制作"。所以并不奇怪，斯奈德和艾伦继续说道："照相机视野之内的某些东西，将会在影像中再现出来，"但是他们在结论中强调了某物将如何被再现，"既非自然而然的，也不是必然的"（1975:151）。

摄影所谓"本质上具有客观性"（巴赞，1980[1945]:241）这种观点的捍卫者们主张，摄影成功地把"无法逃避的主观性"降到了最低限度，这是画家们无法摒弃的，无论他的技艺如何（240）。巴赞写道，与画家创作一幅作品时的干预相比，因为高度自动化的技术日益增加的影响，摄影师对于其影像的产生所做的贡献非常有限。这就是为什么同任何其他形式的影像创作相比，按照巴赞的说法（241），照片具有一种本质上的"可信性"（quality of credibility）。在重现对象时，照片由此为类似的手工制作的影像增添了一个维度。尽管巴赞承认，照片的力量也许就这个方面而言是荒谬的，但他坚持认为，它确实以这样一种方式"再现"了我们面前的一个对象，所以我们不得不接受它的存在是真实的（241）。这是有关摄影的一个最根本的假设，英国摄影师彼得·亨利·艾默生早在一个半世纪前就表述过。在1889年题为《献给艺术类学生的自然主义摄影》（*Naturalistic Photography for Students of the Art*）的小册子当中，艾默生写到，"照片首先是图片"，从这种意义上讲，它们都是再现，必须这样来理解和评价（斯奈德和艾伦引用，1975:144）。

加拿大人杰夫·沃尔（Jeff Wall）的《洛杉矶贝弗利大道8056号，1996年9月24日上午9时》（*8056 Beverly Blvd., Los Angeles, 9 a.m., 24 September 1996*）（图注1.1），是一幅大尺寸明胶银盐照片，为这一发现提供了充分的例证。这张照片显示出用摄影手法来描绘的现实，把拍摄这幅照片的时空状态告诉给观众。撇开略微的模糊不谈，这幅影像精确地捕捉到利用监控摄像机来观察的那一瞬间，人们能够在贝弗利大街的某个地方看到的景象，这种器材通常显示的是黑白影像。长期以来，再现的精确性一直是画家们的追求。特别是在发现透视法之后，西方画家们一直设法"创造三维空间的错觉，事物在其中看起来就像我们在现实中看到的一样"（巴赞，1980[1945]:239）。透视画使得刻画一个经过精心选择的瞬间成为可能，仿佛是直接从现实世界中攫取下来的。虽然透视画法试图用一种完美的方式达到这种真实效果，至少是从形式上，但巴赞主张，这种绘画方式无法与它着手刻画的现实环境（real-life situation）形成实实在在的联系。

按巴赞的说法，摄影能够填补这一空白。一个影像与它再现的现实之间的关系看起来是最显而易见的，所以摄影影像显然是现实的翻版，一种向"真正写实主义"的回归（巴赞，弗莱迪引用，2005:342）。这就是为什么摄影能够刻画表现"戏剧化的表情"的瞬间，从心理上肯定了一种状况真实发生过（巴赞，1980[1945]:239）。虽然绘画也能展现戏剧化的动态，但它终归彻底脱离了它所再现的瞬间，因为绘画永远无

18

法充当事实的有力证据，把所发生的情形完全刻画出来。人们主张，摄影并不是宣告了绘画的死亡，而是要将造型艺术从"肖似性的困扰"（240）或者同"伪写实主义"（pseudo-realism）的纠葛中解放出来（弗莱迪，2005:342）。

于是，按照克莱格·欧文斯（Craig Ownes）的话说，摄影把"传统的再现体系"推向了顶点（1992[1982]:89）。正如欧文斯所说的，绘画中的再现往往是同时根据现实的"替代"（substitution）和现实的"模仿"（imitation）来定义的（97）。摄影在这两种方式上都显得出类拔萃。一幅照片可能不仅充当了现在不在场的某人或某物的高度可靠的替代或置换；它也可以在一定程度上弥补这一不在场。此外，摄影影像是一件与某物或场景高度酷似的摹本，就像它曾经真实发生过一样。它从某种意义上再现了这些对象，营造了一种错觉：虽然这些对象永远不在场了，但它能够让它们感觉上以某种显而易见的方式再度回到现场。

这并不是说，照片作为其对象的纯粹呈现，就能够被视为从某个方面来讲与这些对象完全一致。从当代的视角来看，早在1945年巴赞写作自己的文章时，他就表述了他对摄影影像与它所刻画的对象之间貌似密切的关系的看法。与他的本体论式解读相反，哲学家乔纳森·弗莱迪（Jonathan Friday）主张，巴赞有关摄影影像本体论的阐述不应该解读成"他关注照片的本质或与众不同的特性"（2005:339）。对于弗莱迪而言，巴赞的态度必须从现象学的意义上来理解，可以说是一种尝试，通过考察摄影如何主观地把自己呈现出来，于是从我们感知的、由心理来决定的知觉而言，把握摄影究竟是什么。

1.1.2 历史概述：摄影与本体论

自摄影术发现以来，始终流行着一种观念，即把摄影的本质定义成一种能指，与它所再现的现实有着直接的联系。约翰·弗雷德里克·威廉·赫歇尔爵士（Sir John Frederick William Herschel）在1839年3月14日提交给英国皇家学会的一篇题为《论摄影艺术，或光化学在图片呈现目的上的应用》（*On the Art of Photography; or, The Application of the Chemical Rays of Light to the Purpose of Pictorial Presentation*）的论文中，将"摄影"（photography）一词引入了这个世界。他还在这一语境下创造了"负

19

相"（negative）和"正相"（positive）这两个术语。这些都涉及到他的同袍、科学界同行和朋友以及实证主义哲学的真正捍卫者威廉·亨利·福克斯·塔尔博特的发明。在《论光绘艺术，或自然界的物体可不借助画家的画笔而描绘自己的制作工艺》（Some Account of the Art of Photogenic Drawing, or the Process by Which Natural Objects May be Made to Delineate Themselves Without the Aid of the Artist's Pencil）（1839年）中，塔尔博特表达了对摄影作为证据的功能及其归纳性的坚定信念。因此，摄影将有助于我们理解"真正的自然法则"（塔尔博特，阿姆斯特朗引用，1998:108）。

按塔尔博特的说法，摄影对于这种高度的评价当之无愧，因为它有着大自然的印记这一特性。就像他在以照片作为插图的著作《自然的画笔》（The Pencil of Nature）（1844年）的前言中所写的，摄影让人们获得了视觉的再现，而这是"光在经过感光处理的纸张上发生作用"的结果（阿姆斯特朗引用，1998:112）。在塔尔博特看来，摄影让光物质化了，并成为现实的物质痕迹（material trace），这一科学特征恰恰是它与其他视觉图解方式的重要区别。他主张，照片"仅仅是靠光学和化学手段形成或者描绘出来的"，但是"平常那些图版则归功于画家和雕版工相结合的技能"（112,113）。后者需要技艺娴熟的人介入，但是摄影却相反，是"大自然绘画"的美妙结果（114）。

在摄影史上这个最早的时刻，塔尔博特已经清楚地阐述了摄影最基本的本体论定义：它可以被理解成是"一种记录方法，在银盐乳剂上的一种铭写手段，一个稳定的影像靠一束光线而形成"（达弥施，2003[1978]:87）。法国符号学家于贝尔·达弥施在1978年曾主张："一幅照片就是这样一个似是而非的影像，没有厚度或实质（从某个方面来说是完全虚幻的），我们当然并不否认这样一个概念，即它保留了现实的某些东西，以某种方式通过其生理化学的外观而将这些展现出来。"（88）显然，达弥施将塔尔博特早期的假设视为需要争辩的问题。

然而在整个20世纪，摄影与现实之间的固有联系这一假设有着广泛的影响。早在1966年，策展人约翰·沙考夫斯基就令人费解地声称："就像一个有机组织，摄影生来就是一个完整的整体"（1966:11）。对他而言，摄影从一开始就被禀赋了一种本质，那就是随时间的推移我们会进一步发现和理解的基本特性。在1981年纽约现代美术馆举办的题为《摄影之前》（Before Photography）的展览图录文章中，策展人彼得·加拉斯（Peter Galassi）付出了巨大努力，"为沙考夫斯基的设想提供了坚实的支持"，即摄影的发展可以理解成类似生物体，可以通过分类学的方法来把握（菲利普斯，1989[1982]:40）。加拉斯结合西方绘画史来追溯摄影的起源，同时还做出了随后一直被批评者们激烈争辩的论述。他主张，摄影不单单是当时科学、文化和经济等多重因素结合的产物，而且是数世纪以来绘画以前面所说的那种经典再现体系来描绘世界的努力最终取得的完美成果。

回顾以往，摄影以某种方式呈现了对象，也是这个对象的物理踪迹（physical trace）（以一种平面的和写实的形式），这种观念在摄影史之初以来的讨论中一直很突出，也许这让人很惊讶。达弥施强调说，对于究竟什么是再现的这种基本理解，其实就是摄影得以发明的原因。但是就像格莱克·欧文斯所主张的（我们在后面章节中将详细讨论），摄影进入这个世界，也最终揭露了传统艺术再现体系自始至终隐瞒的一切，即那只是由达到了让人信服的地步的传统所决定的一种人为构建。

于贝尔·达弥施也考虑到这样一个事实：所谓摄影的发现者们并不是希望要"创造一种新的影像，或者确立新奇的再现模式"（2003[1978]:88）。他们并不是寻找新的方法来描绘个体、群体、环境或观念，而是寻求某种更朴实的东西："他们想要把暗箱毛玻璃上自然形成的影像固定下来。"（88）达弥施主张，这一讨论当中所遗漏的，就是最早的摄影师们获得的影像，并不像第一眼看上去的那样，是自然赋予的。19世纪初的暗箱设计，受到至少从文艺复兴时期单点透视发现以来的整个西方现代传统中艺术发展的需要所影响。 21

从这个角度来重新认识杰夫·沃尔的《洛杉矶贝弗利大道8056号，1996年9月24日上午9点》，人们会发现，这位艺术家用一种视觉上显而易见的方式，指出了19世纪早期暗箱毛玻璃那种长方形或正方形的结构，符合传统的空间概念，而这种空间概念早在摄影术发明之前就确立起来了。艺术家写道："镜头形成的所有影像都是圆形的，但是照相机一般是把镜头和一种胶片格式结合起来，排除了影像的外围区域，从而使影像看上去是长方形的"（菲舍尔和奈弗，2005:369）。这是一种原始的审美选择，在这一技术举足轻重的艺术发展过程中始终存在。从这个方面来讲，斯奈德和艾伦主张，"'传统'艺术的要求，形成了摄影与绘画之间至今仍然继续的诸多比较的基础"。不论愿意与否，摄影由此

被视为"'形象化的事实'（pictorial fact）的基准，以此来衡量更为传统的影像媒介"。（1975:148）

1.1.3 案例分析：杉本博司

美籍日裔艺术家杉本博司（Hiroshi Sugimoto）的《钢琴课》（*The Piano Lesson*）（图注1.2）是一幅彩色照片，第一眼看去似乎是直接在日常生活中拍摄的。之所以如此，是因为内景和服饰让人觉得这张照片是早在摄影术发明之前的17世纪拍摄的。但是它和约翰内斯·维米尔（Johannes Vermeer）的著名油画《音乐课》（*The Music Lesson*，约1662-1665年）的惊人相似，让人立刻驻足，思忖这是不是维米尔原作的照片。这个印象转而很快就被打消了，因为人们注意到照相机三脚架在少女上方的镜子当中的倒影。最后人们意识到，自己看到的是阿姆斯特丹杜莎夫人蜡像馆（Madame Tussauds）中维米尔原作的完整蜡像复制品的照片。把维米尔的原作同杉本博司的照片相比较，就会揭示17世纪原作中长方形和正方形地砖与杉本博司照片中弯曲变形的地面之间的区别，因为照片是用一支广角镜头拍摄的。

杉本博司的影像表达了人类一种根深蒂固的心理诉求，即制作影像以使人类免于被永远遗忘。尽人皆知，对满足这一需要而言，蜡像是摄影术最重要的立体先驱（斯戴克斯，2006年）。蜡像具有近乎非凡的写实性这一重要特征，给观众带来某种冲击力，让人觉得人物仿佛（又）具有了生命力。杉本博司的摄影影像是把蜡像形象中原本描绘的人物进一步去除的一步。因此照片清楚地揭示了摄影影像特有的描绘特色，其中一些——例如镜像效应和连续再现——我们将在第五章中详加讨论。17、18世纪的几位画家，包括卡纳莱托（Canaletto Antonio Canal）和维米尔，都用暗箱进行实验（斯提德曼，2001年）。如果维米尔被看成是一位早熟的原始摄影师，而杉本博司的当代摄影作品就可能变成了一张有意思的、有着多重介质（multi-mediating）的图片，这是我们下文将讨论的一个理论概念。

维米尔《音乐课》的蜡像版本是一种普及化的、带有戏剧性的尝试，复制了一幅伟大的油画作品。不过这个蜡像版本充其量只会被理解成这幅油画的三维场景——本身从未成为一幅影像。相反，杉本博司的摄影作品是一个二维影像，不仅复制而且强调了油画原作的平面性，这似乎是一种略显讽刺的尝试，纪念摄影在历史上为超越绘画而付出的诸多努力。三脚架很显眼地出现在镜子中，验证了这一影像当中可能危及到某种东西：绘画和摄影历史上都服务于同一目的，那就是以尽可能写实的手法来保存这个日益变化的世界的样貌。作为一对亲密的对手，它们最终处于激烈的竞争中——无可否认，这一竞争仍在继续。

1.2 直接摄影与合成摄影：数字技术的冲击

1.2.1 直接摄影：历史上的定义

以杰夫·沃尔1991年的《绊脚石》（*The Stumbling Block*）（图注1.3）这幅作品作为所谓"直接摄影"（straight photograph）的典型案例并不为过。"直接摄影"一词出现于19世纪80年代，指的是一种未经人为处理的照片，也就是说，一幅影像的重点在于直接记录的特性。这种手法反映了批评界对包括英国人亨利·佩奇·罗宾逊（Henry Peach Robinson）在内的摄影师们合成照片所做的反应，他的《摄影中的画意效果》（*Pictorial Effect in Photography*）（1869年）（图注1.4）一书，使他成为确立了画意摄影原则的开先河者之一。罗宾逊的照片不仅把两张或更多照片合成在一起，而且是摆拍的。这就意味着照相机前的场景是
"人为营造"的，而非在现实生活中的不期而遇。一般说来，直接摄影被理解成按本来样貌来描绘现实状况（即使容许摄影师一方有少量干预，例如让被拍摄对象重复某个动作）。最初直接摄影是画意摄影中一种可行的选择，而画意摄影是一场摄影运动，主要赞同这样一种观念，即艺术摄影必须仿效绘画中采用的手法，始终用黑白或棕色影调的影像来刻画细节。比起最终成为画意摄影标志的柔焦画意摄影作品来，"直接"（straight）的手法刻画了细节更丰富的影像，而画意摄影在20世纪初和第一次世界大战之前，受到美国摄影师和策展人爱德华·斯泰肯（Edward Steich）的倡导。

当画意摄影将注意力转向特殊滤镜和镜头镀膜、暗房中繁重的处理

加工和不同寻常的印放工艺（例如有助于进一步降低照片锐度的粗面相纸）时，就发生了同过去一次无可避免的决裂。一些艺术家甚至走得更远，用很细的针来"划刻"（etching）照片表面，目的在于提高这幅照片中个人艺术表现的水平。在20世纪第一个十年的都市街景和肖像中，美国摄影师保罗·斯特兰德（Paul Strand）从画意摄影那种柔焦的象征主义，转向了细节更加丰富的影像。当时直接摄影就意味着影像见证了"绝对无条件的客观性"，斯特兰德在阿尔弗雷德·施蒂格里茨（Alfred Stieglitz）创办于纽约的划时代的摄影杂志《摄影作品》（*Camera Work*，1917年6月）最后一期上这样写道。

"直接"越来越意味着一种特有的审美。它具有高反差、对焦锐利、拒绝裁剪以及强调被拍摄对象潜在的抽象几何结构的特征。合成照片则被当作经过摆布的照片而被有意回避。这就突出强调了一直到20世纪70年代主导现代主义摄影审美取向的那种不经过加工处理的明胶银盐照片。就像阿比盖尔·所罗门—戈多在提及约翰·沙考夫斯基偏爱盖瑞·维诺格兰德（Gary Winogrand）的那种快照审美取向时指出的，他喜欢这些照片胜过"贝诺·弗里德曼（Benno Friedman）经过修饰着色和处理加工的艺术照片"（1982:173），直接摄影的审美取向把形式主义摄影引入了美国。作为艺术的直接纪实摄影，遵循"忠实于原始素材"的逻辑，希望能通过与绘画的对话式对立，进而找到自身作为高雅艺术的身份。与此同时，直接摄影的审美取向在20世纪30年代初露端倪、定义更为狭隘并以社会为导向的纪实摄影传统中繁荣起来。纪实摄影师们秉持所谓从社会获得灵感的直接影像要忠实于现实（这个问题将在第四章中详加讨论）的理念。

25   直到20世纪末，直接摄影仍然很流行。为获得一张能够在艺术性上得到赞许的照片，就必须忠实于"对生活不加修饰的态度"（克拉考尔，1980[1960]:254）。在引用丽赛特·莫多尔（Lisette Model）的例证时，齐格弗雷德·克拉考尔主张，摄影师应该追求"趁人不备的拍摄"（candid shots），因为只有这样才"忠实于这一媒介"（257）。他主张，摄影具有一种"与不经摆布的现实毫无保留的相似性"（263）。它遵循自身媒介的需要。克拉考尔用同样的口吻主张，摄影必须强调"偶然性"（fortuitous）和"偶发性"（adventitious），而不必提倡"明显的合成方式"。作为一种特定媒介，摄影的手段使摄影师们必须强调这种偶然性，应该追求描绘"片段而非整体"。片段的主题不能是"摆布"的；不是摄影师预先敲定的，而事实上应该是摄影师与它们不期而遇（264）。

1.2.2 案例分析：杰夫·沃尔

《绊脚石》是一个典型例证，表明杰夫·沃尔的兴趣在于创作那种"让人想到纪实摄影或'直接摄影'样貌"（弗雷德，2008:63）的当代艺术作品。实际上，他的作品并不是直接的，也就是说，不是直截了当的纪实摄影作品。沃尔直言不讳，《绊脚石》属于他的作品中可以定义为电影式摄影（cinematographic）的部分。这指的是"照片画面中的人物某种程度上事先做了准备，从最低限度的修饰，到整个场景的搭建、服装和物件的制作等等"（威舍尔和涅夫，2005:272）。于是他把电影式摄影的作品同纪实摄影作品做了对比。

沃尔的电影式摄影作品在一定程度上始终是摆拍的，从最小限度到最为彻底。如果说人们始终对他的电影式摄影作品中究竟什么是摆布出来的这一点并不清楚，沃尔主张，"使用非专业的表演者扮演贴近他们自己生活的角色"（弗雷德，2008:63）。他的纪实照片符合纪实摄影或直接摄影的规范定义，即它们的创作并没有艺术家的介入，除了他对"这个画面中的地点和时间"的选择之外（威舍尔和涅夫，2005:272）。多年来，沃尔创作了纪实摄影类型的几幅作品，如前面讨论过的《洛杉矶贝弗利大道8065号，1996年9月24日上午9点》。可以说，他因为作品中电影式摄影的部分而闻名，这部分当然也在各类文献中最有争议。

沃尔把这种手法定义为"近似纪实摄影"（near-documentary，恩莱特，2000:50），意思是他希望自己的照片"让人觉得很可能就是纪实摄影作品"，至少应该"貌似记录了所描绘的事件一闪而过但没有被拍摄下来时看起来是什么样子，或者曾经是什么样子"（沃尔，2002年）。但是就像沃尔在与让·土穆里尔（Jan Tumlir）的一次访谈中（2001年）解释的，同时这些照片应该在一个微妙的方面很明显，尽管不一定立刻就呈现出来，即一旦完成了，它们就不再是趁人不备地拍下来的。沃尔的照片只不过看上去是"日常生活的象征"（弗雷德，2007:517）；它们只不过看

26

上去是直接的，虽然人们清楚地知道至少在某种程度上事实并非如此。

在《绊脚石》中，所描绘的人物显然对远处摄影师的存在习以为常，整个场景显得他们似乎已经忘记摄影师还在现场拍他们。沃尔的电影式摄影作品中所包含的人物或其他元素，始终是以某种方式"摆布"到场景中去的，观众与他们不期而遇——有时候甚至到了用数字技术嵌入到画面当中的地步。不过观众不会有这种感受，他们不可能通过观看这幅图片，就轻而易举地分辨出摆布的过程是如何发生的。观众只知道某些东西并非直接的，因为艺术家泄露了这个信息，即这幅影像是"电影式摄影"，是摆拍的（威舍尔和涅夫，2005:332）。沃尔进一步告诉观众，《绊脚石》是"数字蒙太奇"（digital montage），即同一主题的几幅电影式摄影作品用计算机进行合成。

这种运用摄影影像的方式，促使包括让－弗朗索瓦·谢弗里耶（Jean-Francois Chevrier）在内的很多作家得出一个结论：杰夫·沃尔的作品不仅延续了20世纪早期的直接摄影传统，而且为"一种由'绘制的剧场效果'（painted theatre）概念主导的图片传统"重新注入了活力，摄影图片在其中被重新定义成"画面构成和电影式摄影舞台调度的综合体"（2005:17）。他详细阐述了沃尔的作品如何能够被视为用摄影的手法重现历史画面或场景，把它定义为"自主的影像艺术的典型形式"（谢弗里耶，2006:13）。迈克尔·弗雷德主张，沃尔的很多照片实际上是一种特定的美术传统以当代方式得以复兴的出色典范，弗雷德把这种方式定义为具有吸收同化的能力（absorptive），而且认为这是视觉艺术的最高形式。沃尔最出色的作品以一种极为圆熟的方式，为观众提供了"吸收同化的魔法"，"画面和心智上极为老道"（2007:517; 2008:75）。这种"吸收同化的诉求"是通过把那些显然完全沉浸在自己吃力的动作中的人物纳入进来而实现的。另外，至少在相当的程度上，他们"并没有意识到……'画面结构'（construct of picture）本身，这也就解释了他们似乎并未注意到'观众势必在场'"（2007:516）。

就《绊脚石》而言，人们也许以为，人物在画面中摆布的现场多次演练自己的特定位置，所以他们的确对摄影师的在场毫无觉察。这也是罗宾逊那幅照片的情形（图注1.4），人物显然绝没有觉察到摄影师在场。然而早在1960年，二战时期移居美国的齐格弗里德·克拉考尔就持有这样的主张，即19世纪末画意摄影师们公然摆布人物的努力——例如茱莉娅·玛格丽特·卡梅伦（Julia Margaret Cameron）或亨利·佩奇·罗宾逊，是为了营造"画意之美"，能够同传统绘画风格相抗争，但是被掌握自身媒介特性的艺术家/摄影师们拒绝接受（克拉考尔，1980[1960]:249）。它们只是对传统艺术而非"鲜活现实"（fresh reality）的模仿，而他把对鲜活现实的模仿视为摄影的真正使命。克拉考尔最终得出结论："如果有哪一种媒介有着绘画的对立面这一合法地位，那就非摄影莫属了。"（256）这一发现立刻就显示出，在20世纪的进程当中，摄影已经走过了漫长的道路。当下用摄影手法重现"绘画中的传统场景"，同20世纪80年代以来一直盛行的影像创作方法联系在一起。人们该如何对待在摄影与绘画之间关系的理论认识中这种深远的变化呢？

亨利·佩奇·罗宾逊的一幅照片的构图，遵循了所谓的"指导原则"，即恪守"横向比例保持三分之一比三分之二"的画面布局（威尔斯，2009[1996]:304）。在《他从不袒露自己的爱》（*He Never Told His Love*）中，画面中主要人物，即画面中唯一的男性，与显然同他在交谈的年轻女子之间的交流，完全是在画面中想象的水平分割线高度上发生的。观众可以根据画面中所描绘的人物来选择自己的位置，仿佛就站在他们面前，在同样的高度上，只有几米开外，或者似乎参与了所描绘的这场讨论。显而易见，摄影师把相机摆在恰当的位置，以便取得这种画意效果。沃尔的《绊脚石》显然遵循了同样的画面构图布局。几条纵横交叉的水平"线"，显然是有轨电车的电线，将画面分成上下两个部分，而核心的事件和活动全都发生在下半部分当中。但从构图的角度来看，沃尔于是也显然恪守同样的指导原则，按罗宾逊照片合成的传统来安排自己的画面。身为当今利用摄影进行创作的最有名望的艺术家之一，沃尔似乎想到了这些早期的摄影师们，这一点很明显。他们怀着艺术家的抱负，在他们自己那个时代完全是少数派，而当时摄影实际上被视为一种"便捷的记录工具"（杰弗里，1996[1981]:48）。

在《摄影与绘画的抗争》（*The Photograph Versus the Painting*，1926年）中，批评家奥西普·布里克采取了与克拉考尔类似的立场，主张摄影终将取代绘画。不过在写这篇文章时，他并没有准确地预见到任何类似舞台场面的手法。相反，布里克把全部希望寄托在摄影定义自身媒材特性的能力上，他相信只有靠"前任画家"（ex-painter）才能做到这一

28

点（1989[1926]:217）。布里克选择的杰出范例，是俄罗斯艺术家亚历山大·罗德钦科的作品（图注1.5）。他写道，这些作品的意图就是"在照片中否定绘画式的画面构成，找到摄影所特有的构图法则"。（217）

因为绘画的过程要花费时间，通常需要至少在一段时间里保持固定的姿势，所以画家无法轻易丢下画架，从一个非传统的视角来绘画。这恰恰是摄影具有的潜在优势。照片可以快捷地拍摄下来，而且可以是从不同的位置。罗德钦科由此为摄影找到了一种把自己与绘画区别开来的方式，提出了自身的独特性。最重要的是，罗德钦科在一篇题为《现代主义摄影之路》（*The Paths of Modern Photography*）的文章中，主张"仰视"和"俯视"的视角，他的摄影作品也因为令人炫目的视角而闻名（1989[1928]:258）。布里克写道，用这种方式来处理，摄影无疑将鼓舞艺术家们用他们相信能够对观看者产生更具决定性的传播效力（communicative impact）的影像，"取代画家们那种'艺术地再现生活'的古老手法"（1989[1926]:218）。

布里克深信，摄影有可能摆脱传统绘画在绘画作品或画意摄影中用来再现视觉事实的那些陈词滥调。在一篇题为《告诫》（*A Caution*）的短文中，罗德钦科也依照同样的思路主张，"严格说来，我们并不是在与绘画对抗（绘画总之正在死去），而是抵制遵循绘画方式，抵制'从绘画获得灵感的'摄影"（1989[1928b]:264）。为了避免与绘画构图布局相混淆，罗德钦科在《现代主义摄影之路》中主张，"采用完全出人意料的观看角度，在完全出乎意料的位置上"，这一点至关重要（1989[1928a]:261）。要想实现这个夙愿，有一种视角是必须完全克服的，即所谓"脐部位置"（the belly button）（262）。这指的是传统的绘画构图视角，反映了垂直站立、向前直视的创作过程，人们认为观看者随后会以同样垂直的方式来观看。在罗德钦科看来，罗宾逊当时的画意摄影手法符合上述的"指导原则"，这种做法应该坚决予以避免。

第二次世界大战前夕艺术批评和理论总体趋势，的确是以强调摄影与绘画之间的强烈对比为标志，部分是基于描绘场景的角度和视角之间的差异。在题为《从绘画到照片》（*From the Painting to the Photograph*）一文中，布里克又对摄影提出了强烈呼吁，在直接照片（straight picture）的逻辑框架之内寻找其自身特有的表现形式和方法。按布里克的说法，摄影师与画家不同，"不必为拍摄而搭建 [所描绘的] 场面"

（1989[1928]:230）。

布里克也许极不情愿地为约翰·沙考夫斯基开辟了道路，后者在1966年用技术术语捍卫了形式主义艺术摄影有关媒材特性的现代主义观念。沙考夫斯基写道："人们应该完全能够根据对这种媒介似乎固有的特性和问题而逐步形成的认识，来考察这种媒介的历史。"（1966:7）他区分出了五个现象，他认为这是摄影所独有的：物自身、细节、框取、时间和有利位置，但并不是说这份清单详尽无遗了。沙考夫斯基主张，摄影师们只能在与现实偶遇之时把现实世界记录下来。照片反映了现实的一个片段，但并没有解释它。它并不构成一个故事，只是提供了曾经存在的事物零散的、提示性的线索而已。他继续说道，照片无法将这些30线索聚合成为一个浑然一体的叙事。可以说，它以某种方式讲述了现实本身，同时又把它再现给我们。

从这个方面来讲，沙考夫斯基的观点与批评家克莱门特·格林伯格（Clement Greenberg）有所不同。虽然他和沙考夫斯基相似，在1967年提出"摄影在艺术表现的能力方面不一定次于绘画"（1993[1967]:271）。格林伯格主张，摄影通过"讲故事（story-telling）"而达到其最高的品质。早在1964年，他就已经强调过，摄影首先是"一种文学性的艺术（a literaray art）"（1993[1964]:183）。格林伯格继续写道："在变得完全形象化之前，摄影的成就在于历史、轶闻、报道以及观察等方面。"要想成功地成为一件艺术作品，一幅照片就"必须讲出一个故事"。其中还包括了照片的形象化的价值观，这源于摄影师在选择和采用构成影像主题的故事时所做的抉择。

维克多·布尔金在读到格林伯格时评论说，人们往往忽视了他"最关注的，是一种特定实践的独特性"（2007:367）。以绘画为例，布尔金写道，格林伯格在这一媒介（平面绘画）中发现了这一特性。不过，人们并不能由此便要求他发现任何一种实践在媒介的材质定义方面的特性。按格林伯格的说法，摄影并不是这种情形：它的独特性在于它是一种叙事的实践，摄影是一种"技术加叙事"（368）。但是就像布尔金所主张的，格林伯格无法定义"单一影像如何能给人以叙事的印象"（1982[1980]:211）。事实上，这也许由沃尔的《绊脚石》而实现了。它那种神秘的叙事和巨幅尺寸显然符合了格林伯格有关摄影的概念。沃尔在文章中一直主张，他是以"画面形式的小说化（novelisation of pictorial forms）或是他所谓的"图片文学"（literature of the picture）来看待摄影的（1989:58）。他强调，他的照片延续了绘画艺术当中由来已久的、传统的"合成叙事"（synthetic story-telling）的脉络（58）。

今天，沃尔的《绊脚石》表明，与早期摄影那种早熟的状况相反，当代摄影师不再是"没有能力组构（compose）自己的照片"，能够做到的不仅是"拍下来"这么简单（加拉斯，1981:41）。沃尔坦言，他的照片是他所谓的"再现"（re-enactments）（1997:n.p.）。它们是一段时间内"在每幅照片都完全相同的固定机位和拍摄现场"拍摄的大量照片，经过多层次合成而形成的（土穆里尔，2001:114）。这些照片有些是直接拍摄的，有些是摆拍的，全部嵌入到一张合成的影像当中。

31　　罗宾逊用直接拍摄的照片（例如风光、天空）和精心摆布的影像（如人物）合成的照片，为一种相当繁复的合成影像的方法提供了佐证。他的"合成照片"的灵感，来自他的导师奥斯卡·雷兰德（Oscar Rejlander）的作品，后者经常用七张底片来合成影像，每张底片分别印放在同一张相纸上。罗宾逊解释说，当时完全无法靠一次曝光来获得锐利的前景细节和不俗的气象学效果（阿德斯，1976:89）。沃尔的照片达到了彻底完美的合成。自1991年以来，他开始采用计算机技术，《绊脚石》成为他的第一件数字蒙太奇作品（威舍尔和耐弗，2005:332）。在这件作品中，"几个不相关的拍摄瞬间，分别在'现场'和影室中拍摄，用数字技术结合起来"（土穆里尔，2001:112）。他最新的电影式摄影作品往往更多地利用数字技术，今天通过艺术家可以任意使用的高级软件的帮助来实现。

1.2.3 数字化的未来

数字技术在艺术摄影中的广泛应用，促使几位媒体理论家得出这样的结论：当代用来建构影像的数字蒙太奇手法，与模拟摄影相比，更类似绘画或拼贴技巧，其中最著名的是威廉·米切尔（1992年）。人们往往主张，数字技术的介入削弱了摄影所谓固有的忠实于自然的地位，也因此预示着模拟摄影最显著的特征的消亡（里奇，1991年）。因为没有原始底片来验证影像的真实性，摄影复制品没有原作这一富有挑战性的观念，在过去几十年里广为流传（布尔金，1996[1995]:29）。另一些人，如美国摄影师和批评家玛莎·罗斯勒（Martha Rosler）则断言，加工处理从一开始就是摄影必不可少的组成部分。在题为《影像模拟，计算机处理》（*Image Simulation, Computer Manipulation*,1989年）的文章中，她强调了数字技术发展在摄影中的成功，是一种文化强制力（cultural imperative）合乎逻辑的必然结果，即创造毫无纰漏的、具有欺骗性的图片（2005[1988/1989]:270）。

这也就是为何单是加工处理，还无法成为区分模拟摄影与数字摄影的唯一可靠的评判标准，也没有提供足够的基础，促使人们主张，前者必然会给观众提供比后者更为真实的图片，就像威廉·米切尔说的那样（1992:225）。哲学家斯科特·瓦尔登（Scott Walden）主张，模拟影像更容易促成真实性的看法的产生，从而加深了观众对影像本身真相价值（truth value）的信任。他说，数码影像也能不伤及我们的想法的真实性。但是观看者更难以信任这类想法，因为要验证数字影像客观、机械的创作程度，远比模拟影像更为复杂（2008:4-5,108-110）。

如果说瓦尔登清楚地表述了他对从模拟图片到数字图片转化的担忧，那么媒体和视觉文化理论家米切尔似乎不太关注这个问题。他主张，在数字蒙太奇技法是否出现之外，让一幅摄影影像比另一幅影像在本质上更具有真实性，要付出更多努力。观众对一幅影像的信任当中那种非理性的成分利害攸关，而这种信任本身高度依赖于这幅图片外观上更广阔的视域，就像米切尔在对威廉·米切尔的一段评论中所主张的，"它存在于世界中"（2006:17）。这个问题将在本章和其他章节中进一步探讨。

即便是在定义最狭隘的直接摄影——往往被理解成一种规范，以此来验证加工处理是背离了这一规范（米切尔，1992:7）——范围内，摄影师在影像创作过程的不同阶段要付出大量思考，这也成了一个共识。乔弗里·巴钦写道："毕竟除了对亮度、曝光时间、化学药品浓度、影调范围等等进行心照不宣的加工处理外，摄影还有什么呢。"（1999[1994]:18）其他相关问题还包括选择照相机类型，选择照相机机位，选择镜头和胶片，对光的控制以及显影方法和印放时的抉择——很难一一罗列出来。就像巴钦最后总结的：

32

在将现实世界转化到图片，把三维转化成为二维的简单举动中，摄影师必须对他所创作的影像进行加工。因此，某种巧妙的方法就成了摄影的生命当中无可逃避的一部分。在这种意义上讲，照片并不比数字影像更'忠实于'事物在现实世界中的外观。（18）

就加工处理的问题而言，列夫·曼诺维奇同样主张："数字艺术并没有颠覆'常态的'（也就是'直接的'）摄影，因为'常态的'摄影从未存在过。"（1996[1995]:62）米切尔肯定了这一主张，宣称'真实可靠的'影像作为一个自然的、未经人为加工的实体，这种概念是一种意识形态上的幻觉"（2006:16）。数字与模拟再现手法之间的关系是"辩证的"，并非"一种严格的二元对立"（20）。沃尔在有关《绊脚石》的书面阐述中坦言，正是因为有了数字技术，他才能够"摆脱摄影当中他一直视为局限的那些方面"（威舍尔和涅夫，2005:332）。这种新技术让他能够"用全新的题材和图片类型来进行实验"，而在早年是根本无法实现的（333）。因此他才能创作出从多个方面展现了新一代媒介战胜老一代媒介的合成照片。不过为此付出的代价也许就是丧失了对摄影的客观性或指示性的信任，下一节将详加论述。

1.3 照片是所再现的现实世界的像似性指示符号

很多关于摄影理论的出版物，使用了"指示符号（指示性）"（index [indexical]）和"像似符号（像似性）（icon [iconic]）"等术语，来定义照片与现实世界之间的关系。这些术语往往被用来解释摄影与绘画之间的一般差异。本节探讨了两类学者的主张，一类称摄影是指示性的，另一类主张摄影就是而且甚至（更）能够成为像似性的。通过德国画家格哈特·李希特（Gerhard Richter）的油画作品，我们讨论了画家们对摄影所谓指示性的要求是如何做出回应的。我们又进一步触及到像似性和指示性这些概念，如何同上述再现、直接与摆布/合成等问题联系在一起，而杰夫·沃尔的《绊脚石》又一次成为有关这个问题的一件重要作品。

1.3.1 指示符号和像似符号：历史上的定义

在柯尔克的一次学术讨论时，一幅照片究竟是指示符号还是像似符号的问题成为争论的焦点（埃尔金斯，2007a）。虽然九位摄影理论专家之间的这场对话并没有得出决定性的结论，但显而易见，定义像似符号和指示符号的概念是何等之难。人们应该再去研究19世纪哲学家查尔斯·桑德斯·皮尔士（Charles Sanders Pierce）系统阐述的原始定义，还是运用以皮尔士为基础来构建自己理论体系的符号学家们的最新出版物中的那些重新定义？在我们看来，柯尔克会议的结果令人失望，主要原因之一就是摄影是在一般意义上来讨论的，而不是基于具体的照片素材。通常，那些认为照片是指示符号的人，不仅想到的是完全不同的照片，而且同强调照片的像似性特征的人们相比，针对的是完全不同的方面和视角。

人们主张，照片是"现实世界的机械模拟"（斯奈德，2007:369）34这一早期的观念，提出了对摄影进一步的额外定义：一幅照片也是那一现实世界的有形踪迹或指示符号。作家们一致同意，指示符号与其指示物具有因果关系，例如烟就是火的指示符号，这是常被提及的例证。这就是为何指示符号也被称作"踪迹"（trace）的原因。指示符号的另一个著名但更为复杂的例证，就是留在沙子上的脚印。脚印表现出与形成脚印的那双脚在形式上的相似性。但是形式上的相似性乃是"像似"概念的定义的一部分，意思是照片与相似性的关系，通过模仿而传达它所再现的事物的大致情形。于是我们可以得出结论：理论家们把指示符号和像似符号定义成两种不同的再现形式，有时候在形式的关系上有一定重叠。就照片而言，艾伦·特拉赫滕贝格（Alan Trachtenberg）（1992:187）在同脚印与影子联系在一起的"踪迹"这一术语，以及指示符号单纯的因果关系之间做出了区分。在他看来，"踪迹"这一更为复杂的概念不仅表明了一种因果关系，而且是一种形式上的或者具有像似性的相似性，这也许是对摄影唯一恰当的定义。

不过很多理论家基本上把指示符号和踪迹当作同义词，推崇指示符号这个术语，强调因果关系，以致到了危及形式或像似性的程度。这种异文混用的原因，似乎在于那种很可能同人们认为摄影忠实于它所再现的现实这一层关系联系在一起的因果关系。于是摄影的指示性就构成了提出绘画与摄影之间本体论意义上的区别的基础。就纯粹的因果关系来理解，指示性也许是摄影的标志特征。按照这种逻辑，像似性不具备这种因果关系的能力，而是专属于绘画，成为其特有的风格相似的特征，我们接下来会讨论这种相互关系。

在李希特的很多油画当中，他有力地批判了这种二分法，反思了人们所谓绘画完全缺乏指示性，可能在摄影所谓完全具有这类特性的方面能够教给我们些什么。例如，《被枪杀者 1 》（ *Erschossener 1* ）（图注 1.6）是利用刊登在德国报纸上的照片手工绘制的。它们原本是模糊的黑白照片。李希特于是似乎证明了手工模仿一张照片是完全可能的，而且由此营造了一种"不完美的指示符号"（imperfect index）（格林和塞顿，2000:44），就像大卫·格林所主张的那样。作为根据照片绘制的画作，《被枪杀者1》严肃质疑了被枪杀的安德烈斯·巴德（Andreas Baader）——他在施塔姆海姆监狱的牢房里被人发现——的原始照片同事件发生的现实世界之间所谓完美的指示关系。通过挑衅性地把这幅画命名为"被枪杀者"，李希特影射了20世纪70年代末德国社会对所谓自杀问题的争论，表明躺在地板上的尸体——揭示了一颗子弹从脑后射来——也许并不是自杀者。究竟是自杀还是他杀，原来的摄影影像并没透露出来。这幅画作连同其含糊的标题，同原始照片保持着一段让人反思的距离，似乎清楚地解释了真正发生的事不能单凭图片的指示性特征来理解。

李希特模仿照片的画作也为绘画的像似性增添了一种非必然的指示性成分。这就是李希特所认为的摄影的指示性与绘画的指示性之间显然存在的区别所在：在于"必然"的特征或其中的缺失，而不在于其让人怀疑的所谓真实性的特性。在模拟摄影中，指示符号自动地建立了像似符号。这种像似性的方面对于绘画和摄影来说都是类似的。通常来讲，一幅细节丰富的照片一眼看上去，也许比细节较少的照片或一幅画更真实。对于每一个具有像似性的影像而言，它让观看者设想这种相像的可能性，从而有效地看出现实与再现之间的相似性关系。正如哲学家尼尔森·古德曼（Nelson Goodman）在《艺术的语言》（ *Languages of Art*，1968年）中所主张的，写实的描绘与它所指向的现实之间的相像程度，不论是在一幅具象绘画中还是在一幅照片中，往往最终都是象征性的，或者是基于很多人所共有的一种传统惯例。

一幅模拟照片往往或差不多总是一个自动产生的、"写实"的影像，因为它是现实世界貌似真实的复制品。然而这只是由于照片能够物理地或指示性地记录那一现实，当然是以一种高度描绘的方式。罗萨琳·克劳斯指出，照片"是一种符号类型或视觉相似性，与其对象形成了一种指示关系"（1985[1977]:203）。这就意味着照片是指示性的像似符号，或者通过其指示性而成为像似符号（夏福尔，1987:59-140）。克劳斯和让-玛丽·夏福尔（Jean-Marie Schaeffer）引入了"指示性的像似符号"（indexical icon）这一概念，包括乔纳森·弗莱迪在内的很多作者，甚至一定程度上还有皮尔士本人，就像乔伊·斯奈德所说的（2007:382），都一致同意，照片可以用这样的术语来定义。弗莱迪从他对巴赞的解读出发，巴赞同时根据拟像（resembling image）和踪迹来定义摄影，斯奈德则把顺序颠倒了过来。他在两种再现模式之间做出了区分："像似"（绘画）与"像似性的指示符号"（摄影）（2005:343），在成为"一般再现的相似性"之外，照片还是"物体所反射的光线样式的踪迹"（343）。

在《言说的影像：摄影和语言》（*The Spoken Image: Photography & Language*）中，符号学家克里夫·斯科特（Clive Scott）把摄影当中的"风格"问题同像似特征联系起来，结论是有关阐述摄影风格的可能性的争论至今仍未尘埃落定（1999:34-36）。他引用了美国文学和文化批评家苏珊·桑塔格的话，后者和其他很多人一样，在《论摄影》（1977年）中指出，照片中不可能存在风格，因为风格是由于影像的指示性而自动赋予的。不过也有人主张，摄影当中确实存在风格，但那是更分散的，是不相关因素的组合——题材、照相机、暗房工作习惯、观点等等——而不是单一的、在一位摄影师的作品中有可能多次体现出来的。斯科特提出，照片作为影像，大体上也自称有风格，因为它利用了绘画的技巧。这一点显然在数字合成的照片中更为真实，而且得到了杰夫·沃尔的认可，他强调自己在图片中恪守古典式和谐的重要性（凡·吉尔德，2009年）。

斯科特还系统分析了称摄影为指示性或像似性符号的各种论述。他主张，各种不同的意见可以并存，有赖于人们思考的是摄影哪一方面的特征和哪一幅照片。按斯科特的说法，把模拟摄影称为指示性符号的论述基本上与当下有关：它不可能再现记忆中的过去，因此不可能是过时的。照相机用一种毫无差别的方式让我们能够再次获取瞬间。它能够揭示新的细节，但也通过阴影隐藏了细节，营造出某种空白（我在这里看到了什么？）。此外，一幅照片还包含了并非有意为之的细节和巧合，这些都是靠快门的释放而添加到影像中的。一幅照片被认为是一个证据，强调了一个瞬间的单一性。这些特征与本章第二节所定义的直接摄影的特征有密切的联系（正如第四章所指出的，对于后纪实摄影师们具有至关重要的意义）。我们现在通过对杰夫·沃尔的《绊脚石》的分析进一步进行剖析，也将揭示出这张照片的指示性的错综复杂。

　　1.3.2 案例分析：杰夫·沃尔

　　沃尔《绊脚石》的很多前期照片，拍摄了摆拍的模特和场景，的确是指示性的，因为它们呈现了模特和环境的当下和瞬间。诚然，在每一幅照片的产生过程中，快门最终发挥着重要作用。这些照片当中想必有新的出乎意料的细节。不过人们仍然不能肯定，艺术家是否决定把它们留在最终合成的照片中。沃尔的经过数字处理的照片具有严格的指示性，这一点还有很大疑问。不管怎样，照片中各种不同元素的当下，与最终那幅图片中的当下有所不同，因为那是借助计算机软件把不同的照片进行合成的结果。最终形成的照片并不是过去一个事件的证据，而是一个新的、独立存在的影像。对于《绊脚石》的像似性而言，这一制作过程的结果又如何呢？

　　杰夫·沃尔在文章中认为，摄影的指示性的重要程度，大大低于其像似性，目的在于表明摄影与绘画史的关系。人们主张，摄影与具象绘画在某种意义上有着共同的特征，它们都是一种再现模式，图片可以被视为相似或模拟了其描绘的对象。因此它们也可以被定义成像似的。在一幅模拟照片或一个像似的指示符中，相似性的像似关系是通过物理接触而建立起来的。照片是对传递到感光材料表面的光线反射的异常精确的物理印记，它们由此建立起现实与再现之间的一种相似关系。绘画表明像似符号不一定是记录：它"不一定被呈现为它所再现的东西，可以是想象的、虚构的重现"（斯科特，1999:27）。即便一幅具象的、如同照片一般写实的绘画作品看上去像照片一样完美地映现了它所描绘的现实，但在相似的成分之外，始终还有一种介入和转化的成分。绘画是手工完成的，它的相似性是被建构起来的。从这个观点来看，《绊脚石》是用若干模拟照片建构或数字合成的，其中包括摆布的成分，所以也许的确可以称之为像似性的。但那是什么样的像似呢？

斯科特对于像似层面的讨论，主要着眼于从指示性向像似性的转化。他主张，随时间的推移，同作为指示符号的指示物紧密联系在一起的直接摄影的照片，成为有意思的照片，在我们不知道也不再困扰于照片中究竟是谁以及是在何处时，用不同的方式来观看。在沃尔的数字合 38
成影像中，也发生过类似的情形，不过在时间上更快些。实际上，这个过程的绝大部分甚至在呈现给观看者之前就已经发生了。沃尔在计算机上营造了《绊脚石》中所再现的次生环境（penultimate circumstance），没有一位观众能在现实生活中看到一模一样的场景。即便有人能认出其中一位模特，或是这个活动发生的城市街道，但人们深知，看上去也许一定程度上熟识的场景，从未像在照片中呈现的那样发生过。随时间的推移，就像在模拟影像中一样，这种部分辨识的可能性变得越来越不明显，不经意间就让这样一幅数字合成的照片甚至更具有像似性。

《绊脚石》乍看之下似乎是一个具有指示性的快照，但随后却显得像是不同指示性快照的建构，有些也许被省略了。它的确并不是过去某个具体时间的单一踪迹。这个结论让人想到了让·鲍德里亚（Jean Baudrillard）提出的摄影是一种踪迹的定义。他以“拟像理论”（simulacrum）的概念而闻名：一个空洞的符号并不指向现实世界中的指示物，而仅仅指向其他符号。在《完美的罪行》（*The Perfect Crime*，1996[1995]年）一文中，鲍德里亚称照片是一种特殊形式的空洞符号。文章的标题指的是没有任何指向的踪迹，所以没有指示物，没有任何指示关系。在第三章中还将讨论的完美罪行当中，人们无法找到任何引向杀人犯、动机、武器等等的信息。同样对于鲍德里亚来说，任何照片就像是一次完美罪行的踪迹。原本的环境被分离了：照片周围的空间（照片周围有一个盲区）和能够揭示这是在哪里以及在发生什么的噪音都不复存在。没有当时那个瞬间的任何迹象，所以你不知道之前和之后发生了什么。鲍德里亚并没有像在符号学中那样，把照片定义成某物的指示符号，而是用了踪迹的概念，以便指出具有因果关系的形式上的相似性，其实都是相关的问题，最终可能指向了虚无。

如果这一点在模拟照片中显而易见，那么在数字合成当中就更加明显了。数字合成的照片不仅像一幅模拟照片那样，是一个简单的像似性指示符号。根据弗莱迪的专门术语，人们可能提出，数字照片不同于绘画，并不是没有指示性的像似。我们希望提出，那不过是一种有着多重指示性的像似符号罢了。它并不只是"像似性的指示符号"，而是在像似的意义上具有多重指示性。这就提出了更多的问题。一个同时承载了多重指示性的像似，仍能被视为曾经存在的某物有意义的踪迹吗？如果观众并不知晓什么样的指示符号被留下来，什么样的指示符号被去掉，人们岂不是应该得出结论说，指示性已经变得没有甚至无关紧要了吗？

39人们岂不是应该说，就像一幅具象绘画一样，《绊脚石》是一个没有指示性的像似符号吗？没有或几乎没有承载任何对于阐释影像来说具有重要意义的指示性？这个结论虽然略显牵强，但的确提出了单一的指示性对于一个模拟摄影影像具有重要意义的问题，这种影像刻意选择了保留这一特性，并且明确地把它传达给观看者。在数字时代，人们认为有必要区分一幅照片是一个指示性的人为合成，还是仅仅是一个踪迹。一旦他们知道了影像的指示性是不是人为加工的，这个影像将如何对观看者产生不同的影响，这一点应该考察清楚。

在人们能够回答这个问题之前，重要的是要牢记，指示性一直被认为等同于与摄影本身也许必然固有的那种无须言说的本质。在《摄影的讯息》（*The Photographic Message*，1961年）中，文学理论家罗兰·巴特将（模拟）照片，特别是媒体照片，理解成是"没有符码的信息"（1986[1961]:5）。这就是"外延的信息，也就是现实本身的相似物（analogon）"（6）。除此之外，照片还包含了"内涵的信息，也就是社会借以在一定程度上表达如何认识这种相似物的方式"（6）。将一种符码添加到信息当中，一定程度上决定了信息的意义。照片作为它所描绘的现实世界的外延或简单的指示性，被理解成是现实世界"并非被赋予的相似物"，"有着原生的核心意义，没有任何文化上的决定因素"（塞库拉，1984[1975]:5）。在《论照片内涵的发明》（*On the Invention of Photographic Meaning*，1975年）中，美国哲学家和批评家艾伦·塞库拉认为，这种"纯粹外延"的概念是一种"传说"（5）。塞库拉主张，"在现实世界中"，人们不可能把一幅照片的外延功能（如果有的话）同被赋予的那种由文化所决定的意义区分开来（参看第四章）。

我们强调或贬低现实或指示物（对象）始终"已经铭刻和深深烙印

在能指（即照片）当中"，对于我们理解摄影影像传达的世界观可能具有至关重要的意义（斯科特，1999:26）。一幅照片与现实世界——其指示性——有某种独特的因果关系，对于确定照片从批判意义上传达了这一现实的哪些方面而言，可能是决定性的，甚至是决定因素。不过，这并不意味着利用数字技术略作修改的模拟照片或者用多重指示性构建的高度数字化的照片，与它们所反映的"现实"之间，就不可能具有决定性辩证 40关系。今天摄影面对的最大挑战，就是对于它"映现"或仅仅反映的现实而言，它要如何准确地给自己定位。不论是参与到批评的话语当中，还是把自身呈现为在艺术上更具有独立性，不单有赖于它的指示性，而且有赖于一系列更广泛的合成和技术语境的成分，下节将予以讨论。

1.4 摄影中的灵光、本真性与可复制性

1.4.1 灵光：历史上的术语

历史上，具象绘画往往由于其纯粹的像似性而在艺术性方面比摄影更受重视，这种像似性恰恰被人们认为是摄影所匮乏的，"注定"了它的指示性。在《机械复制时代的艺术作品》（*The Work of Art in the Age of Its Technological Reproducibility*，1936年）和《摄影小史》（*Little History of Photography*，1931年）中，文化理论家沃尔特·本雅明用"灵光"一词描述了两种媒介之间的差异：大部分绘画作品被认为具有"灵光"，而摄影却缺乏这种灵光。虽然本雅明的文章早在20世纪30年代发表，但是大量关于摄影理论的最新出版物还在引用这些文本，强调它所具有的预言性，或者以改头换面的方式来利用他的术语，或者干脆批驳他的论述，完全不理会或质疑他的论述是现代主义的典型产物。20世纪80年代，在所谓"后现代主义之争"的语境之下，本雅明被人们再三引用，以便宣称现代艺术的灵光在后现代的死亡，批判艺术的独特性和本真性这些现代主义的概念，维护了摄影在对艺术甚至再现方面提出质疑的作用（邓尼斯，2009:112）。

本节讨论本雅明对灵光的定义，他对于一些照片为何具有灵光、与他对绘画中的灵光的定义有何区别以及摄影的正相和负相特性与优势等等所做的论述。对于这种媒介在社会中的实际功能产生的重要影响，将

在第四章中详细讨论。

由于灵光问题触及到本真性和可复制性这两个在摄影理论中经常用到的术语，我们在此也将讨论这两个问题。如果说摄影是一种不同于绘画的可复制的媒介，那么在摄影当中，什么才算是原作呢？在本节当中，这些问题大部分是结合德国摄影家托马斯·鲁夫（Thiomas Ruff）的作品（图注1.7）来讨论的。选择一幅肖像照片的原因，在于本雅明主要也采用了肖像摄影的例证。

本节主题的出发点，是本雅明对绘画和摄影中的灵光所做的思考。在《摄影小史》和《机械复制时代的艺术作品》中，本雅明把他对灵光的定义集中在观看者对它的感受上。在这些文论中，他对灵光提出了如下定义：

> 那么究竟什么是灵光呢？从时空角度所做的描述就是：在一定距离之外但感觉上如此贴近之物的独一无二的显现。在一个夏日的午后，一边休憩着一边凝视地平线上的一座连绵不断的山脉或一根在休憩者身上投下绿荫的树枝，那就是这条山脉或这根树枝的灵光在散发。（2008[1936]:23,2008[1931]:285）

在《机械复制时代的艺术作品》中，本雅明（2008[1936]:21,24）又补充说，一件艺术作品中的灵光就是通过复制而丧失的东西。灵光最重要的方面，在上述接近和距离之间的冲突之外，显然与作品的原来所在、作品随时间而变化的物质性、其独一无二性及其膜拜价值有某种关联。本雅明评论道，在一系列复制品出现后，复制品越发击败了艺术品原作及其灵光（24）。他指的不仅是灵光的消逝，还有同创造力和天才、永恒价值和神秘性联系在一起的对灵光的培育，后者很容易被法西斯主义所挪用（20）。按本雅明的说法，灵光的破灭始于艺术品的膜拜价值变成了市场价值和宣传价值。有意思的是，本雅明指出，摄影可能利用灵光的匮乏这一优势来促进社会变化（参看第四章）。他对灵光消失殆尽所表示的赞叹和悲哀，尤其有助于对他的文章进行多重阐释和运用（科斯特罗，2005:165）。

虽然本雅明指出，照片不可能具有他在传统艺术作品中所偏爱的那种灵光，但在1931年的文章中，他把早期照片作为例外。他的理由是，一张达盖尔法银版照片的制作是一种耗费时间的手工艺，目的在于永久性。在1936年的文章中，他又补充说，这一媒介初创的岁月里，人们对肖像摄影的兴趣可以用缅怀的膜拜来解释，"影像的膜拜价值找到了自己最后的庇护所"（2008[1936]:27）。

在商业照相馆里，摄影丧失了这种灵光，因为人们只是寻求模仿绘画的灵光。只有几位摄影师，如法国人尤金·阿杰（Eugene Atget）和德国人奥古斯特·桑德（August Sander），一直在设法抗拒商业摄影和快照的诱惑。本雅明（2008[1931]:285）盛赞阿杰，首次打破在寻求模仿绘画时一度困扰摄影的那种造作之气（科斯特罗，2005:170）。他赞赏桑德拍摄的人物面孔再现了一种新的意义，因为他通过直接观察来拍照，采用了一种科学化的视角（本雅明，2008[1931]:287）。

1.4.2 案例分析：托马斯·鲁夫

托马斯·鲁夫1986年的《肖像（斯托亚）》（*Portrait (Stoya)*）（图注1.7）这件作品因为210×165厘米的巨大尺寸而引起人们注意。鲁夫显然是在重演安迪·沃霍尔（Andy Warhol）那种毫无表情的宝丽来快照审美趣味（参看下一节），同时向观看者展现了他的图片都是正面姿势的半身彩色照片。如果不是鲁夫决定把他的照片——连同照片中的人物面孔——放大到巨幅尺寸，这些照片在照相亭里完全能拍得出来。西霸彩 43 色工艺照片以及将相纸粘贴在亚克力上的技术，在20世纪80年代为摄影师们提供了新的可能性。

鲁夫的肖像系列可以同奥古斯特·桑德的作品联系起来，同样是基于直接观察和近乎科学化的视角（有意思的是，桑德只提到模特的职业，而鲁夫只提及模特的姓氏）。本雅明主张，另一个自然在对照相机而不是眼睛说话（2008[1936]:37），这似乎与鲁夫对皮肤细节精确而锐利的记录形成了呼应，这些细节是肉眼无法看见的。不过本雅明也暗示了他所谓的"光学潜意识"（the optical unconscious），超现实主义摄影成功地将其表达出来。

灵光对于外观距离的判断标准，不论对象离得多么近，都是从一个适用于鲁夫放大了的面孔的特定视角出发。帕特利西亚·德鲁克（Patricia Drück）（2004:217）在《摄影中的男人肖像：托马斯·鲁夫的人像摄影》（*Das Bild des Menschen in der Fotografie. Die Portraits of Thomas Ruff*）——这是基于她的博士论文的一项研究——中，把本雅明所阐述的接近与距离同鲁夫的作品联系起来，虽然它缺乏本雅明把这些术语联系起来的那种神秘性。德鲁克强调说，观看者越靠近鲁夫的巨幅肖像照片，人们面部细节就看得越清楚，而模特看起来越发不像是一个真实的人，于是距离感反而增加而不是被缩短了。这种特性引发了有关肖像照片在社会中的作用的讨论：鲁夫的照片看起来就像是身份证照，即身份识别摄影，目的在于呈现显著特征，而非表达个人的身份，但是这幅照片的尺寸却像是用于广告牌或政治宣传，或者其他同样缺乏亲密感的类型。这种联系让人想到了本雅明的抱怨：摄影已经沦为资本主义商业和政治宣传的奴仆。身份识别摄影同样与政治有关。但是鲁夫的照片不是要成为广告或政治素材，实际上是对这些应用做出的反思。此外，模特被放大到通常用来展现名人的巨大尺寸，让人又想到本雅明的另一个论述，即每个人都同样很容易复制，不论著名与否，每个人都能够复制成同样的规模和形式（巴钦，2009[2005]:90）。

针对这些特性，鲁夫的照片被德鲁克称作关于肖像的肖像照片，或是"元肖像照片"（meta-photo portraits）（2004:170）。与一幅肖像是要表达个人身份的预期相反，鲁夫的肖像强调了这是不可能做到的。德鲁克在这个问题上引用了鲁夫自己的话："对于表明自己对一个人的解读，我并不感兴趣。我的出发点在于，摄影只能展现事物的外表，肖像也同样如此。"（104）这段阐述突出了本雅明的观点，即从本质上讲，照片只能展现表面的样貌。本雅明为摄影的这一特性深感惋惜，寻找补救的办法，而鲁夫则夸大了这种特征（参看第四章关于本雅明将影像与文本结合起来的解决方法）。

鲁夫对于表面的强调，使德鲁克（2004:168,230）更愿意把他的照片称作"面部描绘"（face picturing），与"面部"（faciality）这个术语而不是肖像有关，或者"去面孔的肖像"（de-faced portraits），强调了面孔从肖像当中被去除了，并在这幅照片中呈现出来这一事实。因此鲁夫的"面孔"是本雅明因为缅怀的膜拜价值而盛赞的早期肖像摄影的反面，按本雅明的说法，灵光在肖像摄影中最后一次把自己显现出来。

德鲁克的研究表明，20世纪80年代艺术摄影当中开始采用的巨幅尺寸——部分是因为人们重新开始对摄影与绘画之间的关系感兴趣——

44

同为摄影提供类似绘画那种灵光的意愿有关。对于本雅明来说，巨大的尺幅恰恰是灵光在政治宣传中的一种衰退。彼得·加拉斯称鲁夫的系列是"80年代一种根本的社会思潮的试金石"（2001:17），强调了这种巨大尺幅自相矛盾的结果，表明他的照片记录了一个人的面孔最为丰富的细节，但同时并未揭示任何与这个人真正有关的东西。它们用这种方式记录了一切，但并没有揭示任何东西——德鲁克也同意这个结论，并且做了详尽阐述。加拉斯提到鲁夫的这些照片时，称之为"无心而成的晦涩"（mindless opacity）（17）。

为了进一步探讨鲁夫的摄影手法，我们转而求助于另一个与本雅明的"灵光"联系在一起的概念：即本真性。按本雅明的说法，在"纯"艺术（l'art pour l'art）的信条当中，本真性取代了建立在礼仪这一基础之上的艺术品"真品"（authentic）（2008[1936]:24）。本雅明暗示了灵光与本真性在绘画中的关系，但与摄影无关。在摄影当中，本真性意味着什么呢？克里夫·斯科特（1999:28）用富于启发的方式，分析了本真性的概念在摄影和绘画中的不同定位：在 (a) 主题/指示物 ⟷ (b) 照相机 ⟷ (c) 摄影师这一顺序中，本真性的保障在于 (a) 和 (b) 之间。而在 (a) 主题 ⟷ (b) 绘制 ⟷ (c) 画家的顺序中，本真性的保障则在于 (b) 和 (c) 之间。在摄影当中，"伪造"就意味着改变了 (a) 和 (b) 之间的关系；然而在绘画中，同样的变化就意味着保持一种本真性（模仿、仿照、描摹、改编）。在绘画当中，"伪造"就意味着复制了 (b) 与 (c) 之间的关系，准确地复制。在摄影中，复制则意味着保持一种本真性（用同一张底片再次印放出的照片）。

在这个语境下，乔弗里·巴钦（2001:83-87）将本真性同一幅照片的创作问题联系起来。我们应该把它的创意和时间上的界限确定在创作过程的哪个点上呢？是在摄影师按下照相机快门，让选取的场景进入框取的底片这一静止状态之时？还是摄影师挑选了这张底片来印放，从而为一个潜影赋予了挑选、劳作乃至最为重要的可见性这些个人意义之时呢？或者，是在影像第一次呈现在公众眼前的时候？巴钦选择的案例是施蒂格利茨的照片《保拉》（*Paula*），这幅照片可能拍摄于1889年，1916年之前一直没有印放过，只是到了1921年才第一次展出。巴钦得出了结论：摄影史选择把1889年当作这幅照片诞生的年份。这个结论肯定

45

了斯科特对于摄影的本真性的论述。摄影中本真性的保障，可以在指示物/对象与照相机之间找到。

本真性和灵光往往是通过与可复制性的比较来讨论的。可复制性这个术语也是摄影经常被提及的一个特性，但也是适用于摄影本质的一个复杂术语。本雅明在1936年那篇文章的标题中使用了这个词，但特别指的是摄影具有复制绘画和其他艺术作品的能力。当使用可复制性这个术语来定义摄影，与绘画的独一无二性相比较时，问题就来了。本雅明也意识到了这一点，"人们可以用一张照相底片复制大量照片，而要鉴别其中哪张是'真品'则是毫无意义的"（2008[1936]:25）。如果没有可以复制的原作，可复制性能同摄影联系在一起吗？或者我们是否应该把底片称作摄影的原作呢？

如果人们把摄影的可复制性定义成那种制作大量照片的能力，但不考虑究竟什么才是原作的问题，那么通过限制版数就可以降低可复制性。这一趋势的根源在于施蒂格利茨和摄影分离派小组的成员，目的是为满足收藏家的要求。正如我们在第四章中将详细阐述的，1940年在纽约现代美术馆任命博蒙特·纽霍尔（Beaumont Newhall）担任美术馆有史以来第一位摄影策展人之后，这个群体也得到了机构的支持。从那时起，摄影越来越从鉴赏和专业知识角度来进行分析，根据审美价值来做出判断，同时采用了通常为纯艺术所专有的评判标准。不过，纽霍尔权且竭力为黑白摄影给予那种本该要消失的灵光，而且为这种媒介赋予本雅明那种"天才、创造力、永恒价值和神秘性"的灵光特性，但这一努力遭到反对，而且最终失败了（菲利普斯，1989[1982]:21）。

今天，这一趋势已经改变了。限量版数和巨大的尺寸让鲁夫这样的照片越发充满了本雅明在艺术作品的膜拜价值转变为市场价值和政治价值后作为灵光的特征的那些属性。不过德鲁克强调，鲁夫的照片大体上质问了在我们的社会中究竟什么是肖像照片，而他不带个人色彩的放大照片的手法，也可以用本雅明那样的基本定义来界定，即灵光是接近与距离之间的对立关系。鲁夫的照片《肖像（斯托亚）》的巨大尺幅和精准锐利，让观看者觉得是在透过一个放大镜观看这幅照片，将我们引向了摄影当中模糊与锐利的问题，我们将在本章后面的章节中讨论这个问题。但是在此之前，我们眼下必须涉及到摄影中的色彩问题，这一点在鲁夫的照片中显而易见地呈现出来，就像今天其他很多照片中一样。

1.5 类似绘画的照片与类似照片的绘画

多重介质的图片：色彩的问题

1855年6月的《国家》杂志（Le National）中，想法古怪的比利时画家安东尼·维尔茨（Antoine Wiertz）写了一篇简短但却深具远见卓识的说明，宣告由于摄影的机械之眼而导致的绘画的重大变化：

> 对未来的绘画而言，有几个好消息……几年前诞生了一种机器，它成为我们这个时代的荣耀，每天让我们的内心为之惊骇，眼目为之震惊。不到一个世纪，机器也许就会变成画笔、调色板、颜料、手艺、体验、耐心、灵巧、触感、风格、光彩、典范、完成度等等绘画的这些精髓所在。百年之内，绘画中不会再有泥瓦匠：只会有建筑师，也就是这个词最可能的意义上的画家。（1869[1855]:309-310。不同作者，部分引自本雅明（2008[1931]:294））

维尔茨主张，随时间的推移，绘画将不再被视为由传统来定义的。他进一步思考了传统上人们接受的观点，即绘画是一种特定媒介的活动，由它所构成的材料来决定（颜料、画笔、画布）。他深信，到了 20世纪50年代，"在视觉艺术这个术语最普遍的意义上来讲，摄影将会成为一种视觉艺术创作的工具"（凡·吉尔德，2000:24）。摄影格外将会注入一种更具延展性的方法，可以理解为"一般意义上的绘画"（凡·吉尔德，2007:300）。

1.5.1 复绘照片的过去与现在

维尔茨权且表述了这个匪夷所思的问题。显然，当他写下上述那段文字的时候，摄影还没有能力在某种精确的程度上实现他所想到的这一任务。除了上述创作上的缺陷之外，与绘画相比，照片还有一个致命的弱点：照片是没有颜色的。在整个19世纪，很多摄影师都在寻找解决问题的方法，用镜头选择以及对底片和显影过程的干预来进行实验。棕色色调非常接近传统油画速写的效果。不过显然，一幅油画速写从未被认为是一件完成的作品，而摄影师们渴望用最终完成的画面来一决高下。

有些人进一步复绘照片（overpainted photograph），从而获得色彩更为丰富的影像。

19世纪时，对照片进行手工复绘在商业照相馆中是一种常见作法（赫尼施与赫尼施，1996年）。在《每一个疯狂的念头》（*Each Wild Idea*）一书中，乔弗里·巴钦（2001:61,62）讨论了从19世纪60年代到90年代手工复绘锡版工艺照片在美国是如何大量制作出来的。这些做法为相框制作者、摄影师以及"民间"画家们提供了新的就业机会，后者的肖像生意受到更廉价、更快捷的锡版工艺技术的严重损害。巴钦强调，这种肖像因为我们看不到的东西——如照片本身——而非常迷人。在很多这类照片上，表层以下的摄影影像几乎完全被颜料覆盖了，有些照片的背景通过使用酸性物质来擦除。他描述了最终得到的影像的特征，往往精心装裱，加上相框，成了一件奇怪的、混搭的作品——部分是照片，部分是绘画，部分是蚀刻版画，部分是雕塑。不过，复绘也是一种怪异的做法。首先一幅肖像照片被拍摄下来，确保了被拍摄者样貌的逼真。但在当时，这一"证据"被隐藏在一层往往很外行地涂布的颜料下面。照相机机械的准确性呈现出来，人们意识到了它的基本作用，但是肉眼只能感受到画家的手留下的踪迹。不过，巴钦主张，无论艺术家多么笨拙，复绘肖像仍然得到摄影本质原有的真相价值的支持。

48　　就一般意义上的复绘摄影而言，巴钦告诉我们，在19世纪，所有类型的照片都用颜料来修改。颜料有助于在肉眼的控制之下形成特殊的摄影影像，例如达盖尔法银版照片。达盖尔法银版照片那层抛光的纯银表面提供了一种格式塔体验，人们交替看到自己的倒影和正被审视的肖像。颜料层消除了镜像效果和不得不面对自己正在盯视的那种不适感。然而如果说复绘或修饰影像在19世纪肖像摄影这种更商业的门类中基本上被人们所接受，即便不是盛赞，但它在更复杂的题材的创作中却成了一种禁忌，例如当时流行的对现代生活主题的描绘。这一禁忌的起源，显然在于这种画家的加工可能很容易发展成为摄影的优势，这恰恰是当时已被认可的高雅艺术群体极力反对的。画家们主张，在他们丰富多彩的画布上，他们设法提供了对主题更加自由想象的表现。几十年来，这一逻辑有助于他们为自己所采用的媒介——用画笔在一个平面材基上绘制——在现有的艺术分级结构中，确立更为突出的地位。

比利时画家让·范·比尔斯（Jan Van Beers）声名狼藉的例证，

说明违背这些惯例绝非儿戏。他那幅现在已丢失的画作《游艇"拉塞纳"号》（*Le Yacht "la Siréne"*，1881年）成了1881年布鲁塞尔沙龙最大的丑闻。人们指责这只不过是一幅复绘的照片而已（巴滕斯，2006a，2006b）。这幅画在沙龙展出时还被人故意破坏：一位身份不明的观众刮开年轻女子的面孔部分，看看下面是不是藏着一幅照片，结果什么也没有发现。这场随之而来的丑闻的发生，无法用范·比尔斯可能从照片中找到灵感从而创作了自己的画作这一事实来解释。早在1839年，一位与法国人保尔·德拉罗什（Paul Delaroche）同样举足轻重的画家，表达了自己对达盖尔法的发明的热衷，声称"画家将用这一工艺找到一种收集习作的便捷手段，否则他只能用好一段时间才能获得"（夏福尔，1974[1968]:37）。其他一些著名画家，其中最著名的是法国人欧仁·德拉克罗瓦（Eugène Delacroix），用他们根据照片画出的大量素描和油画为范·比尔斯开辟了道路（123）。此外，范·比尔斯的画引发的争议，似乎与他在一幅照片上进行复绘这个事实无关，因为这种说法从没有什么有力的证据来证实过。

　　所有焦虑的源头，显然在于他那种超现实主义的绘画风格。这也许同样暗示了范·比尔斯超前于自己的时代。当格哈特·李希特在20世纪60年代发表了极其照相写实主义的画作时，却立刻受到盛赞——对于他现在备受称赞的用颜料涂抹的照片（图注1.8），也可以看到同样的反应。到了1989年，李希特挑选了一些由冲印店制作的小尺寸商业印放照片。他从自己私人的"废片"（productionrejects，海因泽尔曼，2008:85）档案中挑选了这些照片，也就是一些普通的影像，被认为不足以用于原来的目的，例如照着它们来创作一幅画，或者把它们放进家庭相册里。李希特大体是用所谓刮刀的手段，通过在彩色照片上涂抹未用完的颜料来实现这类复绘的，从而为最终的结果赋予了一种偶然成分。作为对现实的自动再现，照片部分地被半自动涂布的、非再现的颜料层所覆盖。

　　这也许可以解释观众为何很快就注意到最终的影像有一部分是由底下一层照片组成的，但是难以理解这一摄影的主题。例如在《1992年8月2日》中，人们能够分辨出，两个人走在一座大教堂的前面。因为两人都穿着裤子，所以他们究竟是男是女并不清楚。同样，作品中所发生的事件的意义也毫无线索。因为这个影像被复绘了，观看者被刻意排除在其中发生的事件之外，结果相对而言事件变得不重要了。对待摄影的这一手法，与往往围绕着人物影像的那种煽情主义形成了鲜明对比。马尔库斯·海因泽尔曼（Markus Heinzelmann）主张，覆盖了影像的非再现性的颜料层，为"照片的叙事潜力"（the narrative potential of the photograph）带来了新的提高（2008:85）。作为一种混搭，也就是既非绘画也非照片，这个影像开启了不同的解读方式，随意涂布的颜料层为把图片主题联系起来的不同方式留下了余地，而图片已丧失了大部分轶闻式的传播性。

通过挑选自己那些商业复制的、业余爱好者用彩色胶片拍摄的照片——如果说作为摄影师，李希特完全称得上是一位"业余爱好者"——并通过显而易见的复绘之举而将它们引入到高雅艺术的范畴，李希特显然对作为艺术媒介的摄影和绘画这二者之间的历史做出了阐述。很久以前，对于艺术家们来说，使用商业印放照片（outprints）作为他们图像的基础成为一种禁忌，更何况还要复绘，最终把它们作为高雅艺术在体面的美术馆里展出。直到20世纪60年代，想要被机构严肃地接纳为高雅艺术的摄影，不得不固守在黑白摄影的状态中。就这一方面而言，沙考夫斯基甚至主张，正是这种黑白的一面把原创性（originality）（以及现代主义的媒材特性）强加给摄影（1966:7,8）。

1907年，当法国人卢米埃尔兄弟把奥托克罗姆微粒彩屏干板彩色工艺引入市场的时候，制作质量上可接受的彩色影像在技术上是完全可行的。尽管他们的同胞雅克—亨利·拉蒂格（Jacques-Henri Lartigue）进行了一些可贵的实验，但彩色摄影在整个20世纪前半段摄影作为艺术的历史中发挥着相对次要的作用。用彩色来进行创作非常昂贵。彩色影像流行于上流社会的业余爱好者圈子，到了20世纪30年代才进入应用摄影当中，而且往往是为了商业目的（时尚、广告、工业产品），第四章将对此予以讨论。不过，由于上述19世纪商业和心理学的发展，以及彩色摄影在其萌芽阶段被视为劣于画家运用色彩的可能性，所以当时的共识是彩色照片必须被排除在高雅视觉艺术的重要经典之外。这种观点导致了现代主义媒材特性的紧迫需要。

1926年，奥西普·布里克在文章中清楚地表述了摄影如何才能将其主要的局限——制作彩色影像方面的技术不足——转化成为优势。他只是改变了方向，主张恰恰是因为照片没有色彩，它们才能比绘画更准确地模仿大自然。绘画对大自然的色彩只能"模仿"（imitate），但从未真正"传达"（transmit）出来（1989[1926]:214）。布里克主张，画家无法提供人们在实际的大自然中所看到的色彩的丰富程度，只是不实地描绘，歪曲了自然的色彩。画家则为自己辩护，声称他们的任务不是照事物的本来面目来描绘；他们只是用绘画的方式在画布上再现而已。但即便是在当时，布里克写道，画家们也恪守着一种"艺术地再现生活"（218）的古老方法，这种方法因为摄影的到来而过时了。与绘画相比，照片至少没有屈从于利用大自然的一场骗人把戏。更有说服力的是，照片可以记录"生命本身"（life itself）（216）。单单这一特性就足以弥补色彩的缺乏，证明黑白摄影的优势地位。

1.5.2 今天的多重介质图片

美国波普艺术家安迪·沃霍尔用宝丽来影像进行实验，于是彩色照片尝试性地但却令人瞩目地进入了20世纪60年代的艺术界。1963年发布的宝丽来技术，价格合理，很快就在业余爱好者当中流行起来。因为它提供了几乎立刻就得到的彩色照片，也因为在家庭聚会上拍摄娱乐性快照而得以普及，沃霍尔最早用它来拍朋友们的照片。不久，他开始用丝网版技术把影像转印到画布上。大约同时，他把描绘了印刷过程中出现的败笔的照片用于同样的目的。接下来，他用丝网版把照片印在画布上，之后用手工来绘制。他添加的色彩并不意味着是一种与绘画进行对话的方式，就像乌维·施耐德（Uwe M. Schneede）主张的，也解释了这件作品为何与李希特的复绘照片基本上没有任何关系（海因泽尔曼，2008:199）。沃霍尔强调，"我之所以这么画，是因为我希望成为一架机器"（斯文森，1963:26）。今天，就像有些人主张的，计算机能够处理沃霍尔不得不用更简单的工具来做的工作。的确，人类的双手仍需要操纵照相机的眼睛，并且在计算机上执行我们进行数字化改造的抉择。然而，这并没有阻止人们相信，数字生成的照片从某种程度上可以被视为机器绘制的。这就是沃霍尔所渴望的一种发展，也是维尔茨早已预见到的。

在20世纪70年代，一些艺术摄影师开始从事彩色摄影，彩色摄影这时已变得廉价了，对于独立艺术家而言也更容易了（加拉斯，2001:21）。也恰恰是在这一时期，艺术家们面对着挑战，与摄影中长达一个多世纪的单色黑白传统决裂,到了1985年,有人惊呼,"从今天开始,黑白摄影死亡了"(巴特勒,1999[1985])。杰夫·沃尔很喜欢回忆说,他的作品可以被理解为一种纲领性的努力,彻底改造波德莱尔所谓创作表现现代生活的绘画这一理想(谢弗里耶,2001年),他创作了一系列电影式的彩色照片,成为这一新发展的典范。例如《绊脚石》就是用彩色对当代生活复杂地建构的摄影描绘——用让·鲍德里亚的话来说,是超写实性的。

沃尔最大限度地利用了彩色影像的最大可能性——在他的情况里就是西霸克罗姆工艺(现在称伊尔福克罗姆工艺),不仅令彩色效果成为可能,而且可以满足制作大尺寸照片的需要(1.8×3米的尺寸并不罕见),从形式上让人想到了西方的绘画传统。《绊脚石》也由此表明,维尔茨的直觉判断是正确的。这幅精心合成的照片向公众展现了一个独一无二的画面。它验证了人们习惯于在最精致优美的绘画作品中才能看到的明快色彩。

从绘画这个词最大可能的意义上讲,沃尔的作品似乎对观看者也产生了更深远的影响。哲学家迪尔蒙·科斯特罗(Diarmuid Costello)认为,杰夫·沃尔是一位用摄影手法来绘画的"画家"(2007:76)。米切尔·弗雷德指出,这并不是说沃尔只能被视为一位真正意义上的画家。科斯特罗写道,沃尔也可以被认为是"一位画家,一位电影摄影师,或者也许是'影像师'(pictographer),也可以是一位'名副其实'的摄影师"(80)。

沃尔主张,绘画能够通过单单着眼于这一媒介的形式和材料的方面,从而将自己确立为一种独立的现代主义艺术。相反,20世纪六七十年代观念艺术领域所做的实验已表明,摄影无法摆脱其固有的描绘能力。其他艺术形式,其中最为突出的就是绘画,则试图将自己改造成为"'超越'描绘"的(beyond depiction)(1995:247)。他写道,摄影反而从本质上以其用模仿的方式来描绘某个现实的责任为标志。"摄影无法找到描绘之外的其他选择",而"这就在于这种媒介描绘事物的物理特性"(247)。

沃尔的"描绘"概念就是前述其他作家们所谓摄影的像似性。沃尔继续说道,摄影一直无法参与对抽象的探索,虽然摄影一开始可能暗示了这种发展。摄影观念主义（photo-conceptualism）是"摄影作为艺术的史前历史的最后时刻"，也是"让这一媒介摆脱其与西方绘画的联系的最为持久和错综复杂的努力"（1995:266）。沃尔得出结论，它根本无法做到这一点。作为回应，大卫·格林（David Green）论述说，在1974年前后，"对摄影这一媒介的任何定义，都不得不顺应其再现的功能"（2009:107）。

对于沃尔来说，这就意味着他所描述的一种"革命化的图片观念"的诞生（1995:266），这个概念显然适用于他的创作手法，就像他在很多场合所指出的。让·弗朗索瓦·谢弗里耶和米切尔·弗雷德都用"图片"（Picture）这个术语当作那些用摄影手段改造19世纪绘画传统的作品的同义词。谢弗里耶写道，"很多批评家不同程度地吸收了观念主义者们所做的探索，改变了绘画的方式，有意识地、系统地运用摄影来创作作品，这些作品自成门类，可以作为'摄影手法的绘画'（photographic paintings）而独立存在"（2003[1989]:114）。摄影由此第一次促成了用一般意义上的图片来制作或绘制的混合手法，让消失已久 53 的具象绘画传统恢复活力。

我们把沃尔的照片理解成混杂的合成影像，这种将绘画融入到图片当中的摄影，我们可以定义为多重介质的。在多重介质的图片当中，不同媒介的特性组合到同一幅影像里，形成了一个高度层次化的动态视觉传达过程。这种很少被中性地加以定义的图片，保留着它们与绘画语言风格特有的联系，表明从一种媒介到另一种媒介的转换并不是一个完整的过程。就像沃尔的案例中一样，多重介质的图片引发了思索，严格说来，是来自它们结合在一起的力量，而不是在于盗用或仅仅被动复制或重复不同媒介这种负面的意思。还应该补充一点，即"多重"这个前缀词并不是指所分析的这些作品延伸了一种媒介再现可见世界的能力。相反，顾名思义，媒介介质的加倍或多重性强调了介质使得对"现实世界"的直接观看变得不可能了（凡·吉尔德和维斯特杰斯特，2009年）。

也许这也是李希特所暗示的，他强调在他的复绘照片中，"两个现实"交织在一起，即照片的现实和绘画的现实（海因泽尔曼，2008:81）。的确，他在自己类似照片的油画作品中更为生动地探索的，正是这种交互作用。李希特有一个很著名的论断：在这些作品中，他把绘画当作一种制作照片的手段。通过创作1988年的《被枪杀者1》（参看图注1.6）这类油画，李希特深信自己正在"创作"照片，虽然他是用手工绘制其中的每个部分（李希特，1995[1993]:73）。迪尔蒙·科斯特罗（2008:32）也把李希特的主张解释成是一种经过深思熟虑的意图，旨在模仿照相机这种机械装置，把艺术家的介入简化为半自动的转写。不过人们可能指出，通过尽可能地模仿照相机的缺乏新意，李希特在某种程度上借助画笔和颜料彻底改造了对一幅照片的身体体验。

为了达到目的，李希特往往将注意力转向用灰度来创作酷似照片的绘画——或者就像人们说的，在画布上手工绘制照片，这并非巧合。哲学家维勒姆·弗卢瑟尔（1984[1983]:29,30）在80年代早期仍在推广黑白摄影的运用，他阐述说，黑白状态在"外在"（out there）世界中是无法找到的，因为它们是极限（limits），是"理想状态"（ideal situations）。黑色就是光的缺失，而白色则是光的彻底呈现。黑和白是光学理论中的"概念"。因为黑白状态是理论性的，所以在可见的世界中是无法遇到。灰色是理论上的颜色。黑白照片表现了这个事实：它们是灰度的。它们是理论上的影像。在某种意义上，李希特通过绘制黑白照片接而受了这一挑战。

相反，今天摄影自身往往诉诸于色彩。不再像安德烈·巴赞早在1945年（1980[1945]:240）所说的，它在复制色彩方面劣于绘画。今天很多彩色摄影师们都相信，他们一直设法创造一种让绘画臻于完美的手段，是摄影中的黑白色调不可能做到的。他们相信这不仅关系到具象的作品，而且关系到抽象的作品。德国艺术家沃尔夫冈·提尔曼斯（Wolfgang Tillmans）的照片系列，表现了抽象的单色彩色图形（1997年和2001年），就是这方面很有意思的例证。按照艺术理论家莱恩·雷利（Lane Relyea）的说法（2006:97），它们表明在成为某物的照片之前，首先是图片。它们看上去像是60年代的抽象色域绘画（colorfield painting）。当提尔曼斯把这些影像制作成大幅面喷墨打印照片（有时超过3.5×2.5米）时，这种相似性就变得更加强烈了。颜色稀疏地布满相纸有纹理但毫无光泽的表面（97）。

不过，在20世纪的几十年间，摄影为绘画增添的价值，就在于影像的半自动的制作过程，今天已经没有人再持有这种观点了。任何人看到那种装在相框中的巨幅当代彩色照片——这些照片是当作视觉艺术作品呈现给观众——都强烈意识到图片创作者对于最终产品的诞生所施加的主观影响。现在在摄影和绘画当中，这种在影像制作过程中的主观投入，特别是数字合成的酷似绘画作品的影像当中，已经变得类似了，于是很多人得出结论：对于创作绘画作品而言，照片也至少成为同样适用的工具。今天，从很多方面来说，一幅照片可能是技术上更加完美的画作。摄影由此获得了渴望已久的像似的地位。

1.6 锐利与模糊的照片：透明性与超媒介性

照片往往描述成一种"镜头"，也就是说，我们能够透过它来"观看"，以便获得有关现实世界的信息。齐格弗里德·克拉考尔所主张的摄影特定媒介的这一特性，在于由照相机所给予的"数学上的精准"以及细节上"无法想象的精确性"（1980[1960]:246）。克拉考尔于是把一张照片的透明性和它的锐度（sharpness）联系起来。克莱门特·格林伯格又补充了另一个元素，提出"事物在艺术之外的、现实生活的意义，与它们在艺术上的意义之间的差距，在摄影当中甚至比在散文当中更加缩小了"。他同样将这一点归功于摄影媒介的透明性（格林伯格，1993[1964]:183）。⁵⁵

观众在某种程度上习惯于否定照片的表面。和绘画不同，一幅照片似乎并没有向观众展现出一种触觉障碍或"表皮"。人们看照片就像是透过一扇窗子去窥视外面的世界。谈到绘画的时候，人们总是说："这是某某画的一幅罗马万神殿的绘画作品。"但是在提到一幅同样是那座遗址的照片时，他们说："这是罗马的万神殿。"而非"这是万神殿的一幅照片（photographic impression）"。拍摄家庭成员或者在度假时拍的照片，展示给别人的时候，是要给人一种当时如何或者实际看上去如何的感觉，即便最业余的人士也知道，照片恰恰不是一种客观的表达方式。身份证仍需要照片来证明一个人的身份，即便官方当局也越来越依赖指纹和虹膜扫描。

在2008年11月21-22日伦敦的"摄影后的美学"（Aesthetics after Photography）研讨会上提交的一篇未发表的文章中，哲学家罗伯特·霍普金斯（Robert Hopkins）主张，"摄影的目的在于准确的观看"。照相机的目的是帮助使用者做出正确的选择，以便成功地准确观看，生成对现实世界的透明的、忠实的再现。今天，人们仍然持有这种观点，即便他们知道,摄影恰恰没有满足人们的这种期望。在当代艺术摄影中,能够找到很多影像的例证,例如通过极端的模糊或极端的锐利来质疑摄影的这种透明性。

1.6.1 波尔特和格鲁森的调和观

在讨论这些例证之前,我们想介绍两个对立的术语:"透明的直感性"(transparent immediacy)和"超媒介性"(hypermediacy),这是由新媒体理论家乔伊·大卫·波尔特和理查德·格鲁森在《调和:理解新媒体》(*Remediation. Understanding New Media*, 1999年)中提出的。确切地说,他们就透明的媒体讨论了透明的直感性,把这种媒体定义为给观看者或使用者造成了一种印象,觉得他们是在直接体验现实,而非仅仅是现实的再现。与透明的媒体相反,超媒介性的媒体则将人们的注意力吸引到媒介本身:观看者是在观看媒介本身而非透过媒介来观看。超媒介性使我们不仅意识到媒介或媒介本身,还用一种微妙的,或者更显而易见的方式让我们意识到我们对于直感性的渴望(1999:34)。在摄影术发明前,绘画一直充当着一种透明的媒介。随后电影的发明削弱了摄影的透明性,之后电视——甚至是虚拟现实——也会对电影有同样的影响。

波尔特和格鲁森杜撰了"调和"(remediation)这个术语,指让一种早期媒介变得更为透明的过程。这种调和涉及到用一种媒介在另一种媒介中再现(1999:45)。这是一种形式上的逻辑,新媒体由此重新改造旧的媒体形式(273)。不过,新的媒介往往有赖于旧媒介,永远无法完全超越它(47)。典型的例证就是杰夫·沃尔用来"调和"他的模拟照片的数字软件,从而制作出像《绊脚石》这样的合成影像。它们那种人为的特性突出了一个事实:它们证明了在整个像平面中焦点有同样的锐度。在与观看者保持不同距离的物体和人物上这种焦点的完全均匀,在单幅照片中是完全无法做到的。

沃尔必须把几张直接拍摄同一场景的照片合成起来,同时利用计算机以便得到这种整体的锐度(弗雷德,2004:54)。于是沃尔在某种意义上利用了直感性与超媒介性的逻辑,他的影像似乎以直感性为标志,暗示了一个统一的视觉空间,同时实际上却是显现出超媒介性的潜在逻辑,指出影像并不只是通向世界的窗子,而且是"窗子"本身,向其他再现或其他媒体敞开的一扇窗（波尔特和格鲁森，1999:34）。有意思的是，波尔特和格鲁森还强调了调和在两个方向上发挥作用：旧的媒体也能寻求挪用新媒介，并且为之重新赋予活力（48）。我们可以想到李希特是如何通过绘画来"调和"摄影的。这就足以解释波尔特和格鲁森的论断：调和并没有消灭一件艺术作品的灵光；相反，它始终以另一种媒体形式来为这一灵光赋予新的形式（75）。

按波尔特和格鲁森的看法，除了差异之外，超媒介和透明的媒体是同一个愿望的相反表现：渴望超越再现的局限并再现现实世界。按照超媒介性的逻辑，艺术家竭力让观看者承认这个媒介是一种媒介，并以这种认可为乐（42）。

1.6.2 透明性与锐度

在活动影像和新媒体发明之后，摄影的透明性并没有被彻底削弱。人们希望继续信任它，这一点不久就变得显而易见了。哲学家肯达尔·沃尔顿（Kendall Walton）（1984:267）评论道，一些作者主张，存在着不同程度的透明性，而另一些人主张，一幅照片可能在某个方面是透明的，而在其他方面则是不透明的。我们用爱德华·韦斯顿、安杰拉·埃透恩迪·埃莎巴（Angèle Etoundi Essamba）以及艾德瑞斯·卡恩（Idris Khan）的照片来讨论这种复杂性。

对焦锐利的照片似乎被体验成比模糊的照片更透明。例如身份证照片必须尽可能地锐利，才能充当现实的副本。此外，透明的窗子让人更清晰地观看世界，而模糊的或者昏蒙的窗子却让观看者意识到窗子作为"界面"（interface）的存在。美国摄影家爱德华·韦斯顿的照片往往因为细节的锐利而备受赞誉，表明照片透明的表层是人们把摄影称作比绘画更为透明的媒介的主要原因之一。不过，人们并不总是一下子就能认出韦斯顿拍摄的物品。按沃尔顿的说法，这就是他的很多照片在某些方面可以说是透明的，但在其他方面来讲不透明的原因所在。有不寻常视角的特写或画面，让观看者意识到摄影时经过选择的框取，阻碍了对物品直接的、"开放"的观看，这可以称作是摄影超媒介性的一面。

韦斯顿通过放大例如人体肌肤和瓷器的表面纹理，强调了一幅照片表层具有的透明性，把具有超媒介性的透明性作为目标：观看者的注意力不得不被吸引到摄影的媒介上，它有着其他媒介无法企及的再现肌理的能力。韦斯顿在题为《以摄影的方式观看》（*See Photographically*）一文中，强调了摄影的这种能力："首先有细节惊人的准确性，特别是对微妙细节的记录"，这是"人手的任何工作都无法复制的"（2003[1943]:106）。这个方面使得摄影师能够"用清澈的洞悉力来揭示镜头前展现的一切的精髓，从而观看者可以发现所再现的影像比实物本身更真实、更容易理解"（107）。

就韦斯顿拍摄人体肌肤的照片而言，自15世纪以来那些为画家和雕塑家们所写的论著和指南，把更多注意力放在再现人体肌肤上，这一点很有意思。人们如何通过颜料、石料或大理石来再造人体肌肤呢？乔治·瓦萨里（Giorgio Vasari）早在16世纪早期就建议雕塑家们用大理石而不是木料来制作雕塑，因为大理石的肌理比木料更近似人体肌肤。韦斯顿和其他很多人也展现了摄影在再现人体肌肤方面击败了其他媒介。

58 在一幅画当中，也就是韦斯顿所谓"人手的工作"当中，观看者们看到的，不仅是被描绘的对象；大多数绘画作品也把注意力吸引到经过绘制的画作表面，即由笔触创造出的手工制成的表面上来。于是，一幅绘画充其量只是提供了瓷器或人体肌肤的肌理的表象。

沙考夫斯基显然同意韦斯顿的看法，这从他给《摄影师之眼》（*The Photographer's Eye*）撰写的文章中可以窥见一斑。在《物自身》一节中，他声称："照片以一种比其他任何影像更令人信服的方式，唤起了真相的具体存在。"（1966:12）留意沙考夫斯基和韦斯顿对于摄影的媒介特性的文本中这种胸有成竹的自信口吻，是非常有趣的。虽然今天我们并不否认某些照片确实可以用沙考夫斯基和韦斯顿提及的特性来定义，但这些特性并不是摄影一般意义上的媒介特性，这就是一些学者声称这些文本不再适用的原因。

不过，一些当代理论家和摄影师们仍然提出并探讨这些问题以及相关的问题，而且往往持批判的态度。例如帕特西亚·德吕克（Patricia Drück）把鲁夫的肖像照片称作"皮肤病学式写实主义"（dermatological realism）时（图注1.7），就提到了摄影的这一能力（2004:218）。安吉拉·埃托昂迪·埃桑巴的照片则以类似但完全不同的方式，呈现了人体肌肤的特写。她出生于喀麦隆，是新黑人运动的摄影师之一，显然支持前一代的"黑人是美丽的"（Black is Beautiful）运动。通过拉近镜头并为自己的照片选择巨幅尺寸，她清楚无疑地展现了黑人的肌肤，数世纪以来一直被西方人看成是比白人的肌肤更低劣。虽然埃桑巴和韦斯顿的照片第一眼看上去在展现人体肌肤细节的方面非常相似，但韦斯顿的目的在于展现他所使用的媒介的优势，而埃桑巴似乎是出于更意识形态化的理由来运用摄影的这一特性。

英国摄影师伊德里斯·卡恩（参看图注3.6）从另一个角度沉迷于摄影的透明性，而且用不同的方式进行实验。观看他的早期摄影作品，表面在某种程度上变得晦暗模糊，观看者意识到照片表层的存在，是观看者与照片表层之下的拍摄对象之间一个分离的层面。我们可以将其称为摄影中超媒介性的有趣例证。卡恩一些最新的照片则包含了许多叠加的透明照片层，与多层颜料绘制的绘画形成了对比，人们在照片中几乎再也无法辨认出任何东西（维斯特斯特，2011年）。摄影的透明性现在堆积成不透明的，结果人们无法辨识卡恩的影像的外层（outer layer），而这在一幅绘画当中人们总能识别出来。因此在卡恩的这些影像中，很多透明的影像营造出了一幅模糊的照片，促使我们进一步思考摄影当中与透明性和超媒介性联系在一起的模糊性的问题。

1.6.3 模糊的照片

观看模糊的照片，类似于体验眼前的雾霭，透过满是水汽的窗户观看，或者在薄雾中行走。这些来自日常生活的经验是由于我们的双眼以及我们观看的事物之间的某种东西导致的，也许可以解释为什么观看一幅模糊的照片，往往被体验成透过一个模糊的表层去观看，即便在模糊的照片中并不是这种情形。摄影中的模糊性是由不同的原因导致的，比如晃动和双重曝光（关于摄影与时间的问题，将在下一章中讨论）。模糊的拍摄对象，例如雾气朦胧的风景，的确会形成一张模糊的照片，但在这一节里，我们讨论的是因为失焦而导致模糊的照片。这种效果类似肉眼的调节过程。数世纪来，画家们已经通过在作品前景部分运用锐利的轮廓线以及让背景模糊，从而把自己的作品调整为这种效果。在有关再现、指示性和像似性以及摄影与绘画之间的比较这一章的最后结尾，我们希望就这些方面来考察模糊的重要性，同时以尤塔·巴斯（Uta Barth）和托马斯·鲁夫的作品为例。

显而易见，模糊的照片，比如尤塔·巴斯的《旷野之9》（*Field #9*）（图注1.9），让人觉得并不比一张聚焦清楚的照片更透明，这是由于缺乏细节，妨碍了对拍摄对象的辨识。结果照片的指示特性也被削弱了。一张极端模糊的照片几乎完全丧失了与其指示物的因果关系，成了一种形式主义的抽象画，更具体来说，是一个只有色彩和影调的画面。人们可能会争论说，一幅模糊的照片呈现了拍摄对象主要的形式特征，在形式关系的意义上增强了其像似的特征。

就再现而言，模糊的结果似乎更为错综复杂。按照艺术史学家和哲学家沃尔夫冈·乌尔里希（Wolfgang Ullrich）在《模糊的历史》（*Die Geschichte der Unschärfe*）（2002a:98）中的说法，模糊可能导致主题再现的变形失真，但也能增加照片的可信度，甚至突出了其"真实性"。快照往往并不是完全锐利的，但是与直接性（directness）联系在一起，然而专业摄影师用高科技相机拍摄的极为锐利的照片，可能是不可信的，因为这些摄影师们比业余摄影师掌握更多可以不被觉察地进行处理的工具。按乔纳森·弗莱迪（Jonathan Friday）在解读巴赞时所说的，锐利或模糊几乎不会影响到一张照片的可信度，因为我们相信一张照片是对现实的忠实再现，甚至在一幅照片非常模糊时也仍持有这种信念：我们表现得"似乎"这幅影像和拍摄它的场合共有某种东西（2005:345）。图片的制作过程实际上决定了我们心理上对其真实价值的信任最终是否还能坚持。就像克莱格·欧文斯所主张的，摄影的再现以及观看者如何感受从来不是牢固地建立在其对象的基础上；它始终与境遇（circumstance）联系在一起（1978:76-77）。

更进一步讲，模糊的程度决定了这张照片是否还是对指示物可辨识的再现。卡洛琳·冯·库尔滕（Caroline von Courten）（2008年）就这一问题得出了结论：模糊的照片增加了主动的感知，观看者甚至参与到观看者与照片之间的视觉交流中，寻求更多感知的时间，从而填补细节，识别拍摄对象。此外，模糊也唤起了另一种知觉：它激起了联想和心境，而不是像在对焦锐利的照片中那样一种理性的反应。库尔滕（2008:10）提出，由模糊的照片唤起的这种感受可以同法国哲学家莫里斯·梅洛·庞蒂（Mauric Merleau-Ponty）的"现象学还原"（phenomenological reduction）一词相比较，意思就是熟悉的现象必须从一个临界的距离和凝视来质疑（2004[1948]）。模糊便为熟悉的现象促成了这一临界距离。只有当模糊的照片变得太抽象，无法激起观看者的想象时，主动感知的过程才被打断了。从观看者的角度来看，指示物在这一阶段实际上消失了，虽然除了模糊的极端情况外，踪迹还是会留下来，而极端的情况就是完全空拍的照片（因为亮部完全支配了暗部）。

当代艺术摄影当中模糊的照片日益流行，也许有不同的原因，其一是对于与公众互动的偏好，以及当代艺术中的"不确定性"（加姆，2007年）。模糊也许还与再现危机后人们对再现问题重新产生兴趣有关，詹姆斯·埃尔金斯在《论图片的不可再现性》（*Einige Gedanken über die Unbestimmtheit der Repräsentation*）中称之为"破产了的再现得以复兴"（2007b:119）。同样，模糊摄影也可以被视为"破产了的再现"。

模糊在当代艺术摄影中日益大行其道的另一个原因，按库尔滕的说法，与新一代（数字）照相机和高科技商业摄影有关，这种照相机编制了程序，能够拍出对焦锐利的照片。于是模糊的照片弥补了日常生活中细节丰富的影像，为视觉恢复平静提供了一个场所。

在模糊的语境之下，人们可以感受到摄影与绘画之间关系当中一种有趣的历史变化。然而在19世纪，绘画仍然充当着一种视觉的参考点，因此对于摄影师来说，也成为画意性模糊的"典范"，这种状况在20世纪中叶有所改变，当时摄影成了视觉参考点，成为社会中"主导"的视觉媒介。正如《六十年代至今的现代生活绘画》（*The Painting of Modern Life 1960s to Now*，2007年）所表明的，越来越多的当代画家利用模糊的快照来当作他们绘画的范本，以便呈现我们当下世界的活力（凡·吉尔德和维斯特杰斯特，2009年）。这方面的例证就是李希特的《被枪杀者1》。

托马斯·鲁夫的那些模糊的数码照片，例如《Jpeg se03》（2006年）（图注1.10），呈现出了与印象派绘画甚至新印象主义点彩派的一种全新关系，近看的时候，展现了色块或色点组成的抽象图案。画面中的主体只有从远处才能辨认出来。经过极度放大，鲁夫往往是从互联网上下载的那些低分辨率图片的像素与那些色块和色点有类似的效果。

正如以上所讨论的，鲁夫的肖像照片强调了"皮肤病学式写实主义"。人们会以为，这些照片的锐利唤起了和他的《Jpeg》系列完全不同的体验。令人惊讶的是，因为巨大的尺寸，两个系列都需要观众从远处来观看，才能看清拍摄对象。根据德吕克的结论（参看"摄影中的灵光、本真性和可复制性"一节），观众越是靠近鲁夫的巨幅肖像，模特就很少再是对一个人物的刻画。从近处，观众只能看到皮肤的毛孔和不规则之处，或者与个人无关，看到像素组成的马赛克状图案。

最后，我们还要涉及摄影中的模糊与人类肉眼工作方式之间的联系。19世纪摄影师和理论家们对于摄影是否应该尽可能对焦锐利或者局部模糊的争论，与有关摄影同绘画之间关系的讨论密切联系在一起。晚期的画意派摄影师们，例如彼得·亨利·艾默生，喜欢照片中带有画意性的模糊效果。正如本章第一节中所主张的，这些摄影师们被指责为伪画家。模糊的照片看起来就像印象派绘画，被认为是未完成的画作，必须由观看者用观看和阐释的举动来完成（库尔滕，2008:4）。

沃尔夫冈·乌尔里希在《模糊、反现代主义和前卫艺术》（ *Unschärfe, Antimodernismus und Avantgarde* ）（2002b:396）一文中，把模糊效果形容成是人类肉眼固有的模糊视觉的延伸形式。肉眼只能对焦在一个点上，而视野的其他部分始终是模糊的。选择性对焦的照片呈现出了同样的特征。但是我们在日常生活中并非总能意识到这种观看方式，因为眼睛在不断移动。这种观看与我们不断移动的眼睛有关，而且与照片固定的、静态的本质形成的对比，促成了对现实生活中的动态以及摄影对时间各个方面的记录之间对立关系的探索，后者是下一章的主题。

经过19世纪就绘画与摄影之间未来关系而言摄影忠实于自然的意义所做的思考之后，就像本章历史概述部分所揭示的，艺术家和批评家们针对摄影的再现特性而提出的摄影理论，大体针对的是最终定义这一媒介有别于绘画的本体论。与此同时，两种媒介越发按自己的方向发展。不过，最近更多摄影理论家们采纳了相反的观点，与这两种媒介的应用重归于好相呼应。事实上，他们想知道摄影为何无法与绘画分享甚至调换各自的特征，它们的独特性还剩下什么。近来围绕用于描述再现问题的术语所发生的争论，就像本章当中成对地进行比较讨论的，巩固了这种观点。最后，重要的是要注意到，摄影显然能够反映绘画而不带有那一媒介的任何物理特性，绘画则竭力反映摄影的本质，但不体现摄影材质的任何踪迹。

第二章　摄影中的时间：与时基艺术的较量

时间是摄影当中讨论最频繁的一个方面。几乎每一篇摄影理论方面的文章都以各种方式谈及摄影与时间的关系。摄影往往被定义成对时间的捕获。这很难说有何惊人之处，因为每个拍过照的人都体验过透过照相机取景器看到的场景，莫名其妙地随快门一响便被凝固下来。这一章讨论了当代摄影中几个反映摄影这一特性的例证；它们要么将其推至极端，要么展现了摄影可以用不同方式把时间表现成持续的时间段或进程。从根本上讲，我们在这一章里着眼于对时间问题做了详尽阐述的几种当下的摄影理论与实践。

这些理论和实践来源于摄影史，纵使有关摄影中的时间观点在过去一个世纪以来也发生了变化，一半是技术发展的结果。如果说摄影在19世纪中叶的时候一开始是一种慢速媒介，数十年里它就成为一种快速媒介，这个问题在第一章里有所论及。进一步讲，在20世纪的进程中，也就是在电影发明之后的数十年里，对摄影中时间概念的看法往往促成了摄影与电影之间的比较，强调了它们各自在处理时间时的种种差异。沿着这一脉络，本章把摄影中的时间概念同所谓"时基艺术"（time-based art）相比较，如电影和行为艺术，目的在于强调它们之间的差异，或者将它们纳入到更得体的视角之下。

这一章的讨论主要集中在摄影当中的时间经常被谈及的三个特性：照片凝固了瞬间、照片表现决定性的瞬间以及照片的静止状态使其转化成凝视的对象。我们结合其对应物来讨论其中每一个特性。第一个比较着眼于就凝固的瞬间而言在单幅照片中的时间发展。接下来，有一节讨论了成系列的照片，展现了与决定性瞬间相对的连续的、中性的瞬间。最后一节反思了幻灯放映和活动数字照片中消失的影像的例证，与作为凝视对象的照片相对。在各种情形下，我们都涉及到"曾在"（that-has-been）是如何被表达出来的：我们真能看出这一点吗？它真的发生过吗？作为一个概念，"曾在"是罗兰·巴特在1980年提出的。人们今天很难找到有哪一本关于摄影中的时间的出版物，对这个概念不予理会的。此外，这个概念以及巴特另一个部分相关的术语"刺点"（punctum）被当作目标，成为新观念的基础，或用在最新的定义中。因此第一节将着重对这些术语和相关联的争议进行认真思考。

2.1 巴特的"曾在"和"刺点"

关于摄影中时间的本质，最明确的表述之一是罗兰·巴特在1980年以法文出版的《明室》第二部分中提出的，该书英文版在一年后出版。巴特在《摄影的讯息》（*The Photographic Message*，1961年）一文中已经探讨了摄影的时间性，但是在《明室》一书中详尽阐述了自己的观点。巴特在该书结尾总结道，时间是摄影最感人至深的一面。"所以摄影的精髓将会是'曾在'"（1981[1980]:77）。按他的观点，对这一点的意识就解释了一张照片可能引起的震惊，他在著作的第一部分当中并没有承认这些，只是说到一张照片能够给观众带来一种震惊的效果。这种突然间自发产生的非理性的反应，就是巴特所谓的"刺点"，以便与照片当中称之为"研点"（studium）的既定的文化意义区分开来。因为他强调刺点、研点以及曾在的意识这些摄影中的重要方面，他的著作大体上是对观众对照片做出的反应（特别是他自己的反应）进行的分析。就这一方面而言，他的研究同大多数早期摄影理论相对，后者往往着眼于摄影师的视角。

66   在《明室》的第一部分当中，巴特并没有提出时间和刺点之间的明显关系，这一点显而易见，例如他对1926年詹姆斯·凡·德·泽（James von der Zee）的一张照片中的刺点的体验（附加的标题是"带袢儿的皮鞋"[*The Strapped Pumps*]）：

> 刺点常常是一个细节，就是说，是一件东西的局部。……这是一幅美国黑人家庭的照片……"研点"显而易见：作为一个得体的文化人，我满怀同情，关注着其中所表达的东西……这里有责任感、家庭的亲和、对习俗的遵从、节日的打扮……这幅景象令我感兴趣，但对我没有"刺激"。说起来很奇怪，刺激我的，是那个妹妹（或者是女儿）的宽腰带，她两只胳膊交叉着放在背后，像个女学生似的，特别是她那双"带袢儿的皮鞋"……一双如此老式的皮鞋何以会触动我呢？（43）

巴特无法回答这个问题。后面几页他得出了结论："我能够说出名字的东西不可能真正刺激得了我。不能说出名字，是一个十分明显的恐慌的征兆。"（51）几页之后他把自己对凡·德·泽的照片的着迷做了另一番解释，他注意到刺点实际上来自那位妹妹的项链，和他曾看到一位姨妈所带的项链完全一样，人没了之后，那条项链就锁进了首饰盒里。

《明室》下篇中巴特对于刺点和摄影的见解为之一转，下面的话充分说明了这一点："现在我知道了，除了'细节'，还有另外一个刺点。这个新的刺点不再是形式的，而是有强度的，这就是时间"（96）。显然只有当他面对自己母亲儿时的一张照片之后，他才意识到了这一点；他在母亲去世后不久找到了这张照片。这张照片展现了母亲还是一个五岁大的小女孩，和哥哥一起在所谓的冬季花园里。这张照片的发现，让他面对的不仅是还在世的母亲，还有母亲早在他出生之前的一个年纪。根据这一结论，他决定用不同的眼光来看其他照片，例如苏格兰裔美国摄影师亚历山大·加德纳（Alexander Gardner）1865年拍摄的年轻囚犯刘易斯·佩恩（Lewis Payne）等待处以绞刑的照片。这张照片宣告了佩恩即将死去，但巴特现在却认识到，这张照片涉及到的是"将要发生的事和已经发生的事"（在很久之前已经发生这种意义上）。观看这张照片的人体验到过去的那个时刻以及观看的时刻，特别是两者之间的距离。

乔弗里·巴钦把这两个瞬间之间的冲突同巴特的书名联系起来。"明室"其实是摄影术发明之前的一种绘画仪。上面的玻璃棱镜聚焦在 ⁶⁷场景和绘画仪下的纸张所反射的光线上，两个光源在观看者的视网膜上融为一体。这种仪器使人们只有用心灵的眼睛才能看到一幅固定的影像，把观看的举动完全转化成一种私人的、个体的体验。按巴钦的说法，巴特为自己的书选择了这种内向的（inward-looking）、非照相机器材的名字作为书名，因为表面上它是着眼于我们观看照相机拍摄的照片这一寻常的体验。此外，这本书中也充满了二元对立，例如明室的两种互补光源。巴钦指出，巴特对于摄影中的时间的表述——他用从"已经发生的事"到"将要发生的事"之间来回摇摆的说法来描述——也涉及到时间上的摇摆，他试图以他赋予每张照片的前未来时态（anterior future tense）来加以概括（2009:266）。

也许有关《明室》的文章中经常被提及的，就在于刺点概念的内涵在上述这部著作的两部分当中的转变。不过媒体和传播理论家莎拉·肯博尔在《虚拟的焦虑：摄影、新技术与主观性》（*Virtual Anxiety: Photography, New Technologies and Subjectivity*）中主张，巴特在上篇和下篇中都使用了刺点一词，描述了一张照片的直感性对他的影响。她写到，这一论述从他对刺点的定义中得到了证实，即照片的这一成分与研点不同，并不属于语言或文化。因此她尤其致力于巩固自己的主张，即相信摄影的真实性其实是一个"情绪反应"（affect）的问题，而非我们大多数人希望获得的那种理性的洞察（1998:32）。

如果说肯博尔对巴特有关刺点的各种定义之间的差异轻描淡写，米切尔·弗雷德也同样如此，他在《摄影作为艺术为何前所未有地重要》（*Why Photography Matters as Art as Never Before*, 2008年）一书中，用了整整一章篇幅来讨论巴特的刺点。弗雷德不仅指出，巴特在上篇中对刺点的描述是个体观看者纯粹个人的反应，而且也注意到，巴特强调了如果要让刺点的体验完全可行，摄影师对于细节没有经过事先预谋的手法具有重要的意义（2008:98）。正如弗雷德主张的，巴特感受到刺点，不仅因为这是摄影师呈现给他的，因为对摄影师而言实际上并没有刺点，而是因为它仅仅出现在被拍摄下来的事物的场域之内。同样，按照弗雷德的说法，从巴特的意义上说，时间对他而言充当了一个刺点，恰恰是因为某物已经逝去，已经成为历史的这种感觉，是无法被摄影师所感受到的，

68　当然也不会被拍摄瞬间在照片中出现的其他人所感受到（104）。这就意味着巴特在著作的第一部分当中认为，一幅照片中无意识的方面，涉及到摄影师可能不经意间留下的细节，而在这本书的第二部分中，无意识的方面涉及到摄影师不可能从未来的角度观察这个主题。按弗雷德的说法，出乎意料的结果就是每幅照片受制于同样的转换，而且由此引发一种刺点的体验。弗雷德在提到巴特对照片的选择时补充道，这个过程大体发生在把注意力吸引到不可阻挡的时间流逝甚至死亡上去的那些照片当中（106）。

詹姆斯·埃尔金斯一定程度上同意弗雷德对于刺点的阐释，特别是就摄影师的非故意性而言。然而，他的主张比弗雷德或巴特更近了一步，坚信摄影的写实主义，完全专注于人物的影像。埃尔金斯讨论加德纳1865年那幅年轻的刘易斯·佩恩的照片，就是把背景中抗拒阐释的"无趣的"胡涂乱画，称之为"深刻的"刺点（2005:942）。此外，弗

雷德指出了数字化对刺点造成了威胁，因为在创造出来的照片当中，再也没有未被觉察的细节，也没有了终将成为历史的附加指示物（attached referent），但埃尔金斯主张，照片即便有着完全用数字手段建构出来的拍摄对象，也可以理解成具有被忽视的元素，有待每一位观看者去发现。他补充说，特别非具象的数字影像，可以理解成刺点延伸到了不熟悉的领域。他的例证包括了扫描式隧道显微镜（STM）和原子分辨率声学扫描式隧道显微镜（SATM）制作的图片，他借用巴特在《明室》中丰富的词句来加以描述，例如"意外"（accidents）和"点缀着敏感点"（speckled with...sensitive points）（947）。

虽然弗雷德弥合了刺点两种不同定义之间的分歧，埃尔金定义了数字照片和抽象照片中的刺点，切断了与时间的联系，但是把巴特的术语应用到当代摄影中时，其困难重重的实质始终没有改变。很多作者主张，巴特的时间或曾在的刺点无法继续成为摄影的精髓所在。德摩斯（T. J. Demos）的结论是，最近的实验摄影已经把这种曾经特有的时态，转化成远不牢靠的未来完成时——"将会曾在"（that will have been）——提出了将出现的一种潜在现实，或一种新的、未来可能的逝去（2006:9）。对巴特的说法的另一种修订，是由马格瑞特·艾沃森（Margaret Iversen）根据对20世纪60年代以来的艺术家们的观察而提出的，他们往往把照相机当做实验或探索的工具，以未来为导向的"将会成为什么"这个疑问句似乎比略显感伤的"曾在"更贴切（2007:105）。对于摄影的真实性的讨论，导致了从作为阐释的"这是曾经发生过的事"，转向"这是我相信发生过的事"（麦克奎尔，1998:135）。与有关书面历史的类似争论也拓展了摄影对来自从未被拍下来的过去事件和人物进行"记录"的可能性：即历史上"我相信曾是这样"的照片（维斯特杰斯特，2011年，关于未被拍下来的过去的照片）。此外，当今摄影技术的进步也为表现更多的时态敞开了大门。

在这一节里，我们主张，巴特对感受一幅照片的瞬间、拍照片的瞬间以及一幅照片所预见到的瞬间之间的对立关系，仍然促使人们探寻用摄影来表达的其他时态。这一关注也提出了另一个问题：究竟哪些时态是摄影仍然无法表现的？为何会出现这种情形？

69

2.2 照片中的长时间曝光与瞬时性

第一眼看去，杉本博司的《尤宁城汽车影院》（*Union City Drive-in*，1993年）（图注2.1）让人想到了宁静的夜晚前往尤宁城汽车影院的体验。但是人们很快就意识到，这幅照片中还有某种很怪异之处。银幕上并没有电影画面，只有强烈的白光；没有游客在场，无数长长的白线划过夜空。摄影家要在这幅照片里呈现给观看者的，究竟是什么呢？《尤宁城汽车影院》展现了一部完整的电影，因为摄影家从电影开始到结尾一直让照相机的快门开着。这幅照片为摄影中的时间概念同电影的比较提供了什么深刻见解吗？在详细阐述这种电影/摄影的相互影响并探寻其历史根源之前，我们先介绍在单幅照片中时间发展的另一个例证。

比利时摄影家马丁·范沃尔塞姆（Maarten Vanvolsem）利用一台自制照相机创作了《鲁汶》（*Leuven*，2002年）（图注2.2），快门开启的过程中，胶片一直在转动。这幅几乎一整卷底片的狭长照片只能被观看者站在远处来理解。为了看清照片中的影像，人们必须从它前面走过去。这就意味着不仅这幅照片的拍摄涉及到了时间的发展，而且对其结果的认知也需要时间。在这个方面而言，范沃尔塞姆参考了摄影的早期历史，那时摄影还没有同一刹那的瞬间联系在一起（2006:5-42）。

在考察杉本博司和范沃尔塞姆的照片中时间的本质和作用之前，回到摄影史当中，以便找到对于个别照片中时间记录极短和极长的观点，是非常恰当的。不过我们首先要讨论关于电影与摄影在处理时间时的区别的几个重要看法，是由五位电影专家提出的：安德烈·巴赞、彼得·沃伦、克里斯蒂安·迈茨、穆尔维（Laura Mulvey）和大卫·孔帕尼。

2.2.1 电影与摄影的比较

过去数十年里，描述摄影如何处理时间的诸多努力，始于与其他媒介对时间的处理方法进行比较。这些作者对让人体验到时间段的媒介情有独钟，主要是证明摄影没有让观众面对时间的这一个方面的能力。艾伦·特拉赫滕贝格解释说，对电影和摄影如何处理时间进行比较分析这一兴趣，源于很多电影批评家认识到，为了提出电影分析的批评方法，他们必须首先定义摄影影像的本质（1980:237）。安德烈·巴赞是诸多先驱者之一，也是《摄影影像本体论》（*The Ontology of the Photographic Image*，1945年）（另参看第一章）一文的作者，这是一篇经常被引用的文论，第一章就是"什么是电影？"。他提出的摄影让时间"不朽"（embalms）的说法尤其受欢迎。巴赞主张，照片保存了来自过去的对象，就像琥珀让保存下来的昆虫尸体完好无损一样。相反，电影提供了事物的影像，也是它们在一个时间段的影像。电影看似存在于我们的时间与空间中，与之不同的是，摄影是某物的影像，是我们可以拿在手里、粘在相册中的一个物件，但并非有形地存在于我们当下的时空当中（1980[1945]:241, 242）。20世纪中叶以来发表的很多关于摄影的文论，实际上都或含蓄或明确地认为摄影就是这种物件。

尽管在巴赞的文章发表40年之后，由符号学家和电影理论家克里斯蒂安·迈茨所写的《摄影与恋物》（*Photography and Fetish*，1985年）提供了更详尽的分析，但大体上证实了巴赞关于照片是出自另一时间的物件的论断。迈茨承认，摄影和电影也许共同具有技术上的相似性，但照片不可分割地属于过去，而电影似乎始终在当下来呈现——也就是观众在观看的当下。此外，迈茨根据符号学家路易·叶尔姆斯列夫（Louis Hjelmslev）所定义的"语汇"（Lexis）概念，解释了摄影与电影之间的各种区别。语汇是解读和认知的社会化单位：例如在雕塑中就是雕像，而在音乐中就是一首乐曲。显然，摄影的语汇，一张悄无声息的长方形纸片，远比电影的语汇小得多。即便电影的长度只有两分钟，但可以说，这两分钟也通过声音、动作等等而被放大了，姑且不论银幕平整的表面和放映（projection）本身。此外，摄影语汇没有固定的持续时间（=时间长短）：对它的解决一定程度上有赖于观看者，因为观看者是凝视这一行为的主宰，而电影语汇的时间安排是导演事先决定的（迈茨，1985:81）。最后，迈茨还发现了社会应用方面的差别。电影往往有一种虚构的层面，被视为一种集体性的娱乐或艺术，而摄影在什么（可能）是真实的这个领域里，以及在私人生活或家庭生活中，享有极高的社会认知度，也是弗洛伊德所谓"恋物"的发祥地（参看第五章）。的确，迈茨认为照片有时候也被认为是艺术品，而且超8毫米电影是在私下拍摄和呈现的；但是电影与集体性、摄影与私密性之间的紧密联系依然存在，仍旧像一种社会神话一样生动而有说服力。

　　摄影与电影的另一种比较，是电影理论家彼得·沃伦在《火与冰》（ *Fire and Ice,* 1984年）一文中提出的，迈茨在一年后引用过这篇文章。沃伦主要是针对摄影和电影中的时间观念提出了一种不同的视角。他似乎重述了巴赞早在差不多半个世纪前就已经定义了的摄影与电影之间的区别，把摄影比作一个点，而电影是一条线，称电影为火，摄影是冰。不过沃伦重点强调了虽然照片可能让人产生只是时点（punctual）的印象，实际上没有时间的持续，然而这并不意味着它们所再现的情境就缺乏任何时间持续的特征，或者其他与时间有关的特征。不同类型的照片甚至说明了持续的情境和情境的先后顺序中的不同视角。这其中还有一个矛盾的成分：表明事件的照片，以及反之电影中静止不动的对象的静态影像（2003[1984]:77）。大卫·格林总结道，沃伦是按照"状态"、"过程"或"事件"来描述和分析照片，其中变化和持续时间、时间的排序和划分以及叙事性等等概念，依然适用，但未必陷入过去时态和现在时态这一严格的对立中（格林和劳瑞，2006:18）。沃伦强调了摄影同时间的关系远比通常所认为的更为复杂。这一论述同我们关于这互补的一对（媒介）中时间概念的主张相呼应（即单幅照片中的时间持续与凝固下来的瞬间；系列照片与决定性的瞬间对比；消失的活动影像与作为凝视对象的照片的对比）。

　　沃伦和迈茨在20世纪80年代中叶发表了他们的文论之后，摄影与电影的技术创新对摄影与电影的比较研究产生了影响。电影理论家劳拉·穆尔维的最新出版物针对的是电影中动态与静态之间的关系，主张由于录像、电影和DVD已经更容易被很多人所使用，电影成为人们可以占有、停止、重放、慢放或闪回的对象（2007[2006]:66,191）。换句话说，观众现在可以随意选择他们想要观看的时间段有多长，甚至是一部电影中的单一影像，这曾经是只有摄影才具有的特色。按照穆尔维的说法，电影与摄影之间的区别大大减少了，因为（差不多）一台数字照相机就可以同时用于拍照片和拍电影。此外，前面提到的照片是实时的一个切片，而电影是实时的一个区间这一差别，在对时间的全新建构中混淆起来，这种新的建构是由电影和摄影的数字化而导致的。这种经过建构的时间往往再也无法辨认出是一个短暂的瞬间还是一个时间段。大卫·格林和乔安娜·劳瑞（Joanna Lowry）根据穆尔维的路线，主张技术进步和数字界面出现的结果之一，就是人们现在有了轻轻按动开关，慢放或凝固活动影像，或者让一个静态影像充满动感的能力（2006:7）

（参看"摄影中的在场与缺席"一节）。批评家和摄影师大卫·孔帕尼
在《电影》（*The Cinematic*，2007年）的导论"何时加快？何时放慢？"
中列举了一些例证，制作时间上的传统差异甚至颠倒了过来。杰夫·沃
尔和其他人（参看第一章）则建构经过数字处理的影像，也许耗费数月
之工和巨大的开销。同时，麦克·菲吉斯（Mike Figgis）则是众多导演
之一，充分利用轻便的数字录像机来削减成本、缩减摄制组，缩减前期
制作，追求更自主"独立"的电影制作方式。

穆尔维、孔帕尼、格林/劳瑞的论述指出，静态和动态影像之间的界
限逐渐丧失，仅仅发生在过去几十年里，特别是当我们把他们同强调这
些差异的巴赞相比较的时候。显然，一些出版物证明近年来摄影与电影
之间的差别逐步减少，但往往倾向于把它们在之前几十年里的分歧纳入
视野。例如维克多·布尔金主张，在动态与电影、静态与摄影之间划等
号，其实就是把再现和它的物质支撑物（material support）混为一谈。电
影可以描述固定不动的对象，即便胶片本身仍以每秒24帧的速度移动。
一幅照片可以描绘移动的对象，即便照片并不移动（2009[2005]:302）。

在《摄影与电影》（*Photograph and Cinema*）中，大卫·孔帕尼指出
了两种媒介中另一个矛盾的方面：一个电影的镜头越短，就越像是一幅
照片，最后成为胶片上单独一帧画面（2008:36）。另一方面，一组镜头
越长，也同样越发像一张照片，特别是镜头"直视"拍摄对象一段时间
的时候。在他的文章中，提供了对这些媒体的一种比较的视角，也对它
们之间的关系进行了深入的历史研究，尤其表明了在开始形成的时期，
电影与摄影的关系相当密切。第一代电影制作人往往就是摄影师，例如
1929年在斯图加特举办的《电影与摄影》（*Film und Foto*）展，依旧突出
了这两种媒体之间的密切联系。孔帕尼的著作从卢米埃尔兄弟发明电影
开始，描述了1895年6月11日他们为法兰西摄影协会大会的与会摄影师
们放映的第一部电影的内容（7）。他们拍摄了摄影师们到来（电影后
来以《与会代表抵达索恩河畔纽维尔》[*Arrivée des congressistes à Neuville-sur
Saône*]为题），一天后向他们展示。孔帕尼指出了这部电影中有意思的
一段，整个长度不超过一分钟：一位路过的摄影师站在电影摄影机前一
动不动，拍了路易·卢米埃尔的一张照片，而他也在用电影拍摄这位摄
影师。人们认出这位摄影师就是儒勒·詹森（Jules Janssen），定时摄影
（chronophotography）的一位先驱。定时摄影是一种特殊技巧，将一段

时间中很多不同的瞬间呈现在一幅照片中，为最终的影像赋予了一种电影的效果（参看下文）。不幸的是，摄影师詹森拍的卢米埃尔的照片似乎没有保存下来。

从一开始，摄影中时间的历史从这一媒介发明之初，就一直处在同样尴尬的境地。例如静态照片中的恒定性（fixity）对于描述时间提出了挑战和问题——包括技术上的和审美方面的。这个媒介应该完全避免动态的拍摄对象吗？动态应该用更快的快门速度捕捉下来吗？或者动态应该经过长时间曝光而留下其踪迹吗（孔帕尼，2007:11）？在通过杉本博司和范沃尔塞姆的作品的详尽讨论来回答这些问题之前，我们以历史概述的形式，讨论在摄影当中处理时间的实际做法和理论。

2.2.2 历史概述：摄影中的时间问题

摄影从19世纪开始，就是作为一种相对慢速的媒介。1826年法国人尼埃普斯（Joseph Nicéphore Niépce）拍摄的第一幅所谓"日光照片"（helopgraph），被认为是第一张定影的摄影影像。尼埃普斯花了8个小时来曝光，从他家的窗口把一些屋顶的景色凝固下来。因为这张日光摄影照片只是展现了模糊的光线和深色调的外观，人们差不多忘了在这8个小时里，阳光从建筑物的一边转向了另一边（所以光线的变化被压缩到了一张单幅影像中，顺带说一句，这也是杉本博司不久前创作的照片中一个有趣的问题［图注2.1］）。19世纪30年代末达盖尔银版照相法的发明，将曝光时间缩短到半个小时甚至15分钟。在《摄影小史》（*Little History of Photography*, 1931）这篇著名的文章中，沃尔特·本雅明因为其慢，表达了自己对达盖尔银版照相法这种最早的摄影工艺的赞赏（参看第一章）。他主张，这种工艺使被拍摄对象把自己的生命集中在这个瞬间，而不是匆匆逝去（2008[1931]:280）。以我们21世纪的观点来看，在照相机的曝光时间可以达到极短时间的这个时代，很难想象一个半世纪前的情形。书信当中的说明告诉了我们更多有关这些早期实践的细节。在1852年5月21日的一封信中，威廉·亨利·福克斯·塔尔博特写到："布罗汉姆勋爵曾告诉我，他为了拍一张达盖尔法银版照片而在阳光下坐了半个小时，平生从未受过这么多罪"（杰弗里，1996[1981]:31）。8年前，在《自然的画笔》（*The Pencil of Nature*, 1844-1846年）中，福克

72

斯·塔尔博特写到，按照他的碘化银纸本照相法，他在阳光下拍照只用了几秒钟，但是这可能只是一厢情愿。但拍摄所用的时间肯定远远少于15分钟。在他呈现牛津女王学院景色的碘化银纸本照片中——拍摄于1843年，并于1845年发表在《自然的画笔》第3册中——人们可以注意到，一座钟的表盘显示了这张底片拍摄的时间：午后两点钟过后不久（史密斯，2010:69,70）。

1852年5月31日，仅在前一封信的10天后，福克斯·塔尔博特在另一封信中写道，住在英国的荷兰摄影师尼古拉斯·海勒曼（Nicolaas Henneman）凭借湿版火棉胶工艺，设法把纸质底片的曝光时间缩短到了仅用一秒钟（杰弗里，1996[1981]:32）。从那时以来，瞬时摄影（instantaneous photography）的时代便来临了。曝光时间缩短对于照片中的被拍摄对象来说，也有种种意味。人们对动态场景的兴趣也大增。1854年夏，英国摄影师约翰·迪尔温·卢韦恩（John Dillwyn Llewelyn）展示了他的海上"动态"场景。1855年巴黎世界博览会上，他以题为《动感》（Motion）的一组4张照片获得了银奖。不过，按摄影史学家米切尔·弗里佐（Michel Frizot）的观点，真正瞬时摄影的时代是19世纪80年代这10年，当时的曝光时间从一百分之一秒缩短到了一千分之一秒，其实现有赖于镜头以及明胶溴化银乳剂感光特性的技术发展（1998[1994]:244）。

接着，1891年柯达盒式照相机问世，开启了摄影中的时间这一历史的另一个重要阶段。这种照相机装有足够拍100张底片的卷装胶片。拥有柯达照相机的人只需按下快门。美国发明家和慈善家乔治·伊士曼（George Eastman），也是这款相机的发明人和制造商，提出了一句口号："你只要按下快门，剩下的交给我们。"前所未有的速度、冲洗和印放的便捷、高速镜头、迅速开启的快门和手持照相机，所有这些技术进步导致未经训练的业余人士都可以随心所欲地运用摄影。在《柯达手册》（The Kodak Manual）中，伊士曼称他的照相机是一个摄影记事本，而一幅柯达照片也被称作"快照"（snapshot），这个词是猎人们用来指"从臀部位置射击"，不用认真仔细地瞄准（纽霍尔，1982[1937]:129）。今天我们仍然在同样的意义上使用"快照"一词，指的不仅是瞬间曝光，而且也区分了呈现某种决定性瞬间的快速拍摄而产生的照片类型（参看"系列记录和决定性瞬间"）。

如果说拍摄速度的提高使人们能够捕捉到逝去的瞬间，那么它也开启了一个超出人类肉眼能力的一个真正全新的视觉世界。著名的例证就是美国发明家哈罗德·埃杰顿（Harold F. Edgerton）的曝光时间极短的记录（图注2.2）。虽然肉眼是一种出色的光学仪器，埃杰顿说，它至少有一个严重的局限：它无法看清快速移动的物体。他指出："在人类视野的地平线之外，还有一个看不见的快速运动的世界。在日常生活中，它环绕在我们周围，我们无法洞悉，就像在望远镜和显微镜发明之前，我们无法突破空间的界限，看到月亮上的群山和火山口，或者使我们患病的细菌，抑或造出红酒的微生物。要进入这个动态的迷人世界，肉眼必须有一个能够像处理空间的显微镜一样处理时间的附件。"（1954[1939]:9）埃杰顿使用了频闪闪光灯。因为对亮度的电子控制取代了快门，于是埃杰顿基于受控的脉冲调节闪光的高速动态摄影，被称作频闪摄影（stroboscopic photography）（18）。例如拍摄发射出来的子弹的锐利照片，需要单次闪光时间持续大概100万分之一秒左右。他在1936年左右拍摄的一滴滴落的牛奶的系列照片，凝固了这个过程的很多不同阶段，提供了精彩但几乎不要现实的照片，如《牛奶皇冠》（*Milk Drop Coronet*）。1957年，他把这个项目重做了一次，发表了这些不同阶段更加锐利的影像。

和这项研究中的大多数主人公不同，埃杰顿首先是一位科学家，这意味着他的照片充当了对运动过程的科学记录。他的照片在用摄影来捕捉最短暂的瞬间这场竞赛中举足轻重，这场竞赛为了高科技的科学研究这一目的仍在继续。不过，这场竞赛只是摄影中的时间这一历史的一个侧面。法国摄影家艾蒂安·儒勒·马雷（Etienne Jules Marey）研究了另一个与时间部分有关的方面。在19世纪80年代，他发明了定时摄影原理。这种方法要求动态研究的对象应该是唯一出现在经过感光处理的底版上的，而且背景不应该把一束光投射到器械当中（马雷，1972[1894]:70）。马雷给他的模特穿上白色衣服，或带有白色条纹的黑色衣服，用一块黑色丝绒窗帘当作背景。最后得到的照片使动作的细节清晰可见，而这些是裸眼无法看到的。马雷在为卢米埃尔兄弟所写的关于他们的"电影摄影"（cinématographe, film camera）的意见中，强调了他的照片的这一特性；在他看来，电影摄影没有多大意思，因为它只是复制了肉眼所能见到的事物，而他追求的是肉眼不可见的事物（孔帕尼，2008:22）。

拍摄最短的瞬间以及连续的短暂瞬间，从而研究动作细节的种种努力，引发了有关这类视觉信息的"天然性"的争议。有一个著名的趣闻，就涉及到法国雕塑家奥古斯特·罗丹（August Rodin）与批评家保尔·葛塞尔（Paul Gsell）之间的对话，后来于1911年发表，可以充分说明这一场争论（夏福尔，1974[1968]:224；维希留，1995[1988]:1,2）。罗丹问葛塞尔，是否仔细看过表现人物动作瞬间的瞬时照片，大概指的就是他的同胞马雷的那些著名习作。葛塞尔显然没有仔细看过，他回答说，它们显然从没有任何进展："通常，他们似乎是静止地用一条腿站立，或者是在单足蹦跳。"罗丹对此补充说，照片中的模特有一种奇特的样子，就像一个忽然罹患瘫痪症的人，反而证实了他对美术作品中的动态的看法。在照片中，人们忽然凝固在半空中，也是在最关键的时刻捕捉下来，因为身体的各个部分完全是在同一个瞬间复制下来的。按照罗丹的说法，和美术作品不一样，照片中并没有动作的逐渐伸展。葛塞尔问他，这是否意味着美术显然歪曲了事实，他回答道，美术作品说的是真相，而摄影却在说谎。"因为在现实当中，时间并不是静止不动的，如果说画家设法给人一种印象，一个动作是在几秒钟里完成的，那么不用说，他们的作品的确比时间被陡然暂停的科学影像更合常规"（夏福尔，1974[1968]:226）。于是罗丹主张，动作的错觉是必须随观看者眼球的移动而发生的，就像现实生活中事实发生的那样。

罗丹对马雷摄影作品的批评意见，在同时代其他摄影师们当中也可以看到。安东·乔里奥·布拉加利亚（Anton Giulio Bragaglia）和阿尔图罗·布拉加利亚（Arturo Bragaglia）这一对意大利兄弟都是摄影师，他们显然与罗丹持有相同的观点，但他们并没有得出结论说，摄影无法表现动态。1911年，也就是在葛塞尔发表与罗丹的对话的同一年，布拉加利亚兄弟在一次会议上展示了他们的"连续动作摄影"（photodynamism），以一种更为流畅的方式来再现动态。他们那些表现人物快速动态的照片，是利用延长曝光时间来拍摄的。他们指责马雷以那种分析式的定时摄影方法"扼杀"了动态，就像生物学家为了研究而把蝴蝶用大头针钉住一样，扼杀了这只蝴蝶。相反，他们渴望让动态在时间过程中清晰可见，通过展现动作的踪迹和影子，从而表现动作姿态的"灵魂"，以及动作的能量和情绪（利斯塔，1987:59,60）。

安东·乔里奥·布拉加利亚在题为《未来主义的连续动作摄影》（*fotodinamusmo futurista*, 1913年6月）的宣言中，把兄弟二人的评述和目标归纳如下："定时摄影可以比作一只时钟，上面只有每一刻钟被标记出来，而电影摄影是另一只时钟，把分针也显示出来，连续动作摄影则是第三只时钟，不仅标出了秒针，还有数秒间流逝的过程中动作之间的片段"（1989[1913]:287,289）。更具体地就电影而论，他指出："电影摄影并没有勾勒出动作的形态……电影摄影从不对动作进行分析。它把动作散落到数帧电影胶片当中，而连续动作摄影与之不同，精确分析了动作的细节"（288）。就这些论述来说，卢米埃尔兄弟于1895年发明的电影，是在布拉加利亚兄弟发表宣言的15年之前，也是在马雷形成自己的定时摄影的15年之后，这一点很重要。

79   到目前为止，我们已经指出，摄影中对动作的再现只是随技术进一步发展才成为一个问题。从19世纪80年代以来，摄影师们可以决定他们希望捕捉的动作或活动是一个瞬间（如果是这样，照片必须有锐利的细节，还是应该提供对动作并不那么清晰锐利的暗示），还是作为一个发展的过程。两种记录方式和被拍摄对象的选择，促成了对时间的不同感知方式。蒂埃里·德·杜夫（Thierry de Duve）在《定时曝光与抓拍：照片中的悖论》（*Time Exposure and Snapshot: The Photograph as Paradox*, 1978:113,114）中，对通常理解一张照片的两种对立方式做了定义。前者的一个典型例证，就是葬礼上的肖像，可以称之为"图片"。另一方面，新闻照片则是"事件"的例证，德·杜夫把"定时曝光"同把照片视为"像图片一样"的感知方式联系起来，而瞬时摄影则是把照片视为"像事件一样"的典型方式。这两种方式相互排斥，但在我们对所有照片的认知当中却是共存的。

快照或者说瞬时摄影的目的，在于表达自然的动作，但它只提供了僵化的模拟。它表现了一个未曾做出的动作和一个无法做到的姿势；毕竟，现实是由连续发生的事所构成的，而不是单个事件。可悲的是，快照总是太早，无法看到表面上发生的事件，往往又太晚，无法眼见现实中事件的发生。此外，快照"窃取"了它无法返回的"生命"。定时摄影可悲的一面，是它表达了一种它永远无法获得的生命，同时它也是所有潜在时态的空洞形式。而且照片不仅妨碍了对"实时"的体验，而且形成了新的时空类型。那就是，快照中的此处与从前，以及定时摄影中现在与别处之间不合逻辑的结合（德·杜夫，1978:116,117）。我们记住历史上这些关于摄影中的时间的理论观点，然后回到对杉本博司和范沃尔塞姆的照片的讨论中。

2.2.3 案例分析：杉本博司和马丁·范沃尔塞姆

随时间的推移，摄影一直受到赞美，甚至超过了其他任何媒介，因为它能够凝固我们眼前逝去的，或者因为太过短暂而无法被我们肉眼捕捉到的瞬间。不过我们的论据也揭示出，观看现实生活中的动态，与照片中看到这一动态的片段之间存在着问题重重的关系。因为这个原因，一些摄影师更青睐于以摆拍肖像、静物、建筑、风景或者说摆拍摄影为重点。正如大卫·孔帕尼指出的，摄影师们从一开始就想知道，这一媒⁸⁰介是否应该完全避免任何动态的拍摄对象（2007:11）。选择记录动态拍摄对象的摄影师们，必须在曝光时间长短的问题上做出抉择，或者发展出表现动态的一套新方法。就这方面而言，杉本博司和范沃尔塞姆寻找特殊的方式，让照相机能够捕捉时间。虽然埃杰顿只是声称，肉眼速度太慢，以致无法看到频闪摄影能够呈现的一切，但杉本博司和范沃尔塞姆的照片则表明，照相机的"观看"不同于肉眼。因此，这就用另一种方式使时间变得可以感知。这一案例分析根据杉本博司和范沃尔塞姆的观点，有关摄影中的时间的理论以及其他学科中有关时间的概念，对照片中的时间做了分析。

在1994年的一次访谈中，杉本博司称自己对时间着了迷，而且他的电影院系列与连续动态的电影有关（科林，1995:95）。电影和摄影的比较认为，电影高于摄影，因为一幅照片只能捕捉一个瞬间，与这种比较相反，我们的目的是表明，《尤宁城汽车影院》（1993年）（图注2.1）可以视为对电影的反思，即便算不上是摄影对电影的一次胜利。

杉本博司在跨越了20年的时期里拍摄的很多美国电影院（1975-2001年），在一幅照片上呈现了整部电影。他把大画幅照相机架设在空荡荡的影院后排，电影放映期间，让快门始终开启。他的照相机于是记录了电影放映机播映的数百万幅静态照片。实际上，这些照片涉及到电影制作与呈现的本质所在，重现了通过照相机记录一个时段内的事件，又运用不断迅速消逝的影像组成的一束光来播映。整部电影形成的光，是创作最终的摄影作品的唯一光源，使观众在电影放映过程里无法看清的黑暗的影院室内变得清晰可辨。不过，因为影像并没有留下踪迹，电影本身已经在照片中消失了。于是照片的观看者只体验到充满光亮的一个白色矩形。一幅照片所记录的时间，把一部电影上演的持续时间保留了下来（贝尔汀，2002:425）。

就时间问题而言，《尤宁城汽车影院》也呈现了时间段清晰的踪迹，这一点也很有意思。天空中的白线表明，电影放映期间，有很多架飞机从天空划过。照片表现了把照片比作一个点，而把电影比作一条线这二者之间的对立：电影在这里呈现为一个光点，而照片却证明它能够把飞机的飞行路线表现成一条线。大卫·格林和乔安娜·劳瑞把杉本博司拍摄电影院的照片，作为《静止与时间：摄影与活动影像》（*Stillness and Time: Photography and the Moving Image*）一书的开篇，甚至主张，"通过电影的死亡，为照片赋予了生命力"（2006:10）。在照片中，电影的转瞬即逝或"消失"，与影院环境以及作为物件的照片的永久性形成了对比。的确，照片的永久性是相对的，杉本博司在一次户外展览中展出一系列海景时强调了这一点，在天气的影响下，它们进一步发生变化（贝尔汀，2002:425）。

就摄影师在表现动态时应该清晰还是模糊的问题而言，杉本博司的照片并不是纤毫毕现地清晰锐利，因为电影的活动影像被还原为一块空白的白色银幕，而且看起来银幕上好像什么都没有发生，这一推断非常有趣。这难道意味着人们再也无法体验时间了吗？在这个语境之下，鲁道夫·安海姆关于时间知觉的理论似乎相当重要。安海姆对把时间同动态联系在一起的习惯提出了质疑，声称我们尤其是在无所事事而且任何事都不发生的时候，才体验得到时间。他引用了霍华德·奈莫洛夫（Howard Nemerov）的《候诊室》（*Waiting Rooms*，1975年）这首诗，称候诊室是时间体验的典型代表。此外，安海姆还通过描述其他一些熟悉的场景来强调自己的主张。他提到，站在机场行李领取处，等着一件行李在传送带上出现时，时间显而易见成为一个人的感觉的一部分。火箭发射时倒计时期间，人们感受到了时间，但什么都没有发生。火箭一旦发射，人们就再也想不到时间了，想到的只是空间（1978:645-655）。在观看《尤宁城汽车影院》时，人们于是并没有看到任何动态，甚至没有像马雷的定时摄影那种凝固下来的动作。电影银幕成为凝视的对象，一个可以凝视并且把自己的思考投射在上面的空白银幕，仿佛在一间候诊室里做着白日梦。

在静止中暂停的效果，也被用在很多电影当中。电影理论家们称之为定格。定格就是在一部电影中凝固下来的瞬间，所以看起来像是一幅照片。不过，它是同一个单帧电影画面的不断重复。电影批评家雷蒙·贝鲁尔（Raymond Bellour）在《沉思的观看者》（*The Pensive Spectator*，1984年）一文中主张，一部电影中的静止画面，是通过融入一幅照片或者借助定格，把观众变成为"凝视"的观众："一旦你让影片停下来，你便开始有功夫给这幅影像做些添加。你便开始对电影和电影院做出不同的反思"（2007[1984]:123）。杉本博司的照片将一整部电影转化成一个没有任何动态痕迹的空荡荡的白色矩形，事实上是将这部电影转化成为一个定格，而观众成为贝鲁尔所描述的那种凝视的观看者。 82

杉本博司的照片使观看者们意识到，照相机可以营造出人的肉眼无法体验的一种时间经验。就这一方面而言，它可以同马丁·范沃尔塞姆的作品联系起来，即便它们看上去非常不同，而且创作也完全不同。杉本博司和范沃尔塞姆都促使观众把时间当作创作过程的一个方面来思考，尤其是在观看者意识到他们如何创作自己的照片的时候。美国大地艺术家罗伯特·史密森（Robert Smithson）把这种时间称作是"艺术家的时间"。在1968年的《思想的沉淀：大地计划》（*A Sedimentation of the Mind. Earth Project*）一文中，史密森解释说，艺术作品包含了其制作的时间，这是其制作过程的踪迹，也是其创作的指示符号（index）。这种对制作时间的见证，是作品固有的时间动态的组成部分。希尔达·凡·吉尔德主张，这件作品因此也可以称作积累起来的时间的容器（2004:85,93,94）。这种"艺术家和艺术作品的时间"在解释观看者对范沃尔塞姆的照片的感受时起着重要作用。

马丁·范沃尔塞姆多年来一直以在照片中呈现时间来进行实验。为了达到这一目的，他发明并且制造了新的照相机。他的博士论文《静态摄影影像中的时间体验》（*The Experience of Time in Still Photographic Images*,

2006年）涉及到了一些理论研究，即所谓条带技术（strip technique）以及时间如何以时间中沉寂凝固的瞬间之外的其他方式而成为静态影像的一部分。条带技术主要用于通过所谓"终点摄影"（或"摄影决定胜负"，photo-finish），客观地确定比赛的获胜者。有意思的是，在这种照片当中，人们看到彼此挨得很近的运动员或马匹是一个一个地跨过终点线，而不是同时；他们以并列的方式记录下来，实际上是移动胶片的结果。正如乔尔·斯奈德和尼尔·沃尔什·艾伦在《摄影、视觉与再现》（*Photography, Vision and Representation*）一文中强调，当我们的肉眼随着这些照片移动的时候，我们看到的不是距离，而是时间（1975:159）（参看第一章）。在这篇文章的前半部分，他们指出，在观看一幅清晰锐利的背景上奔马的模糊照片时，我们并不是在观察运动，反之也同样如此，即模糊背景上清晰锐利地勾画出的奔马（移动胶片或相机所形成的效果）。相反，帮助我们把一张照片中的模糊部分解释成对动态的再现的，恰恰是我们的实践知识（156）。

范沃尔塞姆的研究和实验，远远超出了终点摄影这种常见条带技术，把他的照相机或胶片移动的过程中发挥重要作用的三个指标区分开来：速度、韵律和节奏（2006:148）。这几个术语通常用来表示与时间有关的事件，所以看起来只适用于音乐、电影、演讲和诗歌等等。但它们也可以用于在胶片移动的时间里创作出来的条带状影像，例如《鲁汶》（图注2.2）。没有快门关闭的咔嚓声，只有照相机和在照相机里卷动的胶片的移动。因为人们无法透过取景器看到这些动态最终形成的影像，这幅照片必须在摄影师的头脑中构建起来（149）。范沃尔塞姆暗示了条带状影像这一最终结果针对的是在空间和时间中绕行以及时间的流畅。

如果范沃尔塞姆拍摄这些照片花了一些时间，观看者观看这些照片也同样如此。例如，人们无法从单一的视角来观看尺寸达30厘米×255厘米的《鲁汶》这幅照片。离开一定距离，人们可以感受到整个表层外观，但不是影像，这就意味着人们必须从照片前走过，才能看到影像。范沃尔塞姆把这种对时间的呈现同中国的画卷联系起来，这些画卷从来不是让人整个去观看的（2006:183）。

早些时候，诺尔曼·布烈逊（Norman Bryson）在《视觉与绘画：凝视的逻辑》（*Vision and Painting. The Logic of the Gaze*）一书中，就创作和感知而言，把照片比作中国的国画。布烈逊把照片描述成在与它所记录的活

83

动同样的时间和空间毗邻中发生化学反应过程的产物，因为照相机是一架"实时"运转的机械装置（1983:89）。在绘画中要找到这一过程的时间性的对等物，人们就必须在欧洲以外去寻找，尤其是远东。中国水墨画着眼于把山水作为主题，但这同样也是作为画家身体延伸的毛笔的实时运用。就感知而言，他把这类绘画同刺激观众的扫视联系起来（因为这位观看者捕捉到了它们创作中那种实时的动感），而布烈逊把西方绘画比作凝视，因为它们的多层次使观众无法体验创作中的实时。同样，人们也可以证明，范沃尔塞姆激发观众览视他的照片，而杉本博司则强化了对"多层次"的电影银幕的凝视，尽管在后一张照片中飞机留下的踪迹确实让观众的目光扫视着照片的背景，可以从中体验到照片创作的持续时间。

范沃尔塞姆刻画了用自己的照片所激发起的眼球扫视的动作，遵循照相机和胶片移动的同样指标：速度、韵律和节奏。影像锐度的差异导致了不同的阅读速度。每次从锐利到模糊，或者从模糊到锐利的变化，都会导致观看者双眼移动加速或减缓。

杉本博司在照相机快门始终开启的过程中，把一整部电影合成到一帧胶片上，而范沃尔塞姆实际上用了相反的方式来做同样的事，而且取得了相反的结果。尽管他同样用整个过程中一直开启快门的方法来创作，但移动的是照相机里（包括相机本身）的胶卷。这种差异导致了一种对时间进程的处理，而不是像杉本博司的照片中那样对时间进程的浓缩。根据这一节的案例分析、有关照片中时间问题的历史概述以及摄影与电影之间比较的介绍，显而易见，直到20世纪后期，电影与摄影之间的比较研究大体着眼于定义两种媒介的本体论。不过，最近的比较研究方法显然主要是对摄影多方面的本质以及电影与摄影具有共性的特征加以理论化。不过人们仍然很难预言，来自电影研究的理论在不久的将来，是否能够对摄影理论家们大有裨益。

2.3 系列记录与决定性瞬间

这一节探讨了作为"决定性瞬间"的单幅照片与仅仅作为一种关联的一系列照片之间的对立。这种对立性完全成了更令人着迷的思考,即摄影史上那些最著名的决定性瞬间,显然是由系列而来的影像,而一幅记录了一个行为(表演)的照片,则显然是一种带有自发性的独立照片。

这一节中的重要作品,是英国艺术家海莉·纽曼(Hayley Newman)的摄影计划《隐义—行为影像》(*Connotations - Performance Images*, 1994–1998年)(图注2.6)。这个计划是由20个虚构的表演组成的一系列摄影"记录"构成。纽曼暗示说,这些每次表演一幅的照片只不过是从整个表演的记录文献中挑选出来的任意瞬间。因为这些表演从未实际发生过,所以单幅照片就是独立的,并非来自一个时间段或一系列记录的元素。这些摄影记录直面照片作为行为艺术记录的复杂历史。影像和图片说明描述了虚构的行为表演,嘲讽了20世纪六七十年代行为记录的风格和语言。这种的摄影"记录"系列,与法国摄影家、摄影中决定性瞬间理论的教父亨利·卡蒂埃—布列松所捕捉到的"决定性的瞬间"之间,有什么差异吗?人们应该把纽曼的照片称作什么?这一节分析并比较了与照片系列和决定性瞬间有关的两种摄影理论与实践。最后,纽曼和卡蒂埃—布列松的照片也将放在摄影书的背景下来讨论,二者都是其组成部分。摄影书如何改变了人们对照片中的时间的体验呢?

2.3.1 历史概述:照片系列与决定性瞬间之间的对立

正如我们对于一张照片中呈现最短暂的瞬间和一系列瞬间的激烈角逐的讨论中指出的,只有经历了技术改进之后,摄影师们才能在单幅照片中对曝光时间、锐度和多次曝光等进行选择。记录事件以及选择按下快门的瞬间也同样如此,要求照相机和胶卷有极短的曝光时间。用于记录的摄影有漫长的历史,可以追溯到这一技术滥觞的岁月。照片在不同学科中被当作视觉证据,例如人类学和医学,也在国家历史档案馆里成为视觉文献。大卫·孔帕尼主张,威廉·亨利·福克斯·塔尔博特在

24幅照片组成的《自然的画笔》中，已经展现了这一媒介可能的应用范围，包括档案分类、科学研究、艺术史、法医鉴定、报道和法律文献（2008:60）。这些例证都意味着成套的照片，而不是单幅影像。

自19世纪80年代以来，也就是曝光时间大为缩短之后，就像这段时期法国的马雷所发明的定时摄影那样，对于事件和进程的记录才成为可能。几乎同时，从1872年以来，英国/美国摄影家爱德华·迈布里奇（Eadweard Muybridge）与酷爱马的勒兰·斯坦福（Leland Stanford）合作，后者请他提供摄影证据，看看一匹马在奔跑时四个蹄子是否同时离地。斯坦福的这个想法很可能是从马雷的书《动物机械论》（*Animal Mechanism*，1874[1873]）中获得了灵感。

1877年，迈布里奇发表了第一批展现动态的照片，显然是后来根据照片（用水粉颜料）画出来的，因为这些照片可能太模糊了，无法发表。一年后，迈布里奇和斯坦福开始开发一种技术，用一系列照片来记录奔马的动作，解释了马蹄是如何逐渐离开地面的。第二年，他们成功地用沿着赛道一次摆放的12台照相机，拍摄了12幅照片。马匹相继触发地面上的12个线缆，从而自动触发快门。不久之后，他们把照相机的数量增加到24台（图注2.7a）。迈布里奇拍摄的这些奔马的照片不久就出了名，而且在每一本有关摄影史的论著中都会出现。

马林·施奈尔－施耐德（Marlene Schnelle-Schneyder）主张，人们必须认识到，一排照相机其实无法复制我们肉眼体验一匹马飞奔而过的方式，因为我们实际上看到一匹马从一个方向进入我们的视野，从相反的方向离开（1990:75）。要想追踪马的动态，人们必须转动眼睛或头部。迈布里奇意识到人们首先看到的是马的正面，然后是侧影，之后是后背。为了复制这一经验，他把三台照相机沿赛道朝着不同方向。这种体验实在令人着迷，最终得到的序列显示了一匹马绕墙的一角而来，沿墙奔跑，然后在另一个角落附近消失（图注2.7b）。

迈布里奇于是靠照片序列营造了动态的联想，这与马雷在单幅照片中通过相继的阶段而实现的动态的发展过程非常类似。不过，如果人们从斯坦福最早对于四个蹄子与地面不接触的关键瞬间的问题这个角度来理解这些影像，那么其中一两张就比其他的更为重要。这种观察就导致了对其他摄影师们提出的问题进行的讨论，他们想知道单幅照片能否显示动态，如果可以的话，那么动态的哪一个阶段是最有代表性的？

在摄影理论与实践的历史上，对摄影中至关重要的瞬间这个问题做出了最重要贡献的，莫过于亨利·卡蒂埃—布列松。他的《巴黎圣拉扎尔火车站背后》（*Behind the Gare Saint-Lazare*，1932年）（图注2.8）是用袖珍徕卡照相机拍摄的，表现了一个人在巴黎一个火车站背后跳过一个水坑。这幅照片是卡蒂埃—布列松渴望捕捉所谓"决定性瞬间"的著名例证。

1952年，也就是他拍下这张照片20年后，卡蒂埃—布列松出版了《决定性的瞬间》一书，包括了他的照片和文字。就他捕捉决定性瞬间的方法而言，他主张：

> 你等了又等，最后终于按下快门——然后带着的确获得了某些东西的感觉离去（虽然你并不知道为何）。之后，为了证实这一点，你可以拿起这张照片的印样，仔细查看上面的几何图案，经过认真分析，你会发现，如果快门是在决定性的瞬间按下的，你就本能地定格了一个几何图案，没有这一点，这幅照片就会是没有形式、没有生命的。在我看来，这张照片是一瞬间同时对一个事件的意义，以及为事件赋予得体的表达形式的精确组织的认知。（1952:n.p.）

卡蒂埃—布列松的《巴黎圣拉扎尔火车站背后》就充分说明了这一意图。这幅著名的照片就像斯坦福寻求的证据一样，表现了一个男人在奔跑的同时双脚离地，纯粹是一种巧合吗？约翰·沙考夫斯基主张，布列松的"决定性的瞬间"这个短语往往被误读了；在决定性瞬间所发生的事，并不是戏剧化的高潮，而是视觉的高潮。其结果不是一个故事，而是一幅画面（1966:10）。卡蒂埃—布列松上述以及以下的论述，的确证实了摄影师对于决定性瞬间这种形式的一面所产生的兴趣：

> 摄影就意味着对现实世界的一种韵律的认知……我们致力于与动态相配合，仿佛那就是对它进一步展露的方式的预感……但是在运动当中，的确有一个瞬间，动态的各种要素在这一瞬间保持着平衡。摄影必须捕捉到这个瞬间，让这个瞬间的平衡固定下来。（1952:n.p.）

利兹·威尔斯（Liz Wells）似乎同意沙考夫斯基的意见，把决定性的瞬间定义成"一种形式上的瞬间，一切正确的要素在场景陷入常态的失衡之前都恰到好处"（2009[1996]:73）。不过，乔纳森·弗莱迪谈到卡蒂埃—布列松的照片时主张："主题很容易根据画面框取凝固下来，而影像则高度暗示了之前或随后必然发生的事。"（2006:41）弗莱迪称之为对电影中定格概念的有趣说明。观看者几乎深信，在那个瞬间之后马上就会发生可怕的事。

在专门讨论19世纪街头摄影的《街头摄影》（*Street Photography*）一书中，克里夫·斯科特发现了他所选择的照片具有的一种形态，也许适用于卡蒂埃—布列松的照片，即一幅照片表现了不同暂时性和时段以及不同的老化速度之间的巧合（2007:46,47）。比如，一把椅子比一个水果老化得更缓慢，而一座建筑比一朵云彩变化得更慢。人们在观看一幅照片时，往往体验到了不同时间的并置，在那一瞬间看到了一个单独的横切面。这就好比在一秒当中捕捉到不同时间段的巧合。《巴黎圣拉扎尔火车站背后》就是跳起来的男人、墙上的招贴、背景中的建筑以及水等等暂时性的一个横切面。换句话说，在卡蒂埃—布列松的一幅照片中，可以体验到时间的多样性，而在迈布里奇的照片中，时间的多样性是整个系列的结果。

时间的多样性的另一个形态，可以在卡蒂埃—布列松的创作过程中看到。就像苏珊·桑塔格主张的，她在《论摄影》中把摄影师比作一位痴迷的猎人，卡蒂埃—布列松似乎把摄影师的眼睛、手指以及经验之间的实质性的协调，与猎人的技能联系起来（2002[1997]:14）（参看第五章）。令人称奇的是，卡蒂埃—布列松的照片显然是一种"捕猎"方式的结果。与上述的方式相反，马丁·范沃尔塞姆这样描述卡蒂埃—布列松的创作方式："摄影记者并不像一位耐心的狙击手那样，一等再等，最后才扣下扳机，而是差不多在一切事物动起来之前就拍了下来。"（2006:161）范沃尔塞姆的论述是基于美国摄影师和电影导演霍利斯·法兰普顿（Hollis Frampton）的一段话："我有幸看到了卡蒂埃—布列松的一张接触印相样片：一匹死马的36幅影像，类似情报机构可能拍的那种，我不得不相信，如果有'决定性的瞬间'这回事的话，那是在摄影师决定自己要印放和发表30多张图片中的哪一张时发生的。"（1983:33）

卡蒂埃—布列松显然已经意识到了这两种决定的瞬间（两个"决定性的瞬间"，其一是在照片拍摄的时候，另一个则是在之后挑选的过程中。我们可以引用《决定性的瞬间》中的另一段话作为结束："你发觉自己在难以抑制地拍摄，因为你无法事先知道情形和场景会如何发展……对摄影师而言，要做出两种选择，每一种都可能导致最后的遗憾。有一个选择是我们在透过取景器来观看被拍摄对象时做出的，另一个是在胶卷被冲洗并印放出来时做出的。"（1952年，未发表）

尽管很多摄影家、批评家和理论家都接受了布列松对一幅照片中的决定性瞬间的关注，但一些批评家并不喜欢摄影中的这个完美目标。克莱门特·格林伯格在讨论包括卡蒂埃－布列松在内的四位摄影师的文章中主张，摄影胜过绘画的优势，就在于它更便捷快速地达到其写实性："这种速度和便捷从根本上扩大了影像艺术的文学描述的可能性。一切可见的现实，未经摆布、未经改变、没有经过排练的现实，都为瞬时摄影敞开了大门。"（1993[1964]:187）虽然他也称赞卡蒂埃－布列松是他那个时代最伟大的摄影师之一，但他不喜欢他在布列松很多未经摆布的照片中所感受到的那种凝滞，这些照片仍然让人想到了摆布，只是因为它们的画面感甚至如同雕塑般的特征太醒目了。

我们觉得，这一评论促使人们思考海莉·纽曼的摄影作品中所呈现的瞬间，既不是决定性瞬间，也非抓拍的瞬间。

2.3.2 案例分析：海莉·纽曼

1998年，海莉·纽曼展示了她的《隐义—行为影像》，由20个虚拟行为表演的20幅摄影"记录"组成。每幅照片都配以描述这一行为的文字说明，事实上这些行为表演从未实际发生过（图注2.6文字说明）。

展览的照片和文字说明相结合，暗示它们记录了在某时某地发生过的行为表演。这个过程让人想到了20世纪60年代末和70年代的一种熟悉的记录艺术计划的方式。1970年，批评家劳伦斯·阿罗维（Lawrence Alloway）描述了这一做法，指出艺术概念和活动尤其是在需要摄影记录的时候被改变了。"摄影的应用之一，就是为缺席的艺术作品提供一个坐标，"他写到，"但是摄影被当作坐标，或者是回声式的再现，让我们能够对遥远的或已逝去的事件和对象追根溯源，这和它们作为艺术作品的作用是不同的。"（2003[1970]:20—21）

6年后，批评家南希·福特（Nancy Foote）在《反摄影家》（*The*

Anti-Photographers，1976年）一文中，深入分析了观念艺术——特别是由行为艺术家们来进行的行为艺术——记录过程。比起阿罗维来，福特为这种记录赋予了更重要的作用。在更深刻的层面上，纽曼的《哭泣的眼镜》（*Crying Glasses*）计划根据福特的阐释就能彻底领会。福特评论说，在记录行为艺术时，照片使得艺术家能够消除时间段的问题，不论是孤立出一个特定的瞬间，还是呈现一个线性的序列，而不必呈现有关这个真实事件的影片或录像的单调乏味。这种实时的缺失往往通过标记系统（notations）得到了补偿，即整个过程发生了多久、涉及到的间隔、间隔大小以及发生的次数等等。因此，行为表演的过程往往在记录当中取得了最终的形式，观众对它的体验就如同站在一幅画或一件雕塑前一样。虽然照片在一开始是作为记录，但它们取得了目击证人的身份，从某种意义上讲，成了艺术本身（2003[1976]:26,27）。就照片的品质而言，福特主张，除了对摄影的依赖外，观念艺术并没有表现出多少摄影的自觉性，通过快照式的业余手法将自身排除在所谓严肃摄影之外（24）。

远在福特写下这篇文章之前20年，当然与作品没有直接关系，纽曼就提出了符合上述特征的计划。不过，最重要的区别在于这些行为表演从未发生过。这是否意味着我们是在看一幅摆拍的照片？或者在照片被拍摄的瞬间，行为表演其实已经发生了？因为图片说明告诉我们，这是一次行为表演，但是并没有受邀的观众，只有在公共交通工具上的艺术家和摄影师。后者似乎就是这样，因为纽曼评论说，"隐义为一个观念的存在提供了平台，不一定真的必须实行，只是为了照相机而已"（引自埃尔文，2004年）。这就是凯伦·埃尔文（Karen Irvine）把这些照片称作"半真半假"的缘故，构成这张照片所需要的行为，与文本中所描述的行动密切联系在一起（2004: n.p.）。但是纽曼差不多完全从自己的作品中排除的，是早期行为艺术家们绝大多数基本目标：时间段、介入、耐力、合作以及身体的痛苦。纽曼提醒观众，不要相信指示物，而是要认真思考她的作品与20世纪六七十年代行为艺术照片记录之间的区别。

对于以暗示的形式记录并未发生过的行为表演的问题，纽曼的计划从某个方面讲，同艺术史上最早被记录下来的行为表演之一联系在一起，这一点很有意思。1960年，法国艺术家伊夫·克莱因（Yves Klein）展示了《跳入虚空》（*Leap into the Void*），这是德国摄影师哈里·施隆克（Harry Shrunk）拍摄的一幅照片，作为他的行为表演的摄影记录：他从一堵高墙跳到了街道上。人们后来发现，原来这幅照片并不是卡蒂埃—布列松所描述的决定性的瞬间，而是不同照片的拼贴。克莱因从墙上跳下来，但几个朋友撑着一张安全网。他的跳跃动作被嵌入到一幅几乎空荡荡的街道的照片中，背景中一个骑自行车的人充当了这个行为所发生的日常生活语境。在表现纽曼带着哭泣眼镜的照片中，背景中读报的女人也有着同样的功能，尽管这张照片并没有经过人为处理。在克莱因的行为艺术照片中，拼贴用来让人们对他跳跃的环境形成错觉，而纽曼的照片则表明，照片与文本相结合，能够暗示出一种从未存在过的前后关系（before-and-after）。

这一节讨论的问题之一，关系到把纽曼的照片看成是一幅记录性的快照、一个决定性瞬间、一幅摆拍的肖像，还是一个电影剧照的多种解释（模棱两可）。按照布列松及其批评者们对摄影中的决定性瞬间的定义，纽曼的照片不能被称作决定性的瞬间。无论形式还是内容，都表明这是一个"黄金瞬间"（prime moment）。它不是一幅记录性的快照，因为整个场景的瞬间是摆布出来的。"摆拍的肖像"和"电影剧照"的问题，与电影剧照和一幅照片之间差异的问题联系在一起。纽曼的照片可以称作"行为艺术剧照"吗？在《摄影与电影》中，大卫·孔帕尼探讨了静态与动态的对立关系对于表现人类身体所产生的影响（2008:47,49）。他暗示了把"摆姿势"（posing）和"表演"（acting）视为身体表演的两种不同模式。人们可能会把表演同电影和戏剧这类展开性的（unfolding）或时基媒体联系起来。"摆姿势"可能暗示了摄影或绘画的静态。不过大量例证使这种假设变得复杂化了。人们会想到被捕捉到的场景，例如戏剧中的生动场面（tableau vivant），电影中凝神静思的面部特写等等。值得注意的是，孔帕尼指出，具体言之，电影在特写中运用摆拍来营造令人难忘的片段，而动作的联想则出现在当代摄影中。孔帕尼把电影中的特写定义成叙事流的暂时中断，而稳定的影像则接近照片那种踟蹰的凝视（halting stare）。在早期电影中，特写是按照相馆肖像摄影的传统来布光；后来，它们则是基于摄影中的其他参照物，例如快照。

纽曼的照片第一眼看上去，可能是电影中的一个特写，就像孔帕尼所描述的。电影中的特写和其他孤立的镜头，在艺术理论文献中往往被称为电影剧照（filmstills）。然而在电影研究中，剧照这个词显然是模

93

棱两可的：它可能指的是一个单独的、孤立的电影画面，或者一位摄影师拍摄的宣传图片。拍下来之后，电影演员就将自己的表演转化成了为摄影师摆姿势，后者必须设法把场景中的某些东西凝缩成一个单一的、可理解的画面（孔帕尼，2008:136）。有意思的是，在电影剧照当中，人们往往很难区分我们正在观看的，究竟是"表演"还是"摆姿势"，因为两种模式都展现了在扮演角色的演员。于是在创作过程中就有了区别，但是在对结果的感受中，这种差别并不十分明显。这种混淆可以用艺术史上最著名的电影剧照来说明：美国艺术家辛迪·舍曼（Cindy Sherman）的《无题电影剧照》（*Untitled Filmstills*，20世纪70年代）。这些摆拍的自拍像只会让人联想到电影剧照。罗萨琳·克劳斯有关这些照片的著名文章大体着眼于再现的问题，并未专门针对"电影剧照"这个术语的双重含义。对于舍曼的其他作品而言，也同样如此。例如劳拉·穆尔维指出，在每一幅《无题电影剧照》中，摄影师"为照相机摆姿势，虽然是在一个来自于电影的场景中"，意味着这可能指向两种含义（布尔顿，2006:68）。事实上，舍曼和纽曼的照片都和电影剧照的两个定义联系在一起：她们同时既是表演也是摆姿势。穆尔维这样描述舍曼照片中的这一表演成分："照片中的女人往往总是静止不动的，为摄影之外的某种东西而驻足，例如惊讶、出神、庄重、焦虑或者仅仅是等待。"（69）这一论述同样也适用于纽曼的照片，而且这也进一步证实了"行为艺术剧照"是对纽曼作品的贴切描述。

　　行为艺术的系列记录不仅把纽曼的作品同电影这种时基艺术联系起来，而且也同文学联系在一起，即小说中表达的时间以及阅读小说所需要的时间。理解了纽曼在《行为表演热》（*Performancemania*，2001 94 年）这本摄影书中前面讨论过的整个系列时，这一点变得更清楚了，该书还收录了艺术家的一份自我访谈。有意思的是，本节当中的其他重要作品，例如卡蒂埃—布列松和迈布里奇的照片，也都是以摄影书的形式发表的。尽管摄影师和公众对摄影书的兴趣与日俱增，但有关摄影书的理论却很少出版。英国摄影师马丁·帕尔（Martin Parr）和摄影史学家、批评家格里·巴杰（Garry Badger）在两卷本《摄影书的历史》（*The Photobook: A History*，2004年）中，对摄影书的多样性及其功能做了详尽描述，但不幸的是，他们几乎没有针对与独立存在的照片的比较，进而对摄影书加以理论化。安妮·图尔曼－贾杰斯（Anne Thurmann-Jajes）在《摄影艺术：摄影与艺术家书籍》（*Ars Photographieca. Fotografie und Künstlerbücher*）中讨论了这些差异。例如她主张，以书籍或其他印刷媒介的语境进行复制，是摄影作为大众媒介发表的最恰当的方法；这比原作照片的出版更符合其特征。此外，照片以书籍形式发表，就获得了额外的层面，因为有机会进行比较的观看："它为按时间系列进行比较观察，以及在便携的、始终适用的以及相对廉价的框架之内形成不同的参照提供了余地"（图尔曼－贾杰斯，2002:18,19,21）。苏珊·桑塔格也以同样的口吻声称，照片在一本摄影书中被观看的顺序，是由页码顺序决定的，但并没有任何东西会约束读者固守所推荐的顺序，或者表明在每幅照片上要花的时间量（2002[1997]:5）。

显然，我们对照片系列和决定性瞬间之间对立关系的讨论，充分说明了单幅照片的复杂本质。这就证明了很难决定一幅照片再现了记录整个过程的系列当中的一个瞬间，是某个表演的摆拍剧照，是摆拍的肖像，还是摄影师捕捉或选择的一个孤立的"终极瞬间"（supreme moment）。从几个角度对一幅照片进行缜密的思考，也许可以提供对于摄影的力量出乎意料的深刻见解。类似的关注在幻灯放映中也发挥着作用，这种形式在下一节中有所讨论。

2.4 摄影中的在场与缺席：置换的影像与凝视的对象

作为对立的一对，"缺席"与"在场"彼此相关，在触及对摄影和电影的比较时，又问题重重。一些理论把摄影理解成缺席，而把电影同在场联系起来，另一些理论则暗示了一幅照片是在场的，电影影像是缺席的。一方面，这一矛盾可以用一个事实来解释，即很多理论家把观看一幅照片描述成是对缺席的体验。照片让人意识到是在观看过去，也意识到此刻与当时之间的间隔（如巴特在《明室》中的主张），这恰好与电影相对，后者被体验为当下。这种论述导致很多理论文章把摄影与缅怀等同起来，甚至摄影有着死亡的隐喻。另一方面，一些作者相信，电影是一种缺席的媒介，因为它稍纵即逝。每个影像只是在瞬间呈现，立刻就又会缺席了，而照片可以在一个延长的时段里同当下联系起来，因为图片的静止状态使得它成为一个延伸的凝思对象。此外，把一个不在场的人的照片当作再次让他出现（在场）的方式也是可行的，例如人们和一位已故的恋人或其他不在场的人的照片一起摆姿势拍一张合影。令人称奇的是，批评家们有时候把摄影的这种当下在场的能力同缅怀联系起来（而其他批评家事实上把它同缺席联系起来），但只是在构成充满活力的当下已逝去的部分这种意义上。

本节讨论了同样融合了静态照片的幻灯放映与电影。二者都是摄影与电影结合的形式。这类作品如何解决"缺席——在场的悖论"呢？这个问题可以根据三件作品来回答，它们代表了这种类型当中的不同形式。第一件重要作品是《堤》（La Jetée），法国作家、摄影师、电影导演克里斯·马克（Chris Marker）1962年制作的一部29分钟的电影，几乎完全是由拍摄下来的黑白照片构成的。很多关于摄影与电影的比较研究都谈到了《堤》（例如沃伦），因为它不同寻常的技巧，以及故事复杂的时间结构：一个男人在孩提时代就目睹了自己的死亡——而在他回到过去之后，死亡就发生了（图注2.9）。第二件也是更当代的重要作品是爱尔兰艺术家詹姆斯·科尔曼（James Coleman）的《卡隆》（Charon，麻省理工学院项目，1989年）。就像这部作品一样，他的幻灯片录像成为幻灯放映的代表性例证，幻灯之间粗暴地切换，以幻灯机的咔嗒声为标志。《卡隆》由14个段落组成，几乎完全以不同的方式反思了摄影与死亡。第三件也是最当代的作品，是比利时艺术家大卫·克莱伯特（David Claerbout）的《越南》（Vietnam，2001年），不仅涉及到摄影与电影的 ₉₆ 组合形式，也有模拟摄影与数字摄影的结合（图注2.10）。就像在另外两个例子中一样，这幅感人的照片的主题仍是记忆与死亡。

这一节首先通过描述静态照片与活动电影的混合形式，着眼于一张照片作为凝视对象的在场与电影影像假定的缺席之间的对立关系。接下来，我们通过详细阐述摄影、记忆与死亡之间的关系，讨论这种缺席/在场的二分法。

2.4.1 照片是在场的，电影影像是缺席的

正如所指出的，摄影对象（photographic object）往往因为其抓取一个瞬间的能力而受到重视。例如苏珊·桑塔格把照片称作凝思的对象，甚至是一个重要时刻（priviledged moment），在这一刻人们能够随心所

欲地凝视："照片可能比活动影像更可记忆，因为它们是一种切得整整齐齐的时间，而不是一种流动。电视是未经适当挑选的流动影像，每一幅影像取消前一幅影像。每一张静止照片都是一个重要时刻，这重要时刻被变成一件薄物，可以反复观看。"（2002[1977]:17）

早在1895年卢米埃尔兄弟第一次展示电影之前，科学家和业余爱好者们就用"活动影像"进行实验。例如16世纪发明的魔法幻灯（magic lantern），17世纪时得以改进，发展成为19世纪的"透视画"（diorama）。达盖尔银版照相法的发明人路易-雅克·芒戴·达盖尔也发明了绘制的透视布景。与静态的全景绘画不同（参看第三章），透视画始于让静止不动的观看者融入到一种机械装置中，服从于一种预先设定的随时间而演进的光学体验（克拉里，1990:112）。人们通过绘制在透明亚麻布上的透明和不透明的绘画组合而营造出氛围变化的效果。画的正面靠透过毛玻璃天窗照射进来的日光照明，于是可以插入大量彩屏，以形成不同效果。变化的照明效果绝大多数是通过改变画作背后远处垂直窗透过来的光线而营造出来的（因此透视画一词来自希腊文，dia的意思是"透过"，horama则是"观看"）。大量彩屏有助于形成变化最为丰富的效果，从灿烂的阳光，到浓重的雾霭（格恩斯海姆，1956:18）。如果说魔术幻灯和透视画的展示需要全黑的环境，就本节的关键作品来说也同样如此。

在考虑"作为凝视对象的照片"以及"按序列消失的影像"时，涉及到时间认知的一个最有意思的实验，可以在爱德华·迈布里奇的作品中看到。在通过成系列图片的手段让人联想到动态的问题上，就像前一节所讨论的，迈布里奇的最后结论是，图片相继替代，营造出一种"真实"运动的感觉。《科学的美国人》（*Scientific American*）在1878年10月9日一起的首页上，刊登了用迈布里奇的18幅照片绘制的素描。读者可以把照片贴成一条，透过动物实验镜来观看。这种装置是一个开口的鼓状物，侧面有缝隙，水平安装在一个轴上，所以可以转动。人们可以把表现连续动作的图画放在这个鼓状物里，透过缝隙一个一个地快速观看，于是在观看者的头脑中影像就融合在一起，形成了动态的错觉。编辑写道："通过这样的手段，人们就能不仅看到小跑或疾驰的马匹的连续动作，也能看到不同步幅时身体和腿的实际动作。"（纽霍尔，1982[1937]:119）乔纳森·克拉瑞在《观看者的技巧》（*Techniques of the*

Observer，1990年）中，解释了19世纪上半叶的活动幻镜（zoetrope）或"生动轮"（wheel of life），这是后来动物实验镜的前身，是由数学家威廉·霍尔纳（William George Horner）发明的。这种装置是一个转动的圆桶，几位观看者可以同时看到模拟出来的动作，通常是舞蹈演员、杂耍演员、拳击手或杂技演员的连续动作（110）。克拉瑞指出了这些实验的不同根源，包括有关观看者视网膜作用方式不断变化的观点以及对动作进行观察的新观念（111）。

围绕彼此替代从而呈现一个过程甚至某种动态的静态照片，最为成功的形式之一就是幻灯片。20世纪50年代，商人们开始用幻灯当作推销工具，教师们发现幻灯是一种教学工具，而业余爱好者们则用它向家人和朋友展示自己旅行见闻的影像。在60年代，特别是在观念艺术当中，幻灯也发展成为一种艺术媒介。甚至在数码摄影引入之后，模拟幻灯片（analog slideshows）在艺术家们中间也变得越发流行。达西·亚历山大（Darsie Alexander）于2005年在同名展览图录中发表了《幻灯片》（*Slide Show*）一文，提出了对这一主题的简要历史回顾和深入的理论分析。亚历山大强调，虽然随着幻灯机的每一声咔嗒声，幻灯片彼此替换，它不同于作为凝视对象的照片，但在一段时间里像静态照片一样观看单独的幻灯照片仍然是可行的，在连续变化的电影影像中就并非如此（2005:5）。不过与展览中并排摆放在一起的一系列照片不同，幻灯并没有同时展示之前或之后的图片。此外，幻灯需要有一台幻灯机，包括图片和投影的银幕。一束光促成了这两个要素之间的相互联系。观看者往往处在二者中间，不一定是坐在或站在那束光的当中，因为这样会让观众的影子成为幻灯放映的一部分（维斯特杰斯特，2008:9）。数字化幻灯甚至包括了第三个要素，计算机通过技术手段同光源连接在一起，成为额外的一个要素。

幻灯与印放的照片之间另一个差异，就是前者必须在黑暗的房间里放映，而照片只能在明亮的空间里观看。策展人在展示照片时控制亮度，而艺术家则在黑暗的房间里展示投影影像时控制亮度。在黑暗中放映一系列影像，于是幻灯同电影联系起来，但幻灯放映中的影像可以用不同的编排甚至随机的顺序来呈现，暗示了这种媒介具有更大的自由度。亚历山大主张，它可能包含了电影式的发展进程，或者叙事形式，但幻灯往往会包括不连贯的变化，而叙事有可能完全缺失了，或者以一种实验的或片段的方式来展开。

很多批评家认为，克里斯·马克的《堤》是混合了电影与摄影的形式的开山之作。这部电影制作于1962年，两年后首次公开放映。马克将纪实照片、档案影像、电影镜头中选取的画面以及摆拍的叙事镜头结合起来（孔帕尼，2008:100）。《堤》讲述了第三次世界核大战中一位幸存者的故事，他生活在已毁灭的巴黎市区的一间地下室里，而在那里，人们认为时间旅行提供了最后的逃离工具。营地的医生们对那些脑海中仍然保留着强有力的影像的人进行试验。主人公被成功地"运送"到年轻时代的一个瞬间，这是在他头脑中以一幅影像的形式呈现的：一个站在巴黎奥里机场防波堤上的女人的面孔，她亲眼目睹了一个可怕事件。这个事件在影片结尾时变得清晰了，标志了他自己的死亡：他最后被跟着他一起回来的人开枪射中。

这部电影中的动态并不是直接重现的，而是通过静态画面的编辑来再现的。乔恩·吉尔（Jon Kear）在对《堤》的分析中最后说到，观众于是就被要求填补过渡中的空白，清除定格画面的效果，为这些"静态影像"增添动感的错觉（2003:219）。从这方面来讲，通过想象的动态来展现这部电影的，恰恰是观众，而这种想象又因为剪切、液化和淡出的加快和放慢而得以强化。瑞士艺术家和艺术哲学家乌里尔·奥罗（Uriel Orlow）总结了《堤》中复杂的时间结构："主人公的时间之旅和与时间的斗争，也是影像之旅（女人的影像和他自己死亡的影像），影像的动态与静态之间，以及电影与摄影之间的斗争，转而成为与时间斗争，成为一次时间旅行"（2007[1999]:178）。让·贝依滕（Jan Baetens）主张，这一斗争在《堤》当中因为古代雕塑和人类的影像交替出现而变得显而易见，就后者而言，是以某种方式存在于时间之外的一种准神话状态（2001:173）。

《堤》中的静态照片结构中一个例外，很少被讨论，但是很有意思，就是一个真实动作的瞬间。这个瞬间是主人公看着他记忆中的女人睡去，最后睁开了眼睛。这个短暂的活动影像紧接在一系列快速的静态画面之后，正如奥罗所强调的，不过营造了一种停顿或终止，这种观点与通常的认识相反，即"视觉的高潮"与通过为摄影的静态重新赋予活力的真正"电影感"的成就是一致的（2007[1999]:183，另参看哈波尔，2009:32）。不过，这里的问题主要涉及感知的差异，因为甚至这个真实动作的瞬间，也是由静态影像组成的，以每秒24幅影像的速度来展现。

在我们把电影和摄影并置的语境下，从一系列照片到"电影感"体验的光学转化，实际上是和视网膜的记忆时间有关，这一点非常有意思。卡洛尔·贝克（Carole Baker）指出，人们对电影的体验归功于19世纪有关视觉暂留（persistence of vision）的心理学实验。人们发现，我们不会把每秒超过16帧以上的影像视为静态影像，但是一只苍蝇观看每秒24帧的电影体验，则类似于我们观看克里斯·马克的《堤》。苍蝇的感知相比我们非常迅速，所以只要它愿意，它就有时间凝视一部电影中每一个单独的画面，其实都是一幅静态影像（2001:191）。

围绕在时间问题上摄影与电影相遭遇的结果，《堤》的开放式场景让我们意识到了别的东西，乌里尔·奥罗对此做了详尽的解释。《堤》中的第一幅照片是奥里机场。这幅影像一出现，就开始通过镜头推远而迅速展开，从地平线开始，沿影像的对角线透视轴移动，最后停顿下来，展现了机场地面的俯瞰场景，有停放的飞机、汽车，一座椭圆形的机场建筑，屋顶上几个很小的人物轮廓依稀可辨。这些人物一动不动，暴露出影像毫无变化的实质，让人意识到移动的镜头并不是直接从现实生活中记录了这幅影像，而是再次呈现一个已经被记录下来的影像。这种观察让我们认识到，分辨静态物体的直接记录和间接记录（把一张照片拍成电影）之间的差别是相当困难的。只有人物清晰可辨时，人们才意识到自己在观看的是什么。

静态与动态之间，突变与平稳变化之间的对立关系，在詹姆斯·科尔曼的幻灯片《卡隆》中也发挥着重要作用。科尔曼的幻灯片也被称作幻灯录像（slide tapes），因为幻灯片段的任何变化都是由一个计时器来调节的。一些片段配上声音。而其他片段则往往配以画外音。科尔曼详细阐述了静态与动态之间的矛盾冲突，这是由静态幻灯片在向另一张幻灯片过渡的空隙时间产生的。他主张，投影设备和观看他的作品的人同处一个空间。因此，幻灯片的交替伴随传送带旋转的咔嗒声，新的幻灯片显现出来，或者通过两台投影仪变焦镜头改变焦点的机械声而营造出溶解的效果（克劳斯，1999:297）。

持续23分钟的幻灯录像《卡隆》（麻省理工学院计划）由14个片段组成，除了内在的巨大差异外，其主题始终是摄影。这件作品借助三台幻灯投影机来播映，配以画外音。几乎每个故事都讲述了一位摄影师，他拍摄所展现的照片的动机，在影棚中摆布的前摄影阶段，摄影阶段的复杂过程，以及摄影师心里所想的影像与最终拍摄结果之间的纠葛。科尔曼似乎展现了摄影是一种不自然的媒介，根据一整套法则来发挥作用，但并非再现现实的生活。

《卡隆》中的一些片段似乎仅仅由一张幻灯片组成，成为凝视的对象，只是一些细节在平缓地变化着，这是通过一系列相互融解的幻灯画面营造出的效果。另一些片段则包含了一系列幻灯片，看起来像是同一位模特和同一背景的拍摄花絮。所有这些摆拍的照片，究竟是科尔曼自己拍的，还是选自"现成的"商业照片，这一点有时并不清楚，强调了照片凝固不动的本质。

黑暗的房间里明亮的投影确立了一种同电影院的关联，事实上科尔曼请演员们摆姿势，又促成了与剧院和电影院二者的联系。在照片投影中来展现表演者，让人想到巴特在《明室》中对自己为什么不喜欢电影院所做的解释。他指出，一张照片向他展现了过去某个时刻某个人的直接影像，而电影只是通过演员的角色间接地展现某人（1981[1980]:79）。科尔曼的演员扮演着旁白讲述的故事中的角色，但他们是为一张照片摆姿势的模特这一角色并不是一出剧，而是科尔曼工作室中的现实。就本节的主题而言，科尔曼使演员成为思考的对象，对他们的记录在电影中会快速地彼此取代，在有些感受极强的数秒甚至长达一分钟的时间当中被呈现出来，这一点很有意思。

大卫·克莱伯特的摄影作品代表了诸如透视画和幻灯等艺术视觉形式在历史上最新的高科技发展。克莱伯特创作出动态的照片，以不同于马克和科尔曼上述作品的方式，正视摄影与电影中在场与缺席这类特征。但是克莱伯特也在大屏幕上展示作品。观众把大屏幕上的图片体验成数字化的黑白照片或彩色照片。克莱伯特的"照片"的确可以被视为一种凝视的对象。但照片中碰巧会发生一些变化。这种转化——几乎总是不被觉察的——有时候只是发生在细节上（与科尔曼的溶解非常类似）。例如，照片中的一个女孩突然把头转向观众，好像她感觉到自己正在被观看。而在另一些作品中，光线在整个画面中慢慢地变化。

克莱伯特的作品《越南，1967年，德富县邻近地区，重现岭广路作品》（*Vitnam, 1967, near Duc Pho [Reconstruction of Hiromishi Mine]*）是由一张他用一系列数字照片拼接成的模拟历史照片构成的。这张历史照片是日本摄影师岭广路于1967年在越南德富县附近拍摄的一张黑白照片。照片描绘了一架美军战斗机被"友军火力"击落。大卫·克莱伯特于2000年回到了当初拍摄这张照片的地方。他从同一个位置以固定的时间间隔拍摄了大量数字照片。这些照片通过电脑程序加以改变，创作了一幅"动态影像"，为飞机表面的影调和色彩添加了微小的变化。飞机和树木在风中缓缓摇摆，云朵沿着天空移动，而它们的影子掠过战斗机破碎的机身。爆炸的力量被一派祥和的风景中微妙的变化所抵消，而33年前的瞬间被融入到2000年11月一个阳光明媚的日子里的一系列瞬间当中（格林，2004年）。当然，数字化的模拟历史照片仍然是凝视的对象，与迅速消失的数字图片正好相反。

针对《越南》这幅作品，大卫·格林主张，需要抵制的是这样一种诱惑，即认为这件作品充分说明了电子媒体和数字成像被视为削弱媒体之间界限的方式，导致了形式的融合以及新颖的混杂体（2005:21,23）。《越南》的效果恰好与此相反。观众实际上体验到的，并不是静态照片和像电影一样呈现的无数数字影像的糅合，而是两种媒介（摄影与电影）的组合，各自没有丧失自身的特性。两种不同的媒介并存。《越南》所提供的，是以批判的角度通过电影来从事摄影的可能性，强调这幅模拟照片指向了过去某个时刻的意外事件，而电影式的环境场景则是大自然中一个持续的过程。

与照片知觉相关的时间的另一个侧面，克莱伯特有所考察，但在本章当中并未提及，那就是人类肉眼在适应光或暗时所需要的时间，是这幅图片的决定因素。克莱伯特在黎明时分拍摄的威尼斯（2000年）的场景，几乎是不可见的。在一个黑暗的房间里展出时，观众在刚刚走进这个空间的时候，也完全感觉不到整个影像。过了一段时间，观众的眼睛慢慢适应了黑暗的环境，影像才慢慢显现出来，就像是一个人在看暗房中制作一张照片的过程，正在显影的影像慢慢显现出来（格林，2005:34）。在凝视克莱伯特这些昏暗的图片时，观众感到奇怪的是，这个逐渐变得更加清晰的过程究竟在哪一刻才会停止，同时认识到观众看到图片细节的多少有赖于他们的视力。在这些作品中，照片并没有移动，而是逐渐适应的双眼营造出从黑夜到黎明的电影一样的过程。

理解了克莱伯特的一些作品，人们就能用一种以前从来不曾这样观看照片的方式，来看待的每一幅新"照片"：人们聚精会神地等待静态照片发生变化，或者"活过来"，这就使得这些作品甚至比静态照片更成为凝视的对象。

上述讨论从作为静态对象的照片到电影式呈现的转变，也用另一种方式改变了人们的认知。马克的《堤》在影院里放映，人们从头至尾观看整部电影。科尔曼的幻灯录像和克莱伯特的动态照片则是在展厅里呈现，人们随时可以走进来。观众观看这些作品很少有达到15分钟以上的。媒体哲学家鲍里斯·格罗伊斯（Boris Groys）在《美术馆中的媒体艺术》（*Medienkunst im Museum*，2000年）一文中，对这种感知的变化做了大量分析。格罗伊斯指出，在更早些时候，传统的静态视觉艺术弥补了人们对于无法捕捉到的稍纵即逝的事件和影像的日常体验。在这种意义上，视觉艺术满足了人们的愿望，人们可以随意选择凝视一幅艺术作品的时间。随着博物馆引入了活动影像，这种自主性就发生了戏剧性的变化。突然之间，观众遭遇到只有在美术馆之外才了解的生活环境。格罗伊斯把这些日常生活当中的体验描述成不断地产生了一种在错误的时间置身于错误的地点的感觉。在美术馆里，一直到新媒体进入了现场，艺术家们才为观众呈现了正确的时间和地点。观众现在也没有把握，自己是不是在"最重要的部分"时走进来，是否必须等待那一部分，或者应该回到之前的阶段。他们有一种感觉，即自己可能错过了作品中至关重要的部分，以致无法断定这部作品究竟是关于什么的。在电影院里，人们通常不会有这种体验，因为人们往往一定是观看了整部影片。此外，电影院的观众处在一种静止状态，但美术馆里的观众在作品周围走动，远离或者靠近屏幕。大多数艺术家预料到了美术馆里公众的这种态度。开篇的场景和最后的段落很少是至关重要的，而艺术家们也意识到，很多观众只是在看了中间和最后的部分之后，才会看到第一部分。这种区别也适用于我们讨论的重要作品：《堤》是为电影院创作的，包括了重要的开场和最后场景，而另外两件作品则是为了在展厅里呈现。

照片或静态影像同在场的联系，以及电影或活动影像与（即将发生的）缺席的联系，不一定必然意味着前者有生命内涵，而后者就意味着死亡。扎比内·克里贝尔就这个方面主张："电影让死者回到了活着的状态，让身体恢复到了时间当中，而摄影因为其静止状态，保持着死者作为已死者的记忆。"（2007:34）如果说克里贝尔在这里触及到了摄影与电影之间的一般差异，她的论述显然尤其与这一节中马克、科尔曼和克莱伯特的作品具有关联。

下面我们将考察一些著名或不著名的摄影理论，把摄影的本质同对记忆和死亡的关注联系起来。关注的一个方面取决于这些理论实际上所提出的，究竟是谁的死亡。是模特？摄影师？还是观众？在这个语境之下的死亡问题，涉及到作为物的照片，是拍照的动作，还是我们对照片的观看？本节当中的三件重要作品都是针对死亡的问题，我们将通过这些问题来予以考察。此外，我们还考察了这些作品除了把摄影与电影结合起来之外，是否还包含了静态摄影的痕迹——传统上一些理论家往往把它同死亡密切联系起来。不过首先我们要回到齐格弗里德·克拉考尔的《摄影》一文（指的是1927年的版本，而不是第一章所讨论的1960年的修订版），他在文中反思了记忆影像与照片之间的关系和区别，以及记忆影像、摄影与死亡之间的关系。

早在罗兰·巴特思考母亲儿时照片之前50年，齐格弗里德·克拉考尔就在《摄影》一文中，对祖母在1865年拍的一幅照片做了认真思考，当时她还是24岁的姑娘。巴特认为他的照片是曾在的证据，是他母亲曾经样貌的证据，而克拉考尔对照片的反应却相当冷静，他主张，"如果不是因为口述的传统，只有这个影像是不足以让祖母再现的。"他继续说道："如今已暗淡的样貌和仍然记得的特征很少有共同之处，以致孙辈们相信他们在照片中偶遇的，就是支离破碎的记忆当中的祖先时，对此倍感惊讶。"（1993[1927]:423）

很明显，克拉考尔把记忆与摄影对立起来，并不是像他之后很多作者那样，认为它们完全类似。他相信，记忆很少注意年代，它掠过了岁月，或者延伸了时间的距离：

　　　　记忆被保留下来，是因为它们对于某人的意义。于是它们
　　　按照某个原则被组织起来，从根本上不同于摄影的组织原则。
　　　摄影攫取的是假定的空间（或时间）统一体；而记忆中的影像
　　　所保留的，仅仅是它所具有的意义……从记忆的角度出发，摄
　　　影显然一团混乱，部分是由垃圾组成的。（425,426）

　　克拉考尔指出，人们否定记忆的影像，暗示对死亡的恐惧。照片
试图通过纯粹的积累而消除的，恰恰是对死亡的回忆，这是每一个记忆
中的影像所固有的。他觉得，20年代的画报杂志展现了一个世界，成了
可以被拍摄下来的当下，而被拍摄下来的当下已经彻底永恒化了。与此
同时，"看似摆脱了死亡的控制，在现实中，它却更加向死亡屈服了"
（433）。因此一方面克拉考尔似乎主张，一张照片无法像记忆的影像那
样充当已逝者的记忆，因为照片既展现了活生生的当下，也展现了来自
过去的无可选择的信息。另一方面，把摄影同现在当下联系起来的大量
照片，无法帮助人们牢牢地抓住当下，否认自身无可避免的死亡。

　　差不多70年后，在1996年版《性依赖叙事曲》（*Ballad of Sexual
Dependence*）的后记中，美国艺术家南·戈尔丁（Nan Goldin）也阐述了
摄影与记忆之间、摄影与对死亡的否定和记忆之间的不确定关系。她主
张：

　　　　摄影并没有像我想的那样有效地保存了记忆。书中的很多
　　　人现在已经死了，大部分死于艾滋病。我一直以为我能够通过
　　　拍照而避免失去。我总以为，如果我把某人某物拍了足够多，
　　　我就永远不会失去这个人，永远不会失去记忆，永远不会失去
　　　这个地方。但照片呈现给我的，却是我已经失去了这么多。
　　　（1996[1986]:145）

　　南·戈尔丁对于死亡、记忆与摄影之间关系的视角，不同于克拉考
尔，因为她既是她凝视的照片的创作者，又是观众。她于是大致着眼于
她的拍摄对象的死亡，认识到照片不足以弥补其中涉及的丧失。不过，
克拉考尔和戈尔丁都强调了照片徒劳地企图无视死亡。

　　菲利普·杜布瓦遵循同样的线索，但着眼于拍照的动作。在《拍
照的动作》（*L'acte photographique*）中，他把照片比作慢性死亡。在现实
当中，摄影师无论做什么，无论是否愿意，都只是在"拍摄一切事物的

死亡"（thanatographs）。于是，杜布瓦根据希腊文中表示"死亡"的thanatos一词，把摄影当作一种死亡学来对待（1998[1990]:164,166）。他主张，拍照的动作的力量在于将对死亡的恐惧转化成对生命的渴望，和人们的判断恰好相反——这个观点与戈尔丁有相似之处。

克拉考尔主要把摄影、记忆与死亡之间的联系运用于观众，戈尔丁运用于模特，而杜布瓦则运用于摄影师。他提出，拍照和死亡之间的关系贯穿于整个摄影史。他的观点似乎得到了乔弗里·巴钦的证实。在《每一个疯狂的念头》一书当中，巴钦指出，"通灵术"（necromancy）（与死者进行交流）一词被19世纪很多同时代的记者们用来描述达盖尔和塔尔博特的摄影工艺中涉及到的一些动作（2001:132）。苏珊·桑塔格通过将摄影，特别是肖像摄影，同"谨记死亡"（memento mori）联系在一起，从而进一步追溯了这一历史，这个经典术语往住用来指17世纪的虚空派绘画。桑塔格主张："所有照片都'使人谨记死亡'。拍照就是参与另一个人（或物）的必死性、脆弱性、可变性。所有照片恰恰是通过切下这一时刻的切片，并把它冻结起来，以此来见证时间的无情流逝。"（2002[1997]:15）桑塔格引出了死亡与拍摄对象、作为物的照片以及照片的拍摄之间的关系，而她在别处把死亡与观看照片之间的关系涵括进来。在《明室》中，罗兰·巴特思考母亲在冬季花园中的照片的方式，也同样证实了把照片当作"谨记死亡"的物件，而这种观点也包含了观看照片和被拍摄者的死亡。

其实，摄影在所谓遗体摄影（post-mortem photography）中，也发挥了"使人谨记死亡"的作用。拍一张刚刚死去的某人的肖像照片，在19世纪晚期是一种非常常见的做法。它取代了死人面部模型和殡仪馆绘画的传统，而且如果说一开始这种做法限于有钱有势的人，那么很快它就会变得更加普及（鲁比，1995:194；另参看第一章）。

遗体照片表明，尽管很多作者从不同侧面把摄影比作死亡，但摄影作为一个冻结了的瞬间的创造者，无法展现出睡着的人和一个死去的人之间的区别。特别是在黑白照片中，人们很难分辨出一个人的皮肤是否已变得苍白。与此同时，摄影的这种短处也使得已逝者在照片中显得像是永远安睡了。20世纪末的一些艺术摄影作品，例如美国摄影家罗伯特·梅普尔索普（Robert Mapplethorpe）的《阿波罗》（*Apollo*，1988年）以及法国摄影家帕特里克·费根鲍姆（Patrick Faigenbaum）1986年拍摄的罗马皇帝胸像的特写照片，都为雕塑胸像赋予了生命力，从而将这种短处转化为长处。

回到遗体摄影的问题上，我们主张，对于亲属们来说，这些照片尤其充当了对他们所爱的人和逝去者的特殊纪念物。但是很多年后看到这些遗体照片和其他照片的观众又会怎样呢？乔弗里·巴钦在《勿忘我：摄影与缅怀》（ *Forget Me Not: Photography and Remembrance* ）一书中得出了这样的结论：观看者与被拍摄者之间的关系，随时间的推移而彻底改变了。他主张，他所讨论的绝大多数19世纪的照片，今天都让我们想到，记忆与对过去的回忆无关，而是展望我们也会被完全忘却这一可怕的、想象出来的、空虚的未来（2006:98）。巴钦于是强调了照片作为"谨记死亡"之物这一理论的意义，从某种意义上让人们意识到了自身的有限性。

桑塔格在《论摄影》中把"谨记死亡"这个术语同摄影联系起来的几年之后，克里斯蒂安·迈茨上述《摄影与恋物》的文章发表于艺术杂志《十月》上。迈茨是巴特的学生，他写了一篇论文，像《明室》一样由两部分组成，其中第二部分主要着眼于死亡。迈茨把照片的静止与沉默这两大特性，视为死亡的两个客观方面（1985:83）。但是他以其他方式把摄影同死亡联系起来。首先，一个最直接、最明显的方式，涉及到为纪念不再活着的爱人而保存照片这种社会惯例。其次，一种更寻常的做法同对逝去的瞬间的意识联系在一起。严格说来，被拍摄者已经死去了，再也不会在他被拍摄时的状态中出现，因此属于已逝去的现在。反之，镜子中的影像经年累月地一直伴随着人们，和人们一同改变，所以人们显得并没有变化。最后，摄影有第三个与死亡共同的特征：快照就像死亡一样，是将对象瞬间从这个世界劫持到另一个世界，进入另一种时间（84）。因此迈茨的论述针对的是被拍摄对象的死亡，这种死亡同作为物的照片以及观看和拍摄照片有关。

按迈茨的说法，电影给死亡赋予了一种生命的外衣，一种脆弱的外表，但立刻就被观看者的一厢情愿所强化。相反，摄影因为其所指（仍然是静止的）的客观暗示保留了死者作为已死者的记忆。所有社会中存在的葬礼仪式都有着双重的、具有辩证关系的意义：对死者的缅怀，但也是谨记他们已死去，而对他人来说，生命仍然在继续。在所有照片当中，不仅仅是所爱的人的照片，我们都可以看出这种剪切一段空间和时间的举动，在我们周遭世界不断变化的时候让它保持不变，在保存与死亡之间做出妥协。

除了迈茨和上述作者之外，还有其他很多人都以这样那样的方式，阐述了死亡与摄影之间的这种假设的关系。与这种关系有关的一个与众不同的论述，是克里夫·斯科特在《街头摄影》中的主张，即摄影为时间赋予了生命力，而只有那些没有被拍下来的时间才是死亡的时间（2007:98）。

本节当中三件重要作品，都以相关但完全不同的方式指向了记忆和死亡。克里斯·马克的《堤》中，就像在其他两部作品中一样，记忆和死亡是整个故事的主题。乔恩·吉尔把《堤》的情节描述成一个男人在两个瞬间从两个视角目睹了自己的死亡，一个是即将死在防波堤上的男人，另一个是不解地看着他即将遭遇的命运的孩子（2003:220,222）。而防波堤上一个女人面孔的影像恰恰成了一个诱饵，最终将引导马克的主人公再次回到那个将要重现他的死亡的瞬间。

在大卫·克莱伯特的《越南》中，不论是坠毁的飞机还是标题，都唤起了对死者的记忆，即便作品中并没有尸体。就摄影与记忆之间的关系言之，人们可以得出结论：1967年那张黑白新闻照片呈现了一个局部事件，随时间的流逝而发展成为对历史上一个致命瞬间的缅怀。克莱伯特的艺术处理手法是把原作照片转化成彩色的、当下活生生的"被复苏"的记忆。克莱伯特通过在作品标题中提及摄影师的名字，从而向提供这一事故的视觉证据的岭广路致敬。当下时代中的视觉证据公认的重要性，提摩西·朱克力（Timothy Druckrey）在1991年的《致命的再现》（*Deadly Representations*）一文，通过芬兰一架战斗机坠毁的媒体照片来加以强调。虽然有一架飞机坠毁，但从来没有一幅像这样的照片。影像是模拟出来的，根据目击者描述用电脑合成制作（1991:17）。

在《卡隆》当中，死亡的呈现比《堤》和《越南》更不明显，但是科尔曼的幻灯片以一种同样有意思的方式讨论了摄影与死亡之间的关系。间接提及死亡的方面之一，就是标题中卡隆这个名字，指的是将死者摆渡到地狱的船夫。在这部幻灯片中，卡隆是谁？他又扮演着什么角色？科尔曼在所有片段中把拍照动作的不同阶段呈现为没有预设目标的旅程，甚至是走向不确定的未来。记忆或白日梦中的虚拟影像为这个旅程确立了方向，与卡隆的形象最为接近。静态照片/幻灯片是否象征了死亡，这还是一个悬而未决的问题，但很多片段都暗示了记忆和白日梦中"鲜活"的影像转化成了静态的或死亡的照片。有一些片段还暗示了在这个转化的瞬间，摄影师的灵魂消失了，只留下了他的躯壳。

记忆或白日梦中的虚拟影像几乎是所有片段中反复出现的主题。旁白的文本往往让人回想起留在记忆中的来自过去的图片，以及想象着未来的白日梦中的幻景。这些影像反复指向了痛苦的事件或妄想。所呈现的照片如何同那些无法看见、却只能讲述的影像联系起来呢？幻灯片往往暗示了将这些"内心的图片"（mind pictures）予以视觉化的错综复杂的尝试，因为摄影家认识到这些影像是无法被视觉化的，但有时让人不寒而栗的是这些影像能够同现实融合起来。于是摄影师往往在一个片段结尾时变得绝望、精疲力尽或是恐惧，或者仍旧做着白日梦。

所配的文本并不像通常那样把一幅照片同照片被拍下来的那个瞬间联系起来，所以指的是那个瞬间之前或之后的或长或短的瞬间或时间段。这让观众觉得非常不舒服。例如摄影师借助自拍器为睡衣广告摆出姿势的片断，就是这种情形。整个片断中间响起的旁白则表明，因为曝光不足，闪光灯出了故障，或者底片在冲印店里丢失，整个拍摄一直到现在都没有成功。这就让观众认识到，他们在观看的，是稍后拍下来的照片，暗示了前面的幻灯并不是解说者谈到的照片。

多萝西娅·冯·汉特尔曼（Dorothea von Hantelmann）在对科尔曼的作品《盒子》（*Ahhareturnabout*）所做的分析中，提出了"余像"（afterimage）的概念，但是对于《卡隆》而言，这个概念也具有重大意义。"余像"将一段记忆投射出来。在那个瞬间，人们可以把一段记忆视为当下（2009:73,76）。在有关车祸的记忆影像以及某人生命最后时刻的影像重现的片段当中，闪回或余像基本上发挥了核心作用。后者是第九段的组成部分，仅仅展示了医院里一张空病床的幻灯片，旁边是一台电视。旁白讲述了一个女人，她推断摄影证明了死亡并不存在，生命永无终结，因为每张照片都是另一张照片的"闪回"。在生命的最后一刻，人的一生看上去就是一个又一个闪回。这就暗示了通过增加闪回的数量而推延死亡甚至永久地把它赶走的可能性。这个结论致使她在感觉

110

104

死亡将近之时开始拍照。幻灯片中的电视机突然打开了，展现了一个女人的图片，然后是一个少女的图片，接下来的画面是噪点（是由三台投影机相互溶解造成的）。联系被中断了。

一场车祸的闪回式记忆影像，是第三个片段的组成部分，包含了一张撞毁的卡车的照片。在这个片段中，场面并没有变化，只有烟凭借溶解的手段增加和消失。旁白描述了这张照片之前的过程。摄影师接到了一单广告拍摄任务，鼓励驾驶员们佩戴安全带。这个要求让他想起了他自己亲历的一次车祸。他找到一辆类似的卡车，选择了在事故后观察这辆卡车的位置，躺在旁边的地上。躺在那里的时候，焦虑感令他难以承受，因为他怀疑这究竟是一幅拍下来的照片，还是在他身上真实发生的一场事故。如果说摄影理论把一个场景究竟是现实还是虚构的困惑置于观看照片的动态变化当中，那么在这个片段中，摄影师把现实与摄影混同起来，担心丧失了对这一差异的控制。最后，幻灯片慢慢变成黑暗，仿佛摄影师正在丧失意识。

在《卡隆》当中，除了这个片段，其中大部分都让人产生了一种感觉：人们能够开始应对的时候，却失去了这张照片，这是由于同所呈现的（以及缺席的）照片有关的故事内容而导致的。克拉考尔主张，如果摄影能够成为记忆的辅助，记忆就必须做出抉择，但是照片的洪流却冲垮了记忆的堤坝（1993[1927]:432）。令人吃惊的是，科尔曼的幻灯片在播映之后，立刻便储存在了观众的记忆中，这个过程似乎因为这个事实而强化：艺术家并不愿意用图录的形式来复制《卡隆》中的幻灯片。随时间的推移，观众脑海中的《卡隆》的记忆将会把"死去"的照片再一次转变成为变化着的、活生生的记忆影像。

就所讨论的照片究竟指的是谁的死亡和记忆这个问题而言，我们最后可以得出结论，在《堤》当中，通过一张照片而视觉化的女人的记忆影像，同作为那幅影像的观众的男人的死亡联系在一起。《越南》反映了由于坠机导致的死亡，所以同所有不可见的被杀害者联系起来。《卡隆》把记忆和死亡同摄影师联系起来，而《堤》则是与观看照片联系起来，《越南》是把死亡与记忆同照片本身联系在一起。总而言之，人们可能会主张，这一节连同之前有关摄影中的时间概念的章节，提出了在场/缺席这一悖论作为摄影理论的多重适用性的问题。在下面的章节中，这个悖论在当代摄影的其他方面所发挥的作用也是一目了然的。

马克、科尔曼和克莱伯特都把自己（摆拍）的照片同现成的商业或纪实照片结合起来。通过这种方式，而不是把一个特定的瞬间或时间段孤立起来，合成的影像展现了不同瞬间和地点的混合，就像在我们的记忆中一样，始终造就着新的组合，做出新的选择。第五章将详细讨论这一动态的过程。但是接下来的一章将讨论摄影中地点和地点概念的"建构"。时间和地点实际上很难清楚地区分开来，因为它们在很多方面交织在一起。这就意味着接下来的一章把关注的焦点从时间转向了地点。

第三章 摄影中的地点与空间：
对待虚拟地点和空间对象的立场

和其他媒介相比，摄影也许更能唤起一种地点的感觉，而且我们往往想知道某张照片是在哪里拍摄的。我们认为绘画和雕塑都是出自艺术家的工作室。同样，照片也可以是在工作室里拍摄和冲印出来的，但它们往往是在别处，在某些以具体细节或特征要素为标志的地点拍的。一张照片诞生的所在地，快门按动的特定场合——或者在人为处理的照片的情况下，这种对地点的暗示——对我们来说往往具有重要的意义。

相比摄影如何把一个特定瞬间从其之前和之后的时间中截取下来，如第二章中讨论的，照片中所再现的地点有一个共同点，即它们来自于原本的空间性和空间环境。对于一张照片中所暗示的空间和地点的认知，究竟意味着什么呢？令人吃惊的是，迄今为止理论家们很少关注照片如何解决地点和空间的概念。因此，我们必须基本上根据摄影师们的视觉研究以及来自其他领域的理论，进行本章的讨论，例如人文地理学和哲学。在有关摄影的文献中找到的关于这一主题的有意思或相关的论述，大多只是一带而过，例如在对一位摄影师的全部作品的描述当中。这个问题的一个案例，就是伊恩·沃克（Ian Walker），他关于"再摄影调查计划"（Rephotographic Survey Project，1977–1980年）的文章开篇，有一段非常有意思的论述：

> 忽然发觉自己站在一幅照片中，是一种令人不安的体验。也就是说，站在之前人们只是通过照片才了解，但是非常熟识的一个真实地点。……通过书籍、杂志或广告中的照片，我们对自由女神像、埃菲尔铁塔或泰姬陵都非常熟悉，以致第一眼看到实物，可能产生了一种虚幻的感觉。……站在那里，人们意识到照片遗漏的对一个地点的体验究竟有多少。（1999[1986]:127）。

沃克提出在造访一个真实地点之前通过一幅照片来了解一个地点的体验，强调在照片中和在现实生活中感知一个地点的矛盾之处（图注3.1），而其他作者则讨论了造访某些地点并把它们记录下来的难题。绝大多数人把拍照体验成一种与所记录的地点继续保持某种关系的形式。苏珊·桑塔格在《论摄影》中反思了游客拍照的热情，主张这些照片"帮助人们拥有他们在其中感到不安的空间"（2002[1977]:9）。这种特定的行为与人们通过照片而把自己和他人定格在时间和地点当中这一更普遍的诉求联系在一起（例如在相册中，或者更便捷地在带相机的移动电话当中），这就是人文地理学（Homo Geographicus）的典型代表，地理学家罗伯特·萨奇（Robert Sack）用这个术语来描述当代对于地理情境性的关注（1997年）。

"地点"和"空间"这两个概念往往当作同义词来使用，即便在某些场合下人们会用其中一个而非另一个。地理学家蒂姆·克雷斯威尔（Tim Cresswell）的《地点简论》（*Place: A Short Introduction*, 2004年）显然是这个复杂领域中一个大有帮助的起点，定义了地点与空间概念之间的区别。对克雷斯威尔来说，地点最直接、最常见的定义是：一个有意义的场所。在全世界各地，人们都在从事地点制造（place-making）的活动；地点每天都在被制造和再造。与地点相比，空间是一个更抽象的概念，例如让人想到了外太空或几何空间（2004:5,8,39）。关于地点和空间的讨论中影响最深远的一篇文章，是地理学家段义孚的《空间与地点：经验的视角》（1977年），段义孚主张，一开始毫无差别的空间，随着人们更深入地了解并赋予其价值，从而成为地点。

在本章中当作一般术语来使用时，我们指的是克雷斯威尔和段义孚直接定义的地点与空间。不过，我们也会讨论和运用地点的其他定义，因为地点的内涵在不同的学科当中有所不同，或者因为在特定的语境下，它的内涵在过去数十年里可能发生了变化。几位学者强调了地点作为一个概念的复杂性。例如，按照城市历史学家多洛蕾斯·海登（Dorores Hayden）在《地点的权力》（*The Power of Place*）一书中所说的，"地点"是英语里最微妙的一个词，是一个装得过满的旅行箱，人们永远也无法盖上盖子。它承载着宅地、场所以及城市中开放空间的特殊意义，以及在社会等级制度中的定位。此外，一个人的地点感既是对周遭物理环境的生物学反应，也是一种文化创造（1995:15）。同样，哲学家马尔帕斯（J. E. Malpas）也主张，地点概念是极为复杂的。在《地点与经验：哲学的地形学》（*Place and Experience: A Philosophical Topography*）中，他强调了地点同维度概念紧密联系在一起。因此，对地点的考察无从下手，只能与对空间概念的考察结合起来（1999:25）。在这一章里，我们也指出了摄影中的地点概念往往也同空间概念联系在一起。

就本章所讨论的重要著作而言，马尔帕斯主张，地点从本质上讲是有差别的，而且就它们当中出现的元素而言，有相互的联系，但是也同其他的地点相互联系（34），这一点非常有意思。哲学家福柯在遗著《关于他者的地点》（*Of Other Places*，1986年）中也描述了地点的概念，这篇文章是根据1967年3月一次讲演写成的，足以让马尔帕斯举例说明这类不同的视角。结合本章中的一些重要作品，下面我们将讨论福柯在这篇文章中提出的"异托邦"（heterotopia）以及《规训与惩罚》（*Discipline and Punish*，1975年）中"圆形监狱"（panopticon）的概念。

假定了地点概念及其同空间之间关系的复杂性，在以下章节中显而易见，摄影艺术可以同时创造出错综复杂的摄影地点和空间，独立于其中一个来讨论另一个，这种做法基本上是不可能的。即便如此，本章中的重点也将逐渐从地点转向空间。

我们的论述从摄影中地点和空间概念的三个非常熟悉的特征入手：一幅照片指向了曾经存在的地点，并在这种意义上把它们再现出来；一幅照片展现了以单眼线性透视定格下来的地点；一幅照片把三维空间描述成一个二维影像（即便照片本身大体说来也是一个物理对象，可以在各种不同的场所展出，通常是在影像中所再现的那个地点之外的另一个地点）。在本章当中，我们提供了所谓对立视角的三对互补的概念，详细阐述这三个特征。正如前面的章节所表明的，这种视角使我们意识到了那些因为被认为不言而喻而往往被忽视的方面。在这一章里，互补的概念分别是："被构建"的地点与照片中存在（过）的地点；通过"发散的"（divergent）和"复眼式的"（poly-ocular）视角来考察单眼线性透视；作为"立体"影像的照片与把空间表现为二维影像的照片之间的比较。

不过显而易见的是，照片提出了有关地点和空间的照片中那些熟悉特征，如果不是刻意改变的话，这些照片仍然是单眼式照相机的产物——即便仅仅是在处理加工前的最初阶段——这就意味着某个地点的二维影像和单眼式的、被框取的视野。

我们也注意到，当代摄影仍然包括很多例证，充分说明摄影中熟悉

115

的空间与地点的特征（迪恩和米拉尔，2005年），但是因为我们觉得读者已经熟知这些例证，我们决定从当代摄影中选取一些特别的例子，不同程度地把读者的注意力吸引到摄影经常被忽视的一些特征上。我们把19世纪的一些照片也涵括进来，目的是为所讨论的问题提供一个历史基础。

3.1 被构建的地点与（曾经）存在的地点之间的关系

乍看上去，德国摄影家托马斯·迪曼德（Thomas Dimond）的照片《厨房》（*Kitchen*）显然描绘了一个普通的厨房，一种很常见的地方。不过观看者很快就会发现，这个地方有某种怪异之处。物品看起来并不真实，而且观看者竭力找出在这幅照片中"地点"是如何被构建起来的（图注3.2）。在早期摄影史当中，辨别（曾经）存在的地点、摆布的地点和构建起来的地点之间的区别更容易一些。对现有地点的一个清晰的摄影记录，是摄影发明人之一福克斯·塔尔博特拍摄的伦敦林肯法学院，这是最早的卡罗法照片之一（图注3.3）。而有关摄影中被构建的地点最为人所熟识的早期例证之一，是出生于瑞士的英国摄影家奥斯卡·古斯塔夫·雷兰德（Oscar Gustave Rejlander）的《人生的两条道路》（*The Two Ways of Life*，1857年）（图注3.4），把很多不相关的底片合成为一张单幅照片。

116   如果说前者是因为它展现了摄影能够记录真实的地点而赢得了广泛赞誉，那么后者因为证明了一幅可以呈现虚构地点的照片而更显突出（虽然雷兰德在自己的拼贴作品中合成这些底片之前，的确拍摄了真实地点的照片）。直到30年前，摄影史大体上还是一部（分别）记录现有地点的历史。桑塔格《论摄影》中经常被引用的几段论述也指出了这一事实。例如她并不把照片视为对世界的解释，而是"世界本身的片段"；她主张，照片把世界变成一系列不相干的、独立的粒子："数目无限的一个个小单位"（2002[1997]:4,22）。

呈现了被构建的、并不存在的地点的照片以及被认为再现了现有地点的照片之间的对立，随着时间的推移而变得越来越复杂，特别是在数字摄影引入之后。在很多当代的摄影作品中，很难确定这些作品是不是经过加工处理过的（参看第一章和第四章）。一旦人们发现某个地点的一幅照片经过了加工处理，对那一地点的认知在某种程度上也就发生了变化。但是今天的处理技术比以往更难以辨认，这是一个问题吗？一些学者解决了这种困境，主张每一幅照片都以这样或那样的方式改变了一个地点，暗示了至少在某种程度上一幅照片提供了对一个地点的"构建"。框取一幅照片的动作也许就已经构建了一个"新的"地点。例如罗兰·巴特就提到了两个不连贯的元素同时出现——修女和士兵——荷兰摄影师库恩·费辛（Koen Wessing）在按下快门的一瞬间，他们占据了同一个空间。对于巴特来说，这种巧合就构成了这幅照片的"奇遇"，即便他并不喜欢这类照片（1981[1980]:23）。另一种暗示新地点的构建方式，是通过从一个不同寻常的有利位置拍摄现有的地点，例如亚历山大·罗德钦科的照片（图注1.5）。 117

　　约略提及了摄影究竟是对地点的忠实记录还是构建这一问题的复杂性之后，我们现在更详尽地讨论迪曼德的《厨房》。这幅作品是我们这一主题的典型例证，因为被构建的地点实际上是对同一个已存在的地点的各种不同再现的叠加，但却是以不同的样貌。

　　《厨房》呈现了某种不自然的地点。一切似乎都是用同一种材料制作出来的，看起来簇新而且有一点点非写实。迪曼德的创作过程解释了他的照片那种不自然的样貌。他的很多创作项目是从在报纸或杂志上挑选照片开始的。大多数这类照片都呈现了一些并不引人注意的地点，这些地点因为发生过的事，也因为这些照片的发表，从而成为具有历史意义的地点。《厨房》就是从伊拉克前领导人萨达姆·侯赛因一处藏身地的厨房的照片（也可能是几张照片）开始的。根据这张（些）照片，迪曼德以实物大小重现了这个地点，仅使用了卡纸和纸张。他的大画幅相机架在三脚架上，随着模型慢慢成形，始终摆在同一位置，这样他就能够始终从照相机的视角来观看。通过这种方式，他并不是在重现这个真实的地点；相反，他根据新闻照片中的地点，构建了一个摄影的地点。迪曼德往往略微改变有利位置和构图，即便他这么做的程度，远比在2005年纽约现代美术馆关于他重现萨达姆厨房的一张新闻照片的作品图录中要小得多（马尔克西，2005:23）。同互联网上找到的这一地点的其他照片相比，这幅照片与《厨房》的差异更大。按照苏珊·莱克斯顿（Susan Laxton）的说法，迪曼德特意搭建这些模型，是为了调节照相机视角的单眼变形（2008:92）。最终，他印放了实物大小的照片，把它作 118

为从一幅很小的新闻照片开始的创作过程的最终成果。

莱克斯顿强调了迪曼德之前作为雕塑家制作的建筑模型，以及之后他为自己摄影计划的一部分而创作的模型之间在本质和功能上的区别：

> 迪曼德整个创作过程的第二部分，也就是拍摄装置的那一步，是把实现整个构筑物的过程颠倒了过来：作品从以实体为导向的、具体化的空间，转向了照片中虚拟的、完全无法居住的空间。……有鉴于建筑模型作为一个虚拟的空间，遵从了现实世界（它所近似的那一建筑物）中一种最终的、可居住的形式，而迪曼德的物理空间被视为摄影的虚拟空间。（91）

不幸的是，他的工作室中的模型似乎从来也没有从另一个视角拍摄过，从而表明它们看上去有何不同。迪曼德显然更喜欢让这些模型保持某种神秘性。此外，最终照片的拍摄也预示了模型的最终结果：一旦被拍下来，它就被毁掉了。同样，迪曼德很少把原来的新闻照片和他的照片放在一起展示。尽管很多观众都很好奇，想看到迪曼德所利用的原来的照片，但这种并置只会促成对这些照片之间相同和差异之处的肤浅比较。把原来的新闻照片排除在外，人们就不得不把注意力集中在迪曼德的照片上，这些照片似乎以某种方式再现了一个看上去熟悉但感觉怪异的地点。

一些作家把迪曼德的照片中的地点同犯罪现场联系起来，引用了沃尔特·本雅明在1936年的文论中所用的一段话，在谈到法国摄影师尤金·阿杰拍摄的巴黎空无一人的街道的照片时，他说："有人说，他拍摄的街景如同犯罪现场，犯罪现场也是空无一人；它为了获得证据的目的而被拍摄下来。"（2008[1936]:27）拉尔斯·来勒普（Lars Lerup）主张，迪曼德的照片往往显得像是对一个犯罪现场的重现。这些现场完全没有了种种犯罪工具、人的踪迹以及添加物——它们只包含了具有暗示性的残余物（2001年，未发表）。通过"去除"所有动作的痕迹，迪曼德甚至可以说是创造了一个完美罪行的地点，消除了一切参照物。这种完美罪行的地点的联想几乎让这幅照片成为让·鲍德里亚对摄影的特征描述形象化了，他在《完美的罪行》（*The Perfect Crime*，1995年）一文中，把摄影描述为一种没有任何指向的踪迹，所以没有任何指示物，也没有参考物的联想（参看第一章）。如果说这个定义对于描述一般意义上的摄影过于极端了，但它却完全适用于迪曼德的《厨房》这类照片中的地点概念，没有任何有关原来照片或故事的背景信息。迪曼德的照片缺乏所有细节（虽然作为一种媒介，摄影通常因为具有记录最微小细节的能力而受到赞赏，或者因为不加区别地记录一切细节的方式而受到批判，参看第一章）。此外，迪曼德所选择的新闻照片中的地点，从来也不像很多批评家和艺术家们暗示的那样出名，把它们称作在很多视网膜上固定下来的影像。归根结底，谁能记得萨达姆·侯赛因的厨房的内景呢？

迪曼德照片中的厨房，从字面意义上和象征意义上讲，确实都是了无痕迹的，是艺术家建构出来的一个地点。只有知道它同萨达姆·侯赛因的小小藏身之地的关系而有所了解之后，观看者对迪曼德照片的认识才会发生变化。尽管这并不是在藏身地点拍摄的，因此在这方面无法称之为具有指示性，但它确实是纸质模型的一个指示符号，转而成为侯赛因厨房的指示性新闻照片的指示符号。在所有这些方面，一些细节都丧失了，于是变化就发生了，但观看者并不知道是哪一个或者在哪里。罗克萨娜·马尔库西（Roxana Marcoci）把这一阶段性的创作过程解释成表明了对现实的某些体验是间接的，并非源于现实生活，而是观看者被媒介的意识所浸淫，他们在照片中看到这些，回想起种种事件，但无法解释它们所包含的信息的可信度（2005:9）。

就地点问题而言，观看迪曼德照片的人仍然是从新闻摄影师的视角以及大致以他的镜头来观看侯赛因的厨房，这一点饶有趣味；但是实际上，人们是在艺术家的工作室里来感知一个地点——模型就摆在那里——这的确很难想象。因此，《厨房》再现了一个地点，事实上指的 ¹²⁰ 是被拍下来的时候两个同样真实但又完全不同的地点。

在某种程度上，迪曼德收集新闻照片中的地点，然后把它们转化成为艺术摄影作品中的地点。这种从一个类型向另一个类型的转化有什么效果吗？按照彼得·沃伦在《火与冰》（参看第二章）中的说法，新闻照片被理解成表示事件，与表示状态的艺术照片和大部分纪实照片相反（2003[1984]:77）。这个理论似乎适用于迪曼德的情形。报纸上原照片中的地点，指的是重要事件，但最终的照片则把地点呈现为状态，特别是除了《厨房》这个标题之外缺少任何信息。

通过把新闻照片和艺术摄影作品对立成为事件与状态，沃伦强调了对不同类型的摄影的不同预期。与现有的地点或建构的地点有关的预期，显然也和类型有关。加工处理一张新闻照片（改变了新闻现场的样貌）仍被视为是一种犯罪，而商业照片似乎必须经过加工处理（参看第一章和第四章）。但是，风景摄影和街头摄影这些类型又如何呢？为了回答这个问题，我们下面集中讨论归入"地形学摄影"（topographic photography）这个术语之下的类型。

3.1.1 "地形学摄影"（topographic photography）中的地点

列夫·曼诺维奇在《数字摄影的悖论》（*The Paradoxes of Digital Photography*, 1995年）中，批判了威廉·米切尔在《重组的双眼》中有关数字摄影的特定媒介性的观念。按曼诺维奇的说法，摄影中"写实"与"建构"的争论，与模拟摄影和数字摄影的对立无关，而是同类型的差异有关，长久以来在绘画当中一直是这种情形。一幅肖像画或者照片可能会被略微理想化，但是人们却期待它比历史题材绘画或商业照片更"忠实于自然"（1996[1995]:61）。这就意味着我们在新闻照片、假期快照、肖像照片、科学照片以及纪实照片中都或多或少期待着"真相"，但人们却预料到商业摄影中的人为加工处理。使艺术摄影显得如此有意思又具有挑战性的，就在于它玩弄着观众对类型的期待。

对现有地点的忠实记录，是人们对本节我们所说的"地形学摄影"这种类型的期待，例如风景摄影、街头摄影（或"都市"摄影）以及我们称之为档案摄影的类别。我们选择"地形学摄影"这个术语，是因为其词源与所提到这个类型的基本目的相吻合。Topographein这个希腊文词汇是"地点"（topos）与表示绘制、书写和描述的graphein一词的组合。也许早在15世纪，就采用了这个术语，指那种详细进行影像描绘的艺术或实践，通常是在某个地点或地区的自然和人造特征的地图或图表上，特别是表明它们的相对位置和海拔高度。虽然这种做法尽可能忠实可靠地记录，但无法避免要利用某种"地理学想象"（geographical imagination）。在对"描述一个地点"的定义中，把"地形学"这个术语应用于摄影，也包括了"地理学想象"。地理学家乔恩·施瓦茨（Joan M. Schwartz）和詹姆斯·瑞恩（James R. Ryan）在《描绘地点》（*Picturing Place*）中，主张照片天衣无缝地参与到观看者与物质现实之间的关系当中，于是它们成为"一种地理学想象的功能性工具"，预示并促成了与物质世界和人类世界的结合。除了这种在自身框取中呈现空间、地点和风景的功能外，照片还营造了"想象的地理学"，或者换句话说，照片塑造了对地点的认知（2003:3,6）。

"地理学想象"一词同人类的"地点记忆"（place memory）能力有关。哲学家爱德华·凯西（Edward Casey）在《缅怀：现象学研究》（*Remembering: A Phenomenological Study*，1987年）中用了一章篇幅来讨论"地点记忆"。他把地点记忆定义为地点作为经验承载者的稳定持久性，有效地促成了其固有的可记忆性。一个活跃而生动的记忆自然而然地同地点联系在一起。人们甚至可以说，记忆很自然地以地点为导向，或者至少是以地点为依托（1987:186,187）。

为了考察忠实性与地理学想象之间的对立这一领域，我们讨论一些来自有关地形学摄影类型的文献的相关论述。

就风景摄影而言，蒂姆·克瑞斯维尔主张，风景观念结合了以视觉概念（观看的方式）对大地（能够被看到的）某一部分物质地貌的关注，这一点非常有意思："风景是一种相当视觉化的概念。在有关风景的大部分定义中，观看者被排除在外。这就是它不同于地点的主要方面。地点是非常内在的。风景指的是一块土地的形状——物质地貌……我们并不是住在风景中，而是在观看风景。"（2004:10,11）

风景摄影中"客观地"观看一处风景和想象成为一个地点的一部分——这同地理学想象的概念有关——之间的对立，就是瑞士艺术家莫妮卡·司徒德（Monica Studer）和克里斯托弗·范·登·伯格 122
（Christoph van den Berg）的摄影装置作品《湖》（*Loch*，2009年）的关键所在（图注3.5）。观众走到一幅山景照片和一个立体岩体之间的装置作品前，岩体是由打印在PVC材料上的数字影像构成的（立体照片将在最后一节中讨论）。在装置作品的中间，观众在一个屏幕上看见自己，走进这个山地风景的一幅照片中。在装置作品之外，观众发现了产生这一印象的电影摄影机。此外，岩体和照片的外观细节一目了然，甚至风景本身也是"假造的"。岩石和树木是由用软件创造出来并且呈现为（数字）照片的质感所组成。这两位瑞士艺术家住在一个过去、与游客们对阿尔卑斯山的印象紧密联系在一起的国家里，完全凭记忆以体力繁重的方式创造了他们的风景，远比最早期的照片那种漫长的曝光时间更耗时，也要比很多绘画作品花费时间更多（参看第一、二章）。

　　与街头摄影以及摄影当中的其他类型相反，摄影教科书中很少涉及风景摄影，所以我们必须将我们的范围扩大到对风景的视觉化进行更广泛的思考。其中之一就是《美景之外》（ *Beyond the Picturesque*，2009年），该书编者以及随后展览的策展人斯蒂文·雅各布斯（Steven Jacobs）和弗兰克·梅斯（Frank Maes）指出，美景强化了如何用影像制作的法则对每处美景进行描述的认识。人造的或建构的成分与美景的审美也许有固有的联系（2009:11,17）。一个显著的例证就是18世纪时人们建议画家和旅行者们不要"直接"观看风景，而是用一面克劳德镜子（Claude glass）来观看——以17世纪意大利画家克劳德·洛兰（Claude Lorrain）的名字命名的一种椭圆形涂黑的镜子——以便有意识地把风景当作影像来观看。这种观看方式可以和雅各布斯的评论联系起来：在对美景的审美当中，自然是通过影像或文字描述间接地接近的，例如（东方的）花园（25）。"之外"一词在这本书和展览中，是在不同意义上使用的。一方面，它指的是风景图片自18世纪以来已经改变了，以《湖》作为诸多例证之一。在《湖》当中，观看者面对自己的影像，站在一个壮丽的山地景观前，被洞窟的入口框住，这涉及比间接观看更直接的认知，尽管有些疏远。另一方面，根据记忆而用数字技术建构的自然，甚至比18世纪根据风景素描制作的版画更间接。所以摄影使对自然的记录更加直接，而用数字手段创作的照片使得它变得甚至更间接（17）。

　　雅各布斯还谈到了罗伯特·史密森（Robert Smithson）（参看第二章和第五章）的著作和文章，后者在一些文章中提到了美景，但又补充说，技术和工业发展使人们更容易把世界看成是影像，这一点又因为摄影和电影进行复制的可能性而加强了。由于新媒体的发展，风景开始看起来像是三维地图，而不是一座乡下花园（2009:43）。这段论述让人想到了西班牙艺术家胡安·方库贝塔（Joan Fountcuberta）的《造山》（ *Orogenesis*，2002-2005年）计划。"造山"这个名字来自山脉形成的过程，从风景、绘画复制品以及艺术家身体各部分进行扫描开始入手。获得的数据导入"山水造景"（Terragen）软件中，这是原本为军事或科学用途设计的一款造景生成软件。这一款视觉化的软件诠释了地图，而地图实际上是由提供了制图信息的经过编码处理的抽象概念所构成。方库贝塔的扫描文件可以解读成仿佛是地图，通过"山水造景"软件对光线、质感等等进行处理的参数选项而生成"风景照片"。乔弗里·巴钦评论说，其结果看起来惊人地熟悉，与很多同类明信片很相似（2005:9）。

就这一方面而言，重要的是要指出，19世纪的风景照片一直在寻求将未知空间转化成熟悉的地点，激发起与这些地点联系在一起的地理学想象，这一点在艾伦·特拉赫滕贝格的《命名景观》（*Naming the View*）（1989:119-163）中已经得到证明。他在这篇文章中指出，为了将未知空间转化成熟悉的地点而命名和拍照，在对美国西部进行勘察的时候是同时进行的。

不过，巴钦把方库贝塔的照片中这种将未知空间生成为熟悉的地点的做法，同土星最大的月亮土卫六（Titan）的第一幅照片联系起来。的确，方库贝塔的作品与土卫六的第一幅照片是相隔的两个世界，但它们有共同的概念基础。两者都是由视觉化软件生成的；都包含了一整套充当照片的数据资料；都和从未有人见过的风景有关；瓦解了现实与再现之间一切现有的区分；提出了有关当今摄影现状的让人困扰的问题。巴钦最后指出，在方库贝塔的手中，摄影成为一个哲学活动，而不是影像化的举动（2005:9,13）。

当我们现在把注意力转向其他类型的地形学摄影时，我们找到的论述街头摄影的出版物，远比论述风景摄影的书多得多，但是其中大部分主要涉及这一类型的历史，而非这些照片如何解决地点的概念，或者它的真实性如何同地理学想象联系起来。在对街头摄影进行的深入研究中，摄影批评家和策展人柯林·韦斯特贝克（Colin Westerbeck）和美国摄影家乔·迈耶罗维茨（Joel Meyerowitz）在《旁观者：街头摄影的历史》（*Bystrander. A History of Street Photography*）中似乎强调了街头摄影的真实性，把这一类型定义成一类人物的照片，他们做着自己的事，但并未意识到摄影师在场，或者是日常生活中的偷拍照片（1994:34）。不过在讨论历史根源的时候，两位作者都强调了早期街头摄影与绘画的文化记忆之间的关系（74）。在19世纪，街头摄影有时候甚至是在照相馆里摆拍出来的，可以称之为地理学想象和地点记忆的典型例证。

针对街头摄影中的地点的真实性问题，似乎同摄影师和照相机的在场或缺席程度的讨论有关。重要的是，究竟是其中哪一个使街头摄影成为这些地点更真实可靠的影像，这一点还没有一致意见。凯瑞·布洛赫（Kerry Brougher）在《开放的城市：1950年以来的街头摄影》（*Open City: Street Photographic Since 1950*，2001年）中的《街头的照相机》（*The Camera in the Street*）一文里指出，虽然像美国人李·弗雷德兰德（Lee Friedlander）和盖瑞·维诺格兰德（Garry Winogrand）之类著名街头摄影师寻求围绕多少不为人所见的公共地点来创作真实的照片，但是当代的很多街头摄影师们甚至并不设法把自己或相机隐藏起来。这就使得他们更接近尤金·阿杰这类街头摄影师的立场："他们都在场，又都不在场。"（布洛赫和菲尔古森，2001:33）实际上这适用于几乎所有街头摄影师在他们所记录的现场的定位，以及摄影师在街头照片的观众们的地理学想象中所处的位置。

尽管街头摄影往往呈现的是已经存在的地点，但其中大部分也表明，框取造成的盲区让人们很难确定所记录的地点。在这个类型的名称当中，"街头"或"都市"暗示了着眼于一个有形的地点，但在很多情况下这个地点却被表现成一个"社会空间"，对于地点的这一定义，本章稍后予以讨论。这一点从《卫报》记者肖恩·奥哈根（Sean O'Hagan）关于该类型的现状的阐述中得到了肯定：

> 今天，摄影——特别是街头摄影——是一个有争议的领域，我们所有的集体焦虑都汇聚于此：恐怖主义、恋童癖、非法侵入、监视。我们强调隐私权，但同时在公开和私下里又用手机和数码相机抓拍一切，我们见到的所有人，我们做的所有事。（2010年，未发表）

似乎人文地理学使日益变化的（社会）空间转化成熟悉的地点的渴望，与对隐私的社会空间的渴望发生了冲突。

除了奥哈根提到的互联网上的影像档案或者盖蒂之类机构的图片库外，摄影书也充当了摄影师一部分作品的档案。特别是那些经过很多年创作出来的大型摄影系列，让人联想到了图片库。我们归入"档案照片"这一类型的照片，毋宁说是照片和文献的汇编，而不是纪实摄影（我们将在第四章中来讨论）。事实上，苏珊·桑塔格主张，"某种东西一经拍摄，就成为一个信息系统的一部分，纳入到分类和储存的序列当中去，其范围从粘贴在家庭影集中按粗略年代顺序排列的快照序列，到需要运用摄影的各个方面的那些不厌其烦的积累和耐心细致的归档排列，诸如天气预报、天文学记录、微生物学、地质学、警察工作、医疗培训和诊断处方、军事侦察以及艺术史等等"（2002[1977]:156）。

摄影与档案库之间的关系，很难说是一种新近才有的现象。亚历山大·罗德钦科在1928年的《反对合成肖像，支持抓拍》（*Against the Synthetic Portrait, for the Snapshot*）一文中，就肖像摄影的问题指出，在通常的单幅影像，或者（他所谓的）"合成"肖像中，找不到多少当代的价值。他又提出，只有一系列摄影肖像才能解释被拍摄对象在不同瞬间的不同侧面（1989[1928]:238-242）。罗德钦科以苏联布尔什维克领导人弗拉基米尔·列宁为例。没有人会说："这就是真正的列宁。没有一个。永远也不会有……因为有的只是照片的卷宗，这个抓拍照片的卷宗不会让任何人把列宁理想化或加以歪曲。"（240）

在当代艺术摄影中，最著名的档案就是德国摄影师希拉·贝歇和伯纳德·贝歇夫妇（Hilla and Bernd Becher）创作的作品集。贝歇夫妇以展现（工业）建筑类型的系列照片而享誉国际，该计划被称作"类型学"（Topology），最初的成果发表于20世纪70年代的几个出版物当中。虽然他们以最简约的背景来拍摄工业建筑和房屋，但正如米切尔·弗雷德所说，他们强调了用这种揭示每一个物体都属于一个特定类型（包括一个特定的经济和社会网络）的方式，来拍摄他们所选择的对象的重要性。这清楚地表明，所涉及的对象并不像一只杯子那样可以随意移动，而是"与地面完全连在了一起"（2008:323）。

还住在德国鲁尔区的时候，贝歇夫妇就开始拍摄这些建筑物，因为他们认识到，到了某个时候，这些工业建筑都可能被拆毁。安德烈·尼尔森（Andrea Nelson）用同样的口吻提出，档案与照片共同具有为未来保存一段过去时光的作用（2010:150）。档案的这种特性同样适用于贝歇夫妇毕生的计划。

他们的照片的标题，让观众了解到照片被拍下来的地点，强调了每一幅照片的类型学特征。这个问题在伊德瑞斯·卡恩的摄影作品《贝歇夫妇的每一座山墙边的房子》（every...Bernd & Hilla Becher Gable Sided House，2004年）（图注3.6）中变得复杂了，贝歇夫妇一个完整的作品系列被叠加而不是并置。这就意味着作为观众，我们正在观看现存的地点。此外，卡恩的作品唤起了我们对两类地点的地点记忆：我们已见过有这种类型的房屋的地方，以及贝歇夫妇照片中所描述的地方。但是根据自然界和人类世界提供信息和相互调节这一定义，地理学想象是怎么回事呢？这些被叠加的房子并没有成为山墙边的房子的"原型"或概括，因为卡恩强调了内在差异。他设法在一幅单张照片中展现了多样化的档案库，对拍摄贝歇夫妇作品系列的数字照片进行了轻微处理，以避免多层重叠导致的一团模糊。由于手法以及照片203×165厘米的巨大尺幅——这个尺寸接近贝歇夫妇展示系列作品各个组成部分的网格的尺寸——比起贝歇夫妇用网格来成系列展示的照片来，其中一些照片独特的细节更引起人们注意（维斯特杰斯特，2011年）。

我们在这一节的讨论已经指出，与那种把一幅照片仅仅描述成一个现存地点的踪迹的理论相反，迪曼德、司徒德/范·登·伯格、方库贝塔和卡恩等人的照片则把地点展现成仅仅是作为摄影中的地点而存在，人们只能在现实世界中找到踪迹而已。但是人们也许想知道，有关展现"被建构的地点"的照片的这一结论，是否也适用于展现（之前）存在的地点的照片。如果是这样，这就意味着福克斯·塔尔博特和贝歇夫妇的照片中所展现的地点，也同样像这样存在于影像当中，甚至在记录的过程中，人们只能在现实世界中找到这些地点的踪迹而已。

3.2 通过发散的复眼透视来考察单眼透视

把一个地点的单眼透视照片理解成"就在那个地方"，意味着人们能够想象用两只眼睛来观看一个三维的空间。尽管19世纪的一些摄影师迷恋于摄影中的双眼观看方式，但大部分20世纪的同行们不再进一步从事这类实验（参看本章最后一节"立体照片是作为二维影像的照片的延伸"）。就一个地点的空间体验而言，摄影师们似乎很少关心照相机的单眼观看方式以及现实世界的双眼观看方式之间的差异。

一个很有意思的例外是荷兰艺术家让·蒂波茨（Jan Dibbets），他在20世纪60年代晚期开始迷上了单眼透视的效果，自那时以来，他的摄影作品一直致力于对这个主题进行艺术研究。在他的早期实验作品中，例如《透视矫正》（*Perspective Correction*）系列（图注3.7），蒂波茨充分发挥了照相机所营造出的透视错觉。如果说我们能想象自己置身于拍摄地点的那个空间，我们为什么无法看出照片中的那个正方形其实是地板上的一个梯形呢？虽然人们很容易推断出，梯形其实是在地板上用胶带制作出来的，但那个方正的正方形却很难让人视而不见。这幅非常简单的照片也让观看者意识到，他们感觉照片中的场面和地板似乎是长方形的，虽然他们并没有实际看到长方形的场面和地板，除了对面的那堵墙之外。大卫·格林（David Green）把这幅照片迷人的视觉效果归纳如下：

> 在利用我们所知和我们实际感知之间的差异时，蒂波茨不仅让人们注意到摄影具有的欺骗能力；他暗示了摄影提供的"现实"本身就是有问题的。所以，照相机记录了一个无法被"看见"的梯形，而且展现了一个并不"存在"的正方形，真相既显而易见，又是隐藏的，证据既是可见的，从某些方面来讲又是不可见的。（1999[1996]:266）

虽然蒂波茨在20世纪60年代末和70年代初的摄影作品利用了摄影中单眼透视和中心线性透视的成果，但他随后的作品——本节稍后将讨论——则转向了对摄影中非正常透视的研究。首先，重要的是讨论一些"复眼透视"的例证，作为单眼透视视域的对应。俄罗斯人安德烈·莫纳斯特尔斯基（Andrei Monastyrski）的摄影装置《喷泉》（*Fountain*，2005年）（图注3.8）用一种非同寻常的方式让观众感受莫斯科的一个地点。把莫纳斯特尔斯基以装置形式对莫斯科德鲁日巴·纳洛托夫喷泉的摄影再现，同这座喷泉的单幅照片进行比较（不幸的是我们在本书中只能通过单眼视角的摄影效果来呈现莫纳斯特尔斯基的装置），与传统上对于一个地点的摄影记录的差异甚至更加明显。

在传统照片中（图注3.9），喷泉和几乎所有雕像可以从一个静止的位置和一定距离来观看，使空间扁平化了。莫纳斯特尔斯基从背后拍摄

129

121

了16个女性镀金雕像。喷泉上的每一个女性形象代表16个苏联加盟共和国之一，每个雕像都有不同的发式，拿着标志其所代表的加盟共和国文化特征的不同物件。莫纳斯特尔斯基的作品实际上是16幅照片组成的一幅全景照片。如果艺术家在一个观众可以进入的环形内墙上展示这些照片，他们也许能够从置身于中央的视角来观看喷泉。这件装置的内部空间是无法进入的。地板上覆盖了薄薄一层面粉。在几块展板的背后固定着一个水力发电站的叶片，所以几乎是看不见的。

莫纳斯特尔斯基的照片所呈现的效果令人困惑，令观看者思考照片如何使观众面对一个地点，让他们体验一个空间。在这种情形下，雕像的一系列照片和它们的展示形式则暗示了观众站在喷泉当中的同时，也在围着喷泉绕行。这样，在观看和围绕这个封闭的地点绕行时，人们实际上是从相反的方向，即从每一个雕像的角度来观看广场。此外，因为在一个圆形之外展示雕像背面的照片，雕像似乎凝视着喷泉中央。它们并不是凝视苏联的加盟共和国，而是凝视着空洞，使这一计划转而成为对曾经统一的加盟共和国目前已不复存在的一种反应（关于把喷泉雕像转化为"圆形监狱"的结果，参看本节结尾部分）。

数字照片处理软件使人们能够在单幅影像当中营造一个地点的多眼透视，而不是用一系列或者是在一张照片拼贴中拼接多张单眼透视照片。德国摄影家安德烈·古斯基（Andreas Gursky）在《法兰克福》（*Frankfurt*，2007年）（图注3.10）中，展现了一个地点的多眼透视视域，第一眼看去，就像是一个单眼透视场景。他通过数字手段把他拍摄这个机场出发大厅的特征的照片进行拼接，制作出这幅巨作。观众立刻就意识到，世界各地几乎无数目的地列表组成的航班信息无法同时被拍摄下来。照片中目的地列表实际上提供了差不多一整天的航班信息。这种全面的视域暗示了照片是从很远的距离拍下来的。令人吃惊的是航班信息的细节、背景中的桌子以及散布在整个大厅里的人物都非常锐利，似乎反映了摄影师的细致观察。这些细节促使观众靠近照片，仔细审视其片段，甚至从这幅5米长的照片前走过，仔细端详其中内容。于是观众就会发现，摄影师的视角显然同时随着观众的视角而改变。背景中前台被观看的视角，在整个照片中几乎是一样的。

虽然这张照片的标题让人们觉得可以在法兰克福机场找到这个大厅，但实际上在世界任何地方都能看得到。换句话说，这个出发大厅看起来像是一个"非场所"（non-place），人类学家马克·奥热（Marc Augé）的定义是某个具体的地点，其目的是穿行或消费，而不是被占用，几乎不会留下人们与其有关的任何踪迹（2008[1992]:73,89）。奥热提到机场、超市和旅馆都是非场所的典型例证，人们只是从那里经过而已。虽然古斯基的照片描绘了几组人物，但个体之间几乎没有任何交流。古斯基拼合的个体似乎向我们展现了奥热的告诫：非场所令人类的相互交流更显得多余了，激起了一种孤立和孤独的感觉（63,76）。

古斯基的复眼透视照片看起来像是建筑立面上的浮雕饰带一般扁平。事实上，这幅照片与所谓"照片合成"（Photosynth）的复眼透视数字摄影计划的目的相左。这项互联网计划在艺术界以外发起并进行着，利用的是在用户生成网站上已经在线的数十亿幅照片。"照片合成"这种计算机软件处理一幅照片，辨认"描述了已在影像中被识别的特征，如同DNA一般的轮廓"。"照片合成"将这一"影像DNA"匹配到具有类似特征的其他照片中。这样，它就能够把网上找到的有关某个场景的数千幅影像进行合成，按照所使用的照相机和镜头的不同视角来重叠，把现场所用的一次性相机、精密的单镜头反光照相机或其他任何照相机的成像组合起来（里奇，2009:121,123）。随着同一场景越来越多的图片上传到互联网上，"照片合成"软件将它们添加到三维组合当中，所以这个影像在不断地进化。

高科技"照片合成"的结果，可以从计算机屏幕前的一个静态视角下来观看，与莫纳斯特尔斯基和古斯基的照片相反，后者迫使观众不仅要移动眼睛和头，而且要绕行或从它们面前经过。另一种强迫观众沿不同方向转动眼睛和头部的方式，可以在让·蒂波茨在20世纪80年代以来的一件作品中（图注3.11）看到。在20世纪70年代末和80年代，这位艺术家继续探索和发挥照相机造成的透视错觉，但是他逐渐把自己的研究转向了照相机对一个地点的认知系统如何与人类通过转动眼睛和头部而对一个地点的认知联系起来。此外，他并不是着眼于从眼平高度来观看——就像下面主张的，全景摄影就是如此——而是强调对地板和天花板的感知。他并没有选择轻而易举的例证，而是显示出对交叉拱顶天花板（图注3.11）或有着复杂图案的地板的偏好。

蒂波茨20世纪80年代末的一幅表现窗户的照片，经过了裁切，并且装裱在涂有颜色的纸上，是从一个不同寻常的有利位置拍摄的非常简单的照片（图注3.12）。这些作品引发了摄影与空间和地点有关的特性的某些联想。如果摄影像绘画一样，成为通向世界的一扇窗子，按照一些关于摄影和绘画的本质的文章所言，但事实上还有一些文本否认了这一点（参看第一章和第五章）。在《韦扎塔的窗子》（*Wayzata Window*）中，被拍摄的窗户本身就是记录下来的世界，但不再充当一扇窗子。人们希望透过这里的窗子看过去，但永远也无法来到窗子的跟前。因此，这件作品呈现了一幅照片，但它永远不会成为通往这个世界的一扇窗子。摄影的另一个经常被提及的特征，就是一幅照片永远不可能是抽象的，但是人们可以把这种形式感知成一个平面的几何抽象形式，一个菱形，右侧有一些条纹。蒂波茨谈到抽象时说："塞尚创造了现实的抽

133 象，而蒙德里安创造了抽象的现实……而还有一种比塞尚和蒙德里安更高明的解决办法：证明现实就是抽象。"（引自韦尔哈根，2007:9）

解释这种形式的两种方式——既是真实的窗子，也是抽象的菱形——对于这幅照片中地点和空间的概念有何结果呢？作为一种单调抽象的菱形，它成了涂有（蓝色）水彩的托背纸的一部分。而作为一扇窗户，人们从某个角度来观看，托背纸看起来像是带透视的一堵涂了颜色的墙，一堵向后倾斜的墙（虽然水平的笔触让这一效果变得复杂了）。作品还呈现了一间屋子的内景。人们可以想象是站在那间屋子里。这件作品似乎成了一种"鸭子兔"的视觉游戏：人们可以看出其中一个或者另一个。但是，看到的是鸭子还是兔子，无论对于这个动物还是观看者的位置来说，并没有什么影响。蒂波茨的照片让我们做出选择：要么是在这件作品前，扁平的菱形在照片中的位置构成这个扁平外观的一部分，要么体验站在被拍摄的屋子里，很想透过一扇窗户看出去。

英国艺术家大卫·霍克尼（David Hockney）以一种类似但有所不同的方式，研究了拍摄一个地点所带来的挑战，按艺术家本人的说法，更多的是同观看某个特定地点的自然过程联系在一起。他在1983年出版的《论摄影》（*On Photography*）访谈中，解释了自己体验一个地点和空间的新方法，该书发表于苏珊·桑塔格的同名著作发表6年之后。他的探索得出了几个结论，以照片拼贴的形式形象地展现出来（图注3.13）。他的

三个主要结论分别是：我们从自身的中心点向外看世界，所以有一个发散的视角；意识到我们自身与对象之间的空间，在认知当中是至关重要的；我们并不是以同样的强度去观看所有细节。有些细节比其他细节吸引了更多、更持久的注意，而有些元素我们却完全忽略了。传统的（孤立的）照片与这些观察并不相符。就最后一个结论而言，霍克尼主张，如果摄影师把三四幅照片放在一起，我们就不得不把这个影像看上三四遍，于是我们意识到摄影师也看了三四次，而且每个画面都是从略微不同的视角来拍摄的（1985[1983]:11）。对于传统照片"是一扇窗子"的概念，他总结道，这也许意味着观看者用这种方式观看的位置与图片的基底之间的一种虚空感（void）："你也许认为，因为我们并没有看到它，所以地面又有什么要紧。相反，我们随时都非常小心谨慎地审视我们面前的地面；如果看不到地面，我们绝不会迈出一步。如果我们看到我们自身与世界之间一个黑暗的虚空，我们一定会驻足不前。"（10）

通过把很多不同的照片合成到一件作品当中，霍克尼的照片拼贴成为某种把他自己对某个三维地点的视觉体验的片段但连续的阶段加以重现的过程，而不仅仅是以一种客观的方式来记录整个地点。他的眼睛没有看到的地方，就没有照片。所以这些照片并非促使我们体验这些地点，就好像我们也在同一个地点。事实上，我们始终意识到，并不是我们在看这个地点，而是摄影师在这么做。虽然我们看到的每幅照片都是如此，但大部分照片试图让观众忘却摄影师的在场和位置。霍克尼甚至更进一步通过照片中自己的裤腿或鞋子的存在这种形式，强调了自己的在场。

美国艺术家肯尼斯·斯奈尔森（Kenneth Snelson）1989年在京都同一座禅院拍摄的一幅照片（图注3.14），使观众立刻就意识到了照相机对一个地点的凝视。换句话说，这幅照片以一种器械，一种带有不同于人类肉眼水晶体的镜头装置为前提，不如说是直接的个体感知或者摄影师逐步观看的过程。这幅照片是用一台霍尔切拉玛（Hulcherama）全景照相机拍摄的，这是斯奈尔森多年来使用的几种环转型照相机之一。这种照相机可以将观看的角度延伸到360度，但拍摄的对象严重变形。

在讨论不同的透视视角时，全景摄影因为感知的另一差异也变得非常有意思。全景照片可以从摄影师或观众的视角来感知，大致将其转化为一种对时间或地点的认知。马丁·范沃尔塞姆在博士论文中从摄影师

134

135

的角度讨论了全景摄影，特别是把它当作一个时间问题来对待，因为拍摄一幅全景照片涉及到随时间而发展的一个创作过程。不过，对照片进行分析和反思的理论家们倾向于把全景照片视为以360度的视角来对地点加以记录。这种解释同这个词的字面含义有直接关系，就像维克多·布尔金在《全景时代》（*The Time of the Panorama*）一文中解释的。他主张，"全景"（panorama）一词是18世纪末进入英语的，是从希腊文"全"（pan）和"景致"（horama）派生而来的新词，指的是"一种呈现了360度视野的地形学插图"（2009[2005]:294）。

为了解释自己对全景影像的喜好，布尔金说，很多来自不同文化和历史时期的影像，例如古希腊的雕花饰带、贝叶挂毯、日本屏风以及通过酒店老板和房地产经纪人在网上贴出的影像，都可以被视为是一种"全景"，理解成一种"分解"（decomposition）的状态（294,295）。通常意义上的构图是画面框取的必然结果，而对一个静止影像的全景式扫描则生成了一种反构图的画面；活动画面的内容处在一种永久的分解状态，这是不断的、数学上均一地透过一切可见之物的结果。作为一位对阐释照片感兴趣的摄影师和学者，布尔金显然把全景照片描述为既针对地点，也针对时间。

就像范沃尔塞姆一样，霍克尼在《论摄影》这本小册子中，主要从创作者的角度来谈摄影。所以他强调摄影师在一段时间里的观看过程。不过对于观看他的照片拼贴作品的观众来说，很难重现摄影师观看时的时间发展过程，就像观众很难体验迈布里奇的马在奔跑一样（参看第二章）。彼得·沃伦从某方面触及到了这一问题，他在《火与冰》一文中，提到芝诺悖论是一种动态错觉，不过不幸的是他对此并未详加论述。芝诺悖论来自于古代；5世纪前，希腊哲学家芝诺提出了飞矢的悖论，其实从理论上讲，飞矢并没有移动。把飞行过程切割成非常短的瞬间，放在背景前来感知，箭矢并不移动。理论上讲，飞行涉及到静止的箭矢在不同地点的倍增。

136

在全景摄影中，特别是南非摄影家米切尔·苏博斯基（Mikhael Subotzky）的作品中（图注3.15），人们并没有注意到照相机的移动。对观众来说，这显然涉及到移动的照相机这样一个芝诺悖论。通过特写记录，苏博斯基的360度全景照片让人想到了对地点的一种幽闭恐惧症式的体验，尽管照片都是以平整的影像，而不是环绕观众的环形，在墙面上来呈现。了解了纳尔逊·曼德拉（Nelson Mandela）曾在波尔斯莫监狱被关押过4年，照片所描绘的地点才会让大多数观众体会到更多意义，因为它以一种具象的方式把他们吸引到作品中。

用全景照片来展现监狱的这间牢房，确实有一定的意义，不单是对其视觉经验而言，也是对内容而言——如何看待人们被监禁的一个地点。在2007年的一次访谈里，苏博斯基提到了福柯所写的监狱中的全景式监视，讨论了社会中的权力关系，特别是观看与地点之间意味深远的关系（登伽，2007年，未发表）。福柯把监视者，即那些有权力的人所处的位置，与那些没有任何权力的人所处的位置加以对比。在《规训与惩罚》（*Discipline and Punish*，1975年）一书中，他采用了圆形监狱的模式，这是英国法理学家和社会改革者杰里米·边沁（Jeremy Bentham）18世纪发明的一种监狱模式，福柯以此作为现代"规训"社会的象征。福柯把圆形监狱模式描述成对一群人的瞭望塔：

> 四周是一个环形建筑，中心是一座瞭望塔。瞭望塔有一圈大窗户，对着环形建筑。环形建筑被分成许多小囚室，每个囚室都贯穿建筑物的横切面。各囚室都有两个窗户，一个对着里面，与塔的窗户相对，另一个对着外面，能使光亮从囚室的一端照到另一端。然后，所需要做的就是在中心瞭望塔安排一名监督者，在每个囚室里关进一个疯人或一个病人、一个罪犯、一个工人、一个学生。通过逆光效果，人们可以从瞭望塔与光源恰好相反的角度，观察四周囚室里被囚禁者的小人影。（1997[1975]:200）

137

的确，波尔斯莫监狱过度拥挤的囚室，与圆形监狱里每个囚室一名犯人的状况形成了鲜明对比，但囚犯们的全景视角使摄影师在照相机中的位置，类似于圆形监狱中心瞭望塔上那个奇特的监视者。另一个有趣的比较点，是苏博斯基呈现了从正面布光的囚犯，把他们展现为个体，而不是像圆形监狱那样，从外面来的光亮照亮囚犯，在监视者看来就像是无名的剪影。此外，与圆形监狱相反，囚犯可以看到苏博斯基，而他的全景照片把观看者也置于瞭望塔上监视者的位置："囚犯是被侦查的对象，而绝不是一个进行交流的主体"（福柯，1997[1975]:200）。人们可以在对福柯有关圆形监狱的描述和苏博斯基的囚室全景进行比较的基础上，把这个结论运用到观看者的位置以及其他很多照片中的被拍摄对象身上。此外，紧随福柯之后，维克多·布尔金声称，全景代表了对视觉固有的不连续性和不完整性的否定，而充满监视和控制的社会就是这一否定的阴暗面（2009[2005]:308）。布尔金指出，英国肖像画家罗伯特·巴克（Robert Barker）在1787年获得了全景画的专利权，而在这一年，杰里米·边沁写了一系列信件，阐明了自己的圆形监狱的理念（308）。

观看者作为全景摄影中监视的积极参与者的这一角色，在互动的数字化全景计划中甚至更加明显而强烈。参观澳大利亚多媒体艺术家杰弗里·肖（Jeffrey Shaw）的《地点：用户手册》（*Place: A User's Manual*，1995年）（图注3.16）的观众，是站在一个360度全景银幕中央的旋转平台上。平台包括了一台计算机、一台摄像机，一个麦克风，三台投射到银幕120度部分的投影机。录像机充当了交互用户界面。投影场景由一个圆筒组成，展示了用特制全景相机在澳大利亚、日本、拉帕尔马、巴厘、法国、德国等不同地点拍摄的11幅风景照片。计算机生成的风景中每一个虚拟全景圆筒，与投影银幕有着同样的高度和直径大小，所以当置身在这些图片的中央时，观众在屏幕上可以完全复原原来的360度照相机视角。利用操纵杆，人们可以慢慢从一个圆筒转向另一个，移动一张照片上的画面并且放大。麦克风采集到观众发出的任何声音，这控制着投影场景中滚动的三维立体文本的播映。这些文本引自不同的来源，提供了围绕地点和语言问题的一种话语。

按照媒体理论家马克·汉森（Mark Hansen）的说法，影像的虚拟空间在这类作品中从一种不带个人色彩的认知概念转化成为一种立刻就能被把握的、深刻的个人体验，主要是把你的身体当作一种界面（2006[2004]:48,53）。观众越发不再只是被动的观看者，而是能够在感知的基础上进行互动，这充分说明了虽然福柯强调了监视是一种权力工具，但计算机逐渐成为一种权力的文化能指（德鲁克利，1991:21）。观看肖的装置作品的观众通过指导观察（感知的奥秘）和计算机，从而获得了一种权力地位，但这只是一种外在的表象，因为实际上掌控一切的，是创造了这个游戏"坐标"的程序员/创作者。

观众作为积极的参与者，在波兰裔美国艺术家米罗斯拉夫·若嘉纳（Miroslaw Rogala）的装置作品《情人跳》（*Lovers Leap*）中实际上是更具体地参与进去，这是一件当代街头摄影的高科技案例，是同卢德格尔·霍维斯塔德（Ludger Hovestadt）和福特奥克萨尔（Ford Oxaal）一起合作完成的（图注3.17）。观众/用户——若嘉纳称之为（V）用户——置身在两块4×6米的银幕之间的装置中。银幕上的影像是用鱼眼镜头在芝加哥市中心北密歇根街大桥拍摄的两幅照片。通过软件，这两个分别为180度的场景营造出了一种360度的效果，处理成81个有关这一地点的不同视角，从标准的线性透视，到圆形透视。观众/用户被封闭在影像的古怪空间里，通过在装置里四处走动，从而与影像进行互动。带着装 139 有超声波跟踪设备的耳机，参与者在空间中的位置由附近连接到一台PC电脑上的接收器做出判断。当观众/用户靠近其中一台银幕时，影像就显得被拉近了。于是用户和影像中的地点彼此靠近。身体的动态也被安装在地板上的传感器所捕捉，触发了360度影像的变化，决定变化是突然的还是平缓的。81个坐标式外景与81个不同的视角相对应。若嘉纳声称，空间中的动作涉及身体，而视角的移动则是心理的建构。《情人跳》探索了动态，试图营造一个身体的（物理的）空间，成为心理过程的一种模式（1998:3，《我想要触及到话语。三件作品是互动体验的动态环境》 [*I wanted to touch the words. Three artworks as dynamic matrix of interactive experience*]，未发表）。

这件作品的标题同这种模式联系在一起。观众的控制同那些从牙买加《情人跳》里一段日常生活录像片段中随机挑选的偶然因素结合起来。若嘉纳认为情人的跳跃是从对他们之间关系的一种视角转化成为另一个全新视角（卢塞特，2009:168）。

就《情人跳》中互动的方面而言，若嘉纳主张，当观众/用户进入的时候，他们就意识到自己的动态或动作在改变着场景，但是他们不一定会意识到是如何发生的。这就意味着他们并不是真的在控制，而只是意 140 识到它们的复杂性。不论用户是否随即主动尝试与影像进行互动，若嘉纳联系到控制的策略，假设了主导的或从属的角色："很多人并没有赢得自己的权力。这在恋爱的时候也同样会发生。"（卢塞特，2009:169）

为了从理论上反思摄影的数字化如何在《情人跳》中得到应用，以及对观众的空间和地点感受所造成的后果，我们再次引用马克·汉森的话，他提出了对新媒体理论的一种有意思的另类观点，这种理论把新的电子媒体的感知描述成一种对去语境化信息的抽象的而非具体的体验。作为这一观点的例证，汉森提到了威廉·米切尔在《重组的眼睛》当中的阐述："数字成像系统遍布世界的网络，正迅速而悄无声息地把自己构建成为偏离中心的主体的重组的眼睛。"（1992:85）而文化理论家保罗·维希留（Paul Virilio）在《视觉机器》（Vision Machine）中，选择了在同一层面上把人类观察者视为视觉的机器（1995[1988]）。在当代新媒体艺术中，汉森注意到一种从主导的视觉中心主义审美到触觉审美的转变，其根源在于具体的情感作用（2006[2004]:12）。就像在今天的神经系统科学中一样，他使用了"具身化"（embodiment）一词：这同大脑的认知活动不可分割。此外，汉森使自己的观点立足于哲学家亨利·柏格森（Henri Bergson）的论述，即身体充当了某种过滤器，在周遭浩如烟海的影像世界中进行选择，并且是按照其自身的具身化能力，准确地说，选择那些与之相关的影像（3）。按汉森的说法，在最近几十年里，与数字化技术的出现有关，身体经历了某种能力赋予，因为它利用了自身固有的单一性（情绪和记忆），不是过滤预先构建的影像世界，实际上是"框定"（enframe）某些原本飘缈无形的东西（数字信息）（11）。此外，影像本身也成为一个过程，因此与身体的活动无法还原地结合在一起，按照列维·马诺维奇的话说，"新媒体改变了我们何为影像的概念——因为它们把观众变成了一个主动的用户"（汉森引用，2006[2004]:10）。汉森看出自己的观点通过维希留在《开放的天空》（Open Sky）中看法的转变而得到证实，在《视觉机器》的法文原版出版7年之后，该书于1995年用法文和英文出版。维希留并没有强调没有视觉的视觉机器的盲目性，而是提出了视而不见的权力就是一种用根本不同的方式来观看的权力（105）。

汉森随即主张，具身化的人类更像是计算机视觉机器，而不是光学照相机，通过揭示这一个事实，机械视觉与人类直觉在功能上的同构性（isomorphism）强调了影像建构的程序性。人们并不是像照相机那样，被动地把人的感知领域所包含的信息铭刻下来，而是通过人类大脑内在的规则建构起带透视的影像。不过人们必须牢记，人类的认知与计算机"认知"之间的这种同源性（homology）只不过是表面的。虽然人类的感知过

141

130

程和计算机的这一过程均涉及复杂的内部处理，而所涉及的处理类型则有更多差异：视觉机器只是计算数据，人类视觉则包含了身体/大脑的成就（107）。汉森的观点完全适用于若嘉纳的装置作品，他在《新媒体的新哲学》（*New Philosophy for New Media*）中复制并描述了这件作品。

最重要的是，这里讨论的全景摄影作品阐明了全景场景这一摄影技巧——部分是通过与福柯圆形监狱这一比喻的联系——可能为对某个地点的机械记录增添了政治内涵。这个结论对于本节开头讨论的莫纳斯特尔斯基对莫斯科街头喷泉复杂的摄影呈现有何意义呢？通过改变雕塑场景的方向，莫纳斯特尔斯基让观众意识到，喷泉曾象征性地充当了圆形监狱中的监视塔（在这种情况下，圆形监狱就是苏联加盟共和国），有一位不可见的监视者，但这种状况现在已改变了。问题在于，它变成了什么？重要的是，这件摄影装置作品促使观众的视角从喷泉的远景，转向了对这个既深入其中、又向外发散的地点空间的一种复杂感受：只有"主动"向这个地点的内部观看，人们才能在这个地点之外来观看。这岂不是在大多数照片中都发生过吗？只有透过观看一张照片中暗示出来的空间，逐渐融入所记录的地点中，人们才能体验到所记录（或建构）的（远在）那张照片之外的地点的一些踪迹。

这里讨论的摄影作品也把注意力吸引到摄影如何在最终的照片中对地点以及与观众对地点的视角之间"起着调节作用"。还有更多的地点可能是我们无法亲自造访的，但我们通过摄影的（或其他以镜头为基础的）视角看到了。案例分析中讨论的照片，让观众以极端的方式面对发散的、复眼式的视角，或变形的、有限的摄影空间，也让我们意识到，人类双眼视觉也提供了真实空间的有限而变形的视角，我们似乎很少意识得到这一点。

3.3 立体照片是作为二维影像的照片的延伸

一幅照片把一个三维空间表现成为一个扁平的影像，而不是一种立体的体验，这促使人们早在19世纪40年代就尝试从根本上改变这一劣势。立体照片（图注3.18）就是通过两幅二维单眼透视照片营造三维错觉的早期例证。它们涉及到双眼视觉的复制，意思就是复制人类用双眼来观看的方式。乔纳森·克拉里认为立体镜（stereoscope）是一个重要的文化场域，其中有形性和可视性之间的分歧是极为明显的（1990:19）。按照他的观点，立体镜的历史一直以来都被错误地与摄影混为一谈，因为它的观念结构及其发明的历史环境完全独立于摄影之外（118）。他主张，立体镜与19世纪初关于空间认知的争论密不可分（118,119）。空间是一种固有的形式，还是人出生后通过对各种线索的了解而认识到的某种东西？双眼像差，即每只眼睛看到的影像略微不同这一不言而喻的事实，是自古代以来早已为人熟知的现象。只是到了19世纪30年代，对于科学家们来说它才变得至关重要，他们把观看主体定义为本质上是双眼并用的，精确地量化了每只眼睛光轴的角度差，并且详细说明了像差的生理学基础。研究者们专注的问题是：假如一位观看者用每一只眼睛都感受到不同的影像，这些影像又是如何被体验成为单一的影像或一个整体呢？立体镜的发明人之一大卫·布儒斯特爵士（Sir David Brewster）证实了从来也没有真正意义上的立体影像——那只是一种魔法，一种观看者体验两个不同影像之间差异时产生的效果。克拉里从这一点得出结论，即阅读或扫视一幅立体影像，是光聚合的程度差异的积累，因此产生了一种单幅影像中不同强度的画面拼合在一起而形成

143 的知觉效果。眼睛随着起伏不定的路径深入其中：它是具有三维特性的局部区域的组合，这些区域有着幻觉般的清晰度，但是组合在一起的时候永远也无法合并成一个均匀（homogeneous）的场域（1990:125）。

　　无论两幅影像在大脑中究竟发生了什么，对我们来说，当我们透过立体镜来观看时，我们丧失了对照片尺寸的感觉，这可能仍然是一种惊人的体验。就像在立体照片中一样，把现实世界的人造影像与某种程度上对世界的真实体验混淆起来，当代这种做法事实上就是虚拟现实的体验。当观看者或"用户"带上头盔和手套时，他就体验到自己成为虚拟的三维世界的一部分。按照马克·汉森的话说，虚拟现实并不是计算机影像技术进步的简单产物，而是以人类的生物学潜能为基础的人体/大脑的成就（2006[2004]:xxiv）。威廉·米切尔讨论了电脑影像的先驱伊万·苏泽兰（Ivan E. Sutherland）利用虚拟现实的早期实验之一，引用了苏泽兰的《头盔式三维立体显示》（*A Head-Mounted Three-Dimensional Display*，1968年）一文：

三维显示背后的基本观念，就是为用户展示一个随他的移动而变化的带有透视的影像……于是我们如果让两个合适的二维影像投射到观看者的视网膜上，我们就能创造一种错觉，好像他在观看一个三维的物体。虽然立体的呈现对于三维错觉来说十分重要，但其重要性次于观众移动头部时影像所发生的变化。三维显示所呈现的影像，必须准确地随真实物体的影像依头部的类似运动而变化的方式来变化。（1992:79）

不过在这一节里，我们主要要讨论那些对作为二维影像的照片提出质疑的模拟照片。这一节中所提及的照片的立体外观，是由于照片中与观众的位置结合在一起的地点所形成的暗示而导致的，或者是被转化成为一个三维对象的结果。

本章第一部分讨论了迪曼用自制卡纸模型所拍的照片。观众最终面对着一幅被建构出来的三维场所的照片，让人联想到荷兰艺术家康斯坦·纽文赫斯（Constant Nieuwenhuys）的《新巴比伦》（*New Babylon*）计划中的呈现，他从1956年到1976年就一直在进行这一计划。地点和空间体验方面一个有意思的区别就在于，康斯坦把未来城市的模型和这些模型的特写照片并置在一起来呈现（图注3.19）。按照建筑学家和理论家马克·威格利（Mark Wigley）的说法，影像用于把观众的注意力从模型的物理特性转移到模型中的空间体验上（1998:52）。小尺寸模型 144 和照片并置的结果，就是观众意识到只有照片能够唤起进入这个地点的联想，而且激起了置身于那个地点的想象（维斯特杰斯特，2009:101-108）。于是观众在一定程度上把照片中的地点体验成比等比例模型更"真实"的空间。对照片和模型当中同一地点的不同体验，对于观众在那一地点的判断也非常重要。在几次讲座和几篇文章中，康斯坦强调了迷失方向原则的重要意义。"迷路不再有那种迷失方向的负面感觉，而是更积极地寻找出路的感觉"（1974[1973]:65）。这种迷路感在观看模型的特写照片时，比从远处观看模型这种小物件更容易体会到，后者让人有一种"掌控整个地点"的感觉。

康斯坦在这方面表达了自己对动态迷宫（dynamic labyrinths）的喜好，因为缺少直接的路径和固定的线路，这种迷宫不同于传统的迷宫。

等比例模型看似细小的可望而不可及的物品，因此只能在照片中被体验成动态迷宫。从某个方面来讲，米歇尔·福柯对"异托邦"的定义在这一点上非常适合。福柯描述了异托邦是一个既真实又不真实，或者可以抵达但又可望而不可及的地点。它可能是一个重要的、神圣的或者禁入的地点，或者是各种地点之外的一个地点，即便人们可以指出它在现实中的所在。因为这些地点完全不同于它们所反映或谈论的场所，而且与乌托邦相对立，福柯把它们称作异托邦（1986[1967]:22-27）。以康斯坦为例，我们可以得出结论，特别是通过将等比例模型和特写照片并置起来，他营造了一种异托邦的视觉印象。

从本书所讨论的各种摄影理论的角度出发，在《新巴比伦》的这些照片中，经常被提及的照片的置换——它们指向了别处和过去——已145 经改变了，这一点非常有意思。这个计划归根结底是关于类似进入和体验当下等比例模型中的空间，而这个空间只有在未来才可以进入。恰好从我们21世纪的视角来看，《新巴比伦》的呈现看起来非常熟悉。今天的地产商展示用电脑生成的尚未建成的建筑物的影像。游客甚至可以虚拟地在这些数字模型中间漫步。当下这种用视觉呈现未来地点的努力，使一切都变得非常有趣了：迪曼用视觉呈现的地点仅仅被认为是新闻照片，而他的模型也将仅仅作为被拍摄的地点而存在。如果说一方面他的照片中实物大小的尺寸让模型不自然的外观显得更明显，那么另一方面人们仍然是在观看实物原本的大小，这种体验我们在本节开头讨论立体照片和虚拟现实时曾经提及。

根据我们对建筑、雕塑和绘画的经验，我们都知道尺寸影响着认知。一座小教堂和一座中世纪大教堂极高的天花板也许在一本书或旅游指南里的复制品上看不出多大差别，但是在现实生活的经验中，我们的身体充当了参照物。可以肯定，建筑师、雕塑家和画家在设计作品时，充分意识到了人的比例。直到近些年，摄影师们才意识到了人类的双手，爱护、挑选、指着照片，并把它们呈现给他人。

就实物尺寸和观看者的身体作为其自己的参考尺度而言，意大利艺术家米开朗基罗·皮斯特莱托（Michelangelo Pistoletto）的照片《彩色的玛利亚》（*Maria a Colori*，1962/1993年）是一件非常有趣的视觉习作。它呈现了一个女人真人大小的照片（图注3.20）。身临其境的效果又因为将这个女人从照片中剪下来，把剪切的部分贴在一面镜子上而得到了强化，镜子实际上是一个反光的、高度抛光的金属表面。

进入展厅时，人们的第一印象是有一个服务人员坐在那里。这种困惑让人想到了维克多·布尔金在《思考摄影》（*Thinking Photography*）一书中对照片特征的描述。"三个人在一起的一张合影，在现实中也许包含了一种生活模式，一个二维的被剪切下来的轮廓，一尊蜡像。实际置身于这样一个组合前，我很快因为他们曾经的样貌认出了他们。而我对被拍摄下来的这群人的认知，并没有这样的确定性相伴而生。"（1982[1975]:61）布尔金的例子针对的是照片中呈现的三个"人"。在皮斯特莱托的作品中，人物轮廓似乎给人留下了不同样貌的印象。从远处看，《彩色的玛利亚》似乎是展厅里一个真实的女人。稍稍靠近一些时，它显然是一个坐在房间里的女人的照片。只有在近距离观看时，显然皮斯特莱托把一个女人的照片转化成为一个二维的、被剪切下来的形象，人们在女人影像的旁边看见了自己的镜像，这个形象的扁平性甚至变得更加显著。与布尔金相一致，这三个相继的印象，从三维到平面，证明了一张照片能够激起的困惑。

问题在于人们在皮斯特莱托的"照片"中观看的是哪个位置。照片中镜像的部分其实是此时此地展厅的镜像。但女人是坐在哪里呢？因为她的照片是从背景中剪下来的，所以再也没有任何原本所在位置的迹象（维斯特杰斯特，2009:108-112）。皮斯特莱托的剪切照片中女人所处的位置，可以按照菲利普·杜布瓦在描述所有照片的特征时所说的，称作"切入空间之中的动作"的直接结果，因为与画家相反，摄影师一直都是用一把刀在空间与时间里创作（1998[1990]:157,175,209）。杜波瓦确定了切入空间的动作的4类理论结果：对于所参照的空间（某物被去除的空间）、被表现的空间（照片所指向的空间）、再现的空间（照片中）以及（观看者的）地形学空间。第二和第三个结果构成了"照片的空间"。第一个和最后一个则意味着这张照片的一种外在关系。杜布瓦主张，每张照片都是对4个类型的表述，四者都以这种或那种方式同地形学一词联系在一起。一般而言，他对地形学做了这样的描述：作为垂直于地面的直立生物，人意识到自己的身体存在于这个世界。对我们自身存在的这种空间定义，在观看一幅照片时发挥着作用，于是皮斯特莱托的

《彩色的玛利亚》这幅照片中女人究竟坐在哪里的问题，可以用杜布瓦所归纳的剪切空间的4个结果来回答。

　　为了定义皮斯特莱托作品中的地点概念，我们也可以利用人文地理学家们提出的有关地点的定义。多林·梅西（Doreen Massey）的文章尤其适用于这个目的。梅西批判了一些学者，他们仅仅按照具体的地点来定义地点，利用地点的基本概念，把对地点的感觉同记忆、静止和怀旧联系起来。通过4个主要特征，她根据是谁或什么构成了地点以及地点作为一个汇聚场所（meeting-place）的问题，重新定义了地点；事实上，她把地点定义成一个社会性的空间（2005[1994]:119）。就这方面而言，蒂姆·克雷斯威尔论述说，20世纪70年代以来贯穿人文地理学的空间与地点的这种基本的二元论，一定程度上被社会性空间——或者说社会生产的空间——的概念所混淆了，后者从很多方面来讲，发挥着和地点一样的作用（2004:10）。

　　按照梅西的说法，地点的第一个特征，就是地点可以按照它们联系在一起的社会的相互作用而予以概念化（2005[1994]:137,155）。第二个特征就是任何地点的特性的构建，并不是通过在它周围设立界限，通过与之外其他地点的对立位置来确定其身份，而是通过与那一"外在的"（beyond）关系和相互联系混杂在一起的特殊性而构建起来的（155,169,170）。梅西有关地点的第三个相互联系的特征，就是地点并没有单一的、独一无二的身份；它们充满了内在的冲突。她的第四个标准则清楚地阐明了前者当中没有任何一个否定了地点，或者地点的独特性所具有的重要意义（155,168）。地点的特征来自于一个事实，即每个地点都是更广泛的、更本地化的社会关系明显融合的核心。任何一个个别地点的特殊之处，部分是由于在那一场所发生（而且在其他任何地方都不会以完全相同的方式发生）的相互作用的特殊性而形成的。梅西对于地点的评判标准清楚地说明，皮斯特莱托作品中的地点，首先是一个由观众以及作为照片的玛利亚之间的复杂关系所构成的社会空间。

　　皮斯特莱托从20世纪60年代开始，用剪切照片来进行实验，而当时艺术家们以雕塑的名义寻求适应一种越发混杂的物品汇集，抵制任何简单的实物感，这似乎并不是巧合。究竟什么才算是雕塑，这一点变得越发不确定了。罗萨琳·克劳斯甚至主张，作为这类发展的结果，雕塑可能不再是通过"它究竟是什么"，而是"它不是什么"来定义了

（1985[1979]:276-290）。

截至目前所讨论的技巧——立体镜、虚拟现实和剪切照片——都暗示了三维立体性，而并非立体的对象。接下来的例证展现了二维照片之所以成为三维，是因为利用照片来营造三维物体，制作一幅摄影作品的一幅"立体照片"（spatial print），或者使照片成为立体物品上的一个寄生物而变得立体，从而成为三维立体的。

前面讨论的装置作品《湖》（图注3.5）当中的三维岩石，是由打印在聚氯乙烯板上并组装成立体物体的数字影像组成的，这些影像是计算机生成的表现岩石表面肌理的影像。人们也许想知道，把以数字影像作为摄影表皮的岩石称作立体照片是否正确。这个物体很难说看上去像我们通常所谓的照片。在这个方面，德国摄影师伯恩·哈尔布赫尔（Bernd Halbherr）2009年创作的《韩式房间》（Hanok）（图注3.21）则表明，一张看似模拟照片的数码照片，可以成为实体的三维形式。

数字照片装裱在一个球体的表面，从不同方向展现了一个传统韩式宫殿的360度室内场景，而不仅仅是前面讨论的全景照片中的所有墙壁。于是，观看者可以从不同视角来感知这个地点。令人吃惊的是，人们不仅证实了看起来这个球体像是安放在一个室内的镜面球体，而且还体验到可以从光学意义上进入这个球体，从里面来感受宫殿的内景。此外还有另一种反向在发挥作用：为了看到天花板，人们就必须向下俯看球体；而要看到地板，人们就必须从一个较低的角度来看球体。这张照片就像是一面镜子。为了在面前的镜子中看到某个具体的东西，人们实际上必须背对这个东西（第五章）。这就解释了哈布尔赫尔的球体为何第一眼看上去显得很熟悉，就像是一个室内的镜面球体一样。

照片要成为立体的，也可以参与到立体作品或功能性物品的三维特性当中。一些艺术家把照片融入到立体装配（参看巴钦，2000年）或装置艺术中，例如法国艺术家安妮特·麦莎吉尔（Annette Messager）（维斯特杰斯特，2009年）。还有人让照片成为三维物体的寄生物。显著的例证就是克尔基斯多夫·沃蒂兹科（Krzysztof Wodiczko）在建筑物和纪念碑上的户外幻灯投影。

沃蒂兹科是一位在美国生活和工作的波兰艺术家，他在城市里现有的纪念碑和建筑物上放映幻灯片。这就使得他的投影成为这些"现成物"上面的寄生物。1986年，沃蒂兹科把一张黑暗寒冷的夜晚坐在垃圾当中的无家可归者的幻灯片，在夜晚投映到波士顿的战争纪念碑上（图注3.22）。这就意味着在这段时间里，纪念碑这个白天占据街道的人群的社会符号，转化成为城市夜生活的符号（因为幻灯投影只有在晚上才可以看到）。在另一个室外幻灯投影项目《斯高沙高塔，哈利法克斯的美国电报电话公司建筑》（*Scotia Tower, an AT & T building, Halifax*, 1981年）中，沃蒂兹科展现了一个商人紧绷的臂膀。这个投影使这幢办公大楼墙壁背后那股不可见的力量凸现出来。在前一个例子中，沃蒂兹科实际上展现了黑暗中的生命，而在这里，他则呈现了具象地存在于黑暗中的东西：力量以及隐藏未现的活动。

通过公共空间中纪念碑和建筑物上的大尺寸投影，沃蒂兹科揭露了潜藏在对这个城市的日常解读和体验背后的意识形态的复杂性。沃蒂兹科的视觉手法在于，他实际上是用摄影来把一个熟悉的影像置换到带有另一熟悉影像的另一个地点。地点的变化构成了这些作品的意义。一方面，投影把一个"新的"地点添加到现有的地点上，为这个"殖民化的"地点增添了新的意义。另一方面，投影并不是固定在一个永久的支撑物上，这就类似没有固定居所的无家可归者以及穿梭于国际化网络的商人的处境。

城市地理学家罗莎琳·多伊奇（Rosalyn Deutsche）在《克尔基斯多夫·沃蒂兹科的无家可归者投影与城市"新生"的现场》（*Krzrysztof Wodiczko's Homeless Projection and the Site of Urban 'Revitalization'*）一文中，通过援引福柯的《规训与惩罚》，强调了投影和无家可归者的处境之间的关系。"在规训机制的背后，可以看到挥之不去的'传染病'、瘟疫、造反、犯罪、流亡、遭弃还有那些在错乱中生或死、出现或消失的人们的记忆"（1986:87）。多伊奇提出，观众将自己对权力纪念碑的联想意义投射到沃蒂兹科的投影上，这也就是她为何把对作品的理解称之为"投影之上的投射"（92）。

沃蒂兹科作品中地点的另一个有意思的方面，是蒂姆·克雷斯威尔的所谓"地点错置"（anachorism）。我们有一个术语表示一个事物出现在错误的时间——不合时宜（anachronism），克雷斯威尔发明了"地点错置"这个词来表示一个事物出现在错误的地点。当人、物和活动被视为"不得其所"（out of place）时，它们往往被描述成污染或污秽。他参考了人类学家玛丽·道格拉斯（Mary Douglas，1966）的说法，后者把污秽定义成"不得其所之物"（克雷斯威尔，2004:103）。不得其所有赖于预先存在某种分类系统。某个地点现有的意义与活动越是清楚，违背与这一地点相伴的预期就越发容易。这一主张尤其适用于沃蒂兹科所利用的战争纪念碑这个地点。根据克雷斯威尔的论断，这些创造地点的各种举动的政治性或有争议的本质变得无可置疑（122），这一主张是非常可靠的。对这种"地点政治学"（politics of place）的研究，是地理学研究的一个重要组成部分。事实上，对于在人类生活中的基本作用而言，地点就是这样一个争论的重要现场——特别是对于这样一个概念而言，即我们人类无法回避置身于某个地点。地点在人类生活中这一无法避免的地位，使它转而成为政治的一个非常重要的目标。

与沃蒂兹科通过视觉化把注意力吸引到局部问题上来的投影作品相反，美国摄影师西蒙·埃迪（Shimon Attie）考察了"地点政治学"，在《墙面上的字迹》（*The Writing on the Wall*，1991-1993年）系列中，把历史转换到了当下。在柏林军械库——之前是一座营地——的墙面上，埃迪把用大屠杀之前犹太居民和店铺的照片制作的幻灯片投影到这些照片当初被拍下来的地点（或者有时候是在附近）。然后他再把现场拍下来。如果说沃蒂兹科强调了幻灯的几个基本特征——只有在夜晚时才能看到，无形的，临时的——那么埃迪最终的照片首先似乎揭示了观看一幅现实生活的照片和一段投影照片之间几乎没什么区别。更仔细地观察，人们会体验到作为幻灯片的非物质性的结果，寄生物的载体仍是可见的，让观众意识到建筑物目前荒废的现状，这和同一地区犹太人生活的实际缺席是一致的。

这显然是一种社会批判的举动，把置身垃圾中的无家可归者的照片在波士顿市中心的战争纪念碑上呈现出来，或者是把一个消失了的犹太店铺的照片投射到战后柏林的一堵实墙上。沃蒂兹科和埃迪以这种方式证明，摄影往往为对社会的批判性评论提供了实实在在的机会——这是摄影的一个重要方面，也是本书第四章的重点。

临近本章的结尾，我们得出的结论是，来自人文地理学和哲学的有关地点和空间的定义，加深了我们对摄影解决地点和空间问题的不同方式的理解。例如，我们的案例分析强调了摄影可以唤起对地点和空间的一种矛盾体验，这个方面可以同第二章中所讨论的在场/缺席的悖论相比较。在这一章里，这个悖论特别适用于现实生活中存在的地点与空间的在场和缺席之间的矛盾关系。我们倾向于把一幅照片中的地点认知成是真实的，但这个地点在现实生活中是缺席的；在现实生活中找到的，只是它的踪迹，而且往往是不确定的。与此同时，我们也在一幅照片中体验到了"空间"，纵使我们知道一幅照片是扁平的，甚至在幻灯播放的时候是无形的。此外，我们也注意到暗含的在场以及一幅照片之外的世界的重要性，经过框取而被摒弃了。不过在场与缺席之间的矛盾关系不仅仅适用于照片和观众。它也同摄影师所处的位置有关，他在一幅照片中既是在场的，也是缺席的（这个问题将在第五章中讨论）。这种在场/缺席的悖论有助于我们不仅用更多的方式，而且在更多照片中来理解地点与空间。

第四章　摄影的社会功能：纪实摄影的遗产

20世纪70年代观念艺术当中对社会批判的蓬勃发展，使年轻视觉艺术家们把摄影融入其实践活动的迫切愿望与日俱增，这有赖于之前十年把摄影作为一种艺术媒介来进行的早期实验。今天，很多艺术家都把摄影当作对各种社会问题进行批判性评论的工具，同时也在这一媒介由来已久的纪录文献应用的传统中寻找灵感。摄影中的这一传统包括了新闻摄影、艺术、教育、政治、社会学和历史学等诸多方面。按照凯伦·贝克尔·奥恩（Karen Becker Ohrn）的说法，纪实摄影从根本上被认为有着"制作一张精美照片之外的目的"。纪实摄影师们的意图是社会调查，而且一心指望"为社会变革开辟道路"（威尔斯，2009[1996]:69）。纪实摄影在20世纪30年代后期达到全盛期，其根源在于那种着眼于"结构上的不公正，往往激起积极反应"的摄影实践（罗斯勒，2005[1999/2001]:221）。

在20世纪60年代后期，纪实摄影进入了美术馆，在那里被奉为一种现代主义艺术。很多照片原本完全并不是为了成为艺术，而是为了艺术市场而被重新挖掘出来，寻求一种形式主义的认可，可以当作艺术品来出售。在纽约现代艺术博物馆决定建立独立的摄影部这类举措的感召之下，纪实摄影作品开始服务于"鉴赏"的传统观念（所罗门—戈多，1982:175）。结果，纪实摄影丧失了其原本在美术馆和画廊背景之外所具有的那种必不可少的社会功能。不过，在20世纪70年代早期，一代年轻艺术家们开始明白机构对纪实摄影方式的神圣化，这种方式本来是摄影的社会批判潜力的具体体现。他们开始重新思考摄影影像的这一重要功能，这次是作为视觉艺术，而且往往伴之以理论阐述。

长久以来，人们普遍期望纪实影像直接取自于生活。这是一种至关重要的情感，就像我们在第一章中已经指出的，即便我们很大程度上忽略了纪实摄影所记录的问题的社会含义。在本章当中，这类问题成为我们的核心话题。从讨论作为具有对抗性的当代审美模式的纪实摄影遗产出发，我们结合重要的作者来重新思考摄影中的真实性与客观性。本章进一步探讨了这一媒介具有的清楚表述当下根本上民主化的政治诉求的能力，从而广泛地着眼于影像与文本之间的关系，这对于用摄影来创作的这种方式而言至关重要。在第三节当中，我们提出了一些理论上的争论，主要与摄影在当今的再现政治中所具有的重要作用，以及根据其功能化的潜力把照片表现为社会变革工具的政治影响力。最后，这一章还探讨了当下对摄影的商业模式的批判态度，特别是广告摄影和时尚摄影。

本章所关注的问题，不仅是行为艺术的蓬勃发展对纪实摄影中现场摆拍所造成的影响，还有数字技术的可能性带来的影响，这一影响对于纪实摄影传统在视觉艺术中的来生而言多么关键——或者说令人不安的。在讨论这些问题时，我们考察了纪实摄影的传统分类——例如新闻摄影、报道摄影和战争摄影——以及两个最常见的主题：贫困与劳动力。这就意味着对肖像的社会重要性的关注，成为本章中反复出现的主题，与第一章中强调把肖像作为一种画意类型形成了鲜明的对比。本章所讨论的艺术家们都在重要的历史例证和反例中找到了自己创作的基础，我们通过对20世纪70年代最具代表性的艺术家的理论和摄影作品的讨论，从历史的角度把它们联系起来。我们还关注了它们之后的、更晚些的文论与影像。这就使得人们可以洞悉这些艺术家是如何一直对年轻一代当代摄影师们的著作或作品起着至关重要的作用。

4.1 "格格不入的摄影"

在1976年至1978年间写成的题为《废除现代主义，重塑纪实摄影：论再现的政治学》（*Dismantling Modernism, Reinventing Documentary. Notes on the Politics of Representation*）这篇具有深远影响的文章中，艾伦·塞库拉以抗拒的举动来认同当时纪实摄影的当代形式，"最终目的旨在社会主义变革的抵抗"（1999[1984]:138）。早在20世纪70年代初，这些重要的参与者，其中最著名的是塞库拉和当时的玛莎·罗斯勒和维克多·布尔金等摄影师们，就投身于激进的摄影理论，与左派的文化政见结盟。大卫·格林是这些发展变化的重要阐释者，他主张，与历史上的纪实摄影先驱们相反，这些艺术家选择了"在艺术领域里创作，也就是说在机构的和不着边际的体系内进行创作，传统上左派思想斥之为'精英主义'，而且丢给了它在政治上和意识形态上的对手们"（格林和爱德华

154

142

兹，1987:30）。因此，他们的抗拒除了解决社会上的紧迫问题之外，也始终旨在引发有关当下艺术体系内在运行机制的大辩论。

这种批判态度与他们的观点密切联系在一起，即我们必须理解权力在艺术领域发挥作用的各种形式，才能有效地抗拒。紧随观念主义之后，他们的批判直指美国现代主义的形式主义美学理论及其对"艺术与政治，艺术与任何形式的社会知识之间严格区分"的重要意义的强调（格林与爱德华兹，1987:31）。在20世纪70年代，激进的摄影师们主张，摄影与绘画不同，能够更有效地抗拒艺术品融入到成为商品的状态。因为这种看法已经被证明至少部分是不真实的，激进艺术家们如今倾向于把自己的作品定位于与图片或画面中的摄影审美语言进行一场批判性对话，就像第一章中所讨论的那样。

此外，这些重要的艺术家们还提出了一个迫切的问题，即一般说来摄影影像能够在多大程度上服务于抗拒社会中的权力模式。根据米切尔·福柯影响深远的论断，即"我们谈话和思考方式"的真理效应，是由社会中的权力机制对我们的行为施加的影响来决定的（布尔金，1982[1980]:214），他们随即发展出一种摄影实践和作品，正如维克多·布尔金在一篇重要的文章中所主张的，"在艺术（和）摄影的机制之内，培育起一种新的政治化形式"（215）。他们这么做是希望自己的作品至少在遇见并看到这些作品的个体的内心引起共鸣，即便不是整个社会。布尔金说，这样的做法背离了前提，即"意义不断地从影像中被置换成与其交叉并包含的那种不相干的结构"（215,216）。因此，他们追随沃尔特·本雅明，相信任何政治化的艺术举动都应该竭力抵制具有危害性的、占主导地位的不相干机制，设法相对于所质疑的不相干结构而成为"彻底不相干的"（pan-discursive）（216）。

正如布尔金所澄清的，培养"彻底不相干"的观念，对于本雅明来 155 说就意味着"现有的主体地位的权力下放"（216）。在一个最基本的层面上，就像本雅明在他的里程碑式的文章《作为生产者的作者》（*The Author as Producer*）——写成于1934年，但仅在死后才发表——中的阐述，这就意味着摄影师应该力求给自己的照片一个说明，"这种说明能使照片从'流行的损耗'（modish commerce）中抢救出来，并赋予它革命性的使用价值"（2008[1977]:87）。或者更强硬的是，作家自己就应该"照相"（87），本章所讨论的很多艺术家，都拥护本雅明的这一观点。他们都拥有一个信念：只有"作为生产者的作者"才能够破除专业化的藩篱，因为它阻碍了知识生产的某些创造过程。因此他们更多地从事批判著述，就像他们接受现代技术一样。他们渴望创造一种审美，他们相信，这种审美从某种程度上应该具备了为社会变革的目的而介入政治进程的潜力。通常，这两种抗拒的策略——即微观层面上占主导的以市场为导向的艺术体制，以及宏观层面上一般社会的权力机制——密切联系在一起。

按照纪实摄影这个术语最严格的定义来说，今天从事纪实摄影就是继续"抗拒已经成功地使摄影成为高雅艺术的行动"（塞库拉，1999[1984]:124）。因此，艾伦·塞库拉把自己的早期著作和摄影作品集称作《格格不入的摄影》（*Photography Against the Grain*，1984年），这是一句取自沃尔特·本雅明的名言。塞库拉主张一种"让人想起本雅明的论断的艺术，即'没有一部关于文明的记录不同时也是关于野蛮的记录'"（138）。本雅明让读者懂得了，人们永远不应该不加批判地把一幅照片当作具有无可置疑的历史价值的记录。针对文明和野蛮，就像他在《历史哲学论纲》（*Theses on the Philosotphy of History*）——完成于1940年，但是10年后才出版——中所主张的，"文明的记载没有摆脱野蛮，它由一个主人到另一个主人的流传方式也被暴力败坏了"。他认为，就像塞库拉所认同的，历史唯物主义者的使命，是"同历史保持一种格格不入的关系"（1969[1950]:256,257）。

遵照本雅明对成为生产者的作者提出的要求，塞库拉把本雅明赋予历史书写者的使命，转化到摄影师的计划当中。回想起德国革命哲学家卡尔·马克思，他设想了写作或摄影中的一种"实践"（praxis），积极反抗"针对人类身体、环境以及劳动人民掌握自己生活的能力的暴力行为"（1999[1984]:138）。这一计划的一部分，涉及到规避在画廊墙面上那种孤立的、缺少图片说明的照片。在与弗里斯·吉尔斯伯格（Frits Gierstberg）的对话中，塞库拉尖锐地提出了他对所谓"令人感伤的画面"的厌恶（吉尔斯伯格，1998:3）。在他看来，一幅图片不应该仅仅依赖于图片说明。任何与这幅图片相关的文本，不应该"像奥兹大帝一样在幕后"进行控制。塞库拉主张，出现这种情形的时候，图片只留给严格区分的、艺术批评的领域里的文本话语。它所招致的危险不只是掩盖了围绕着它的更广泛的结构性话语，而且掩盖了它在其中发挥作用的更大的背景。为了面对这一危险，塞库拉主张，不必担心运用"'鄙俗的'、'不纯粹'的形式，例如幻灯放映"（1999[1984]:134）。

塞库拉的《无题幻灯片段》（*Untitled Slide Sequence*, 1972年）（图注4.1）就是重要的例证。它由75张35毫米黑白幻灯片组成，更准确地说，是25张图片的3套副本，以13秒的间隔来放映。观看整个作品需要花17分20秒。这让人们想到了卢米埃尔兄弟的《离开卢米埃尔工厂的工人们》（*Workers Leaving The Lumière Factory*, 1895年），而塞库拉作品的主题是针对1972年2月17日结束了白班的工人，他们正登上通往加州圣迭戈通用动力公司康瓦尔分公司这家航空企业出口通道的大型步行梯（1999[1984]:35,255）。塞库拉用一卷黑白正片拍摄了这家航空企业的工作场所。就像其中第25张幻灯片所显示的，这个系列戛然而止，艺术家受到警卫盘查，后者强迫他停止拍摄。因此，这幅图片象征性地证实了多年来很多致力于政治目的的纪实摄影师们创作作品时不得不身处的那种境遇——擅自越界，以便在胶片上捕捉到潜在的具有爆炸性的社会问题。

第9幅幻灯片（图注4.1a）也是一个充分的例证，表明塞库拉在 157 "某种'相术学'（physiognomic）基础上"挑选底片时那种审慎的选择（1999[1984]:241）。工厂里的所有工人，无论从哪个层面来讲都是被雇佣的——"机械师、装配工、经理、领班、工程师、办公室文员"（241）——都需要跨越这座立交桥，他们中间毫无差别。所有人一天结束后都同样疲惫，即便根据他们的工作而言更多的是身体上或心理上的。塞库拉于是能够用一种划一的、瞬间的姿态来对待他们，就像人类都在同一个层面上被呈现出来，在触及到他们纯粹的人性时毫无距离感。塞库拉选择用这种方式来刻画工人，刻画他们作为从生产空间跨越到消费空间的群体和个体的集体活动，使得他的作品成为纪实摄影传统中的一个重要趋势。他把多萝西娅·兰格在第二次世界大战时拍摄里士满和奥克兰船厂工人的照片作为重要的参考。

正如玛莎·罗斯勒所指出的，在20世纪70年代这一刻，纪实摄影的传统大体上一直弥漫它自身的那种"相术学的谬见"（physiognomic fallacy）。她的意思是指"从影像中识别出一张有性格的面孔，一种以身体为核心的本质论"（2005[1999/2001]:221）。就像阿里拉·阿苏雷（Ariella Azoulay）主张的，有太多照片是"用错误的用户手册"来处理的（2008:14）。她断言，我们学会了观看照片，以便能够立刻辨认出其主题，唯一的意图就是通过使它有别于我们自身的举动来稳定我们的所见，从而使其变得无害。《无题幻灯系列》慎重地提出了这一问题，是试图走出纪实摄影刻画人物的绝境而努力迈出的第一步。就像本章稍后讨论的，罗斯勒也在自己的摄影著作中充分地阐述了这一僵局。今天更普遍地来讲，人物肖像和面部识别的问题仍然是纪实摄影作品的核心。

法国摄影师布鲁诺·萨拉朗格（Bruno Serralongue）的例子证明，这个问题也完全能够通过摄影师捕捉主题的整体能力这个更广泛的元理论视角（meta-perspective）来考察。1993年末至1995年4月间，当时在法国尼斯的布鲁诺·萨拉朗格着手一项题为《社会新闻》（*Faits Divers*）系列的摄影计划，追踪当地《尼斯晨报》（*Nice-Matin*）中描述的犯罪或车祸现场。他会拍一张再度被废弃的场景的照片，那里只是最近刚刚发生过可怕的事情，他借此忽略了这个场景的审美品质和光线条件，在他经常对精确的地点进行了一番搜寻之后到达那里时，这些往往都不是最理想的。虽然照片本身回避了任何意义，但艺术家营造了一种非常真实的效果，在照片下方的空白处添上了用丝网版印制的《尼斯晨报》的简报。

在《第十号，1994年1月5日星期四》（*No 10, Wednesday January 5, 1994*）（图注4.2）中，文本描述了立案者们经常不得不看的可怕场景，例如前一夜在尼斯普拉格城堡的岸边发生的事件。他们看见一个身份不明的人在燃烧，他也许是自焚。第二天早上，当萨拉朗格去拍现场时，他在周围只找到很少的证据，例如钥匙、几枚零钱、毛衣和裤子的碎片，还有凉鞋（参看www.airdeparis.com/bnews.htm）。凯瑟琳·迈耶（Catherine Mayeur）主张，萨拉朗格为罗兰·巴特的"曾在"（第二章）增添了一个社会性的层面，同时又从视觉上向我们指出了"曾经发生之地"（où-ça-s'est-passé）（2008:71）。

正如帕斯卡·贝奥西（Pascal Beausse）指出的，通过影像和所配文字之间形成一种强有力的相互关系，萨拉朗格的创作方法让人想到了归之于"新闻摄影基本方法"的经典手法（其中最著名的就是"谁、什么、哪里、何时、为何"）（2002:15）。不过萨拉朗格将文字片段和影像结合起来，只是当作激起人们对新闻报道过程加以反思的一种手段。与从事新闻摄影的摄影师们不同，他没有记者证，不得不自费去寻找某个具体的犯罪现场。此外，传统新闻摄影往往是从杂志社或图片社委派的任务和承担交付所需照片这一角色的摄影师开始，而萨拉朗格则扮演了这两个角色。读过报纸或者像他后来的作品中那样，阅读了诸如互联网博客之类其他来源的某个事故后，他虚构了自己的委托任务。他并没有使用操作便捷的相机，而是喜欢用大画幅机背取景相机来创作（在《加来》[Calais]系列中使用了20×25厘米的相机，稍后详述），而且不介意拖着一个三脚架。这一方法造成的操作迟缓就形成了拍摄对象时那种距离感，这成为他的作品的特色。

与新闻记者在单幅影像或瞬间捕捉一切所需信息的传统追求不同，萨拉朗格让观众直面"非事件"（non-events）。从一个恰当的新闻报道的视角来看，他的《社会新闻》系列讽刺性地评论了摄影师作为侦探的角色，往往到达现场已经太迟了。相反，在《孟买世界社会论坛》系列（*Mumbai WSF Series*，2004年）中，他预言了未来：他拍的那个人后来成为独立运动的主要人物，特别是奥运会前后的抗议活动。就像约翰·罗伯特斯（John Roberts）所主张的，冒着新闻摄影固有的或早或晚到达现场的风险，始终是"晚期"纪实摄影的核心主题（2009:290）。萨拉朗格把该类型的这一障碍，转化成杜尚式的艺术态度，这一策略使他充分利用了自己专长的讽刺性和模糊性。他的照片看起来过于平庸，可以看成是来自游客的相册，展现了卡勒斯·古埃拉（Carles Guerra）所描述的那种"额外的摄影"（the extra-photographic）（2009年）——也就是摄影师不在场时发生的外围事件。

萨拉朗格并不是那一代人当中唯一痴迷于描述爆炸性社会事件的艺术家，这些事件因为各种原因没有被拍下来，而且没有留下任何视觉痕迹。在题为《非法入境船只十号》（*SIEV-X*，2001–2005年）的具象绘画系列中，德国艺术家迪克·施密特（Dierk Schmidt）再现了这一不可再现的场景：再也不可能被拍下来，因为事件发生时没有人在场。这个系列通过描绘巴黎卢浮宫悬挂西奥多·席里柯的《梅杜萨之筏》（*The Raft of the Medusa*，1819年）的房间，针对的是2001年10月19日非法入境船只十号这艘政治避难船在澳大利亚和印度尼西亚之间海域沉没。这艘船上搭载了397名难民，其中44人生还。除了这场浩劫的惨烈之外，媒体报道充其量只是片言只语，而最糟的是讳莫如深。这大部分是强加给媒体的禁止进入拘押中心的禁令造成的结果，禁令是由澳大利亚前国防部长彼得·瑞斯（Peter Reith）发布的，据说是出于展现让寻求避难者显得"更富有人情味或更个性化"的影像的考虑（泰罗，2009年）。

施密特在彼得·魏斯（Peter Weiss）的小说《反抗的美学》（*Asthetic*

des Widerstands, 1981年) 中找到了灵感。这部小说的背景是20世纪三四十年代的德国，把反抗纳粹的抵抗行动戏剧化了，想象为一种"反抗的美学"，看看工人阶级如何把资产阶级的艺术用于自我形象和政治斗争的。施密特把这种艺术创作的方式称作"实施的美学"（operative aesthetics）（2005:104），一种针对我们的合谋，并且充当了试图介入社会现实的具有社会和政治意义的话语的艺术。正如卡勒斯·古埃拉所主张的（2009年），对于萨拉朗格来说，魏斯也具有重要意义。的确，施密特也许描述了一些他想象中曾发生的事件，而萨拉朗格只拍摄剩下的废弃的场景，两者的再现手法之间有着决定性的差异。

按照萨拉朗格的说法，信息摄影往往涉及到巧合（我就在那里）和计划安排（我前往那里）之间加以平衡的艺术，在他看来，这种状况并没有因为互联网而发生根本的改变。即使在今天，影像的传播更为广泛，更多的业余摄影师也有幸（或不幸）发觉自己恰好就在事件发生的现场，而周遭绝大多数信息影像都是预先安排或事先规定的。通常来说，承接委托任务的新闻摄影师必须适时在某个地方艰苦工作。他们的影像发送到通讯社或报社后，其他人会进一步（用数字手段）加工，以便最终发表，当成客观的信息呈现给公众。

新闻报道的客观性和纪实摄影的真实性从一开始就是天造地设的一对。按照传统定义，德里克·普莱斯（Derrick Price）在一篇非常全面的文章中写道，新闻摄影被理解成"描述当下事件或给书面新闻故事配图的一种方式"（威尔斯，2009[1996]:70）。早在摄影术发明之前，配图的新闻公告就在流传，而在新的视觉报道技术刚刚投放市场后不久，新闻摄影便发展成为一项业务。典型的例子就是苏格兰摄影师约翰·汤姆逊（John Thomson）的《伦敦街头生活》（*Street Life in London*）（图注4.3），1877年至1878年间以12个部分逐月发表，配以汤姆逊1866年在皇家地理学会遇到的激进新闻记者阿道夫·史密斯（Adolphe Smith）的文字。这项计划用照片和文本记录了伦敦街头人们的生活，确立了社会纪实摄影是新闻摄影的一种早期类型。他们的作品在医学刊物《柳叶刀》（*The Lancet*）上备受赞扬，被誉为对伦敦贫民窟可怕现状的见证，具有"无可置疑的精确性"（杰弗里，1996[1981]:65）。

这种对新闻摄影价值的评价并非罕见。塞库拉在《废除现代主义》一文中指出，静物摄影师们有着"拍摄单幅图片的权力和效力"，这种历史上天真的看法始终包围着新闻摄影，其参与者"喜欢想象一幅好看的照片就能单凭视觉力量穿透或战胜其文字说明和故事"（1999[1984]:127）。他解释说，人们往往忽视了也许公众在接收这些影像时大部分错失的，恰恰是"整个传播系统及其特有的结构和话语模式"克服"片言只语"的权力（127）。这种权力是不可否认的，而且它塑造了所谓新闻报道的客观性，去除了这些图片本身也许包含的各个层面的复杂性和细微差异。布鲁诺·萨拉朗格强烈地意识到这一点，他谴责道，在今天的数字化时代，我们呈现照片的权力从摄影师全部转移给了杂志或报纸的图片编辑（贝特，2001年）。

为了对自己的缺乏控制做出回应，萨拉朗格渴望通过创造一种"反新闻摄影"的艺术（anti-photojournalistic art），以此来抗拒这一权力机制（古埃拉，2009年）。他甚至让自己服从报纸的逻辑，暂时与之合作，例如《科西嘉晨报》（Corse-Matin）或《西班牙先锋报》（La Vanguardia），从而与英国艺术家亨利·邦德（Henry Bond）和利亚姆·吉里克（Liam Gillick）在20世纪90年代早期的《文献》（Documents）系列相呼应，他们当时用黑白报道画面跟踪了采访电话和有新闻价值的事件。不过，凯特·布什（Kate Bush）主张，萨拉朗格在把"有关内容和形式的一切决定权都交给他人"的这个意义上走得太远，从而把自己从"艺术家"降低到了纯粹的"操作者"（2003:263）。

通常来说，萨拉朗格在画廊或美术馆，抑或出版的书籍中展现自己的作品。在与帕斯卡·贝奥西的一次访谈中，他强调说，即便他采用了更大的画幅，但他并不希望在"历史题材绘画"的层面上来创作作品（贝奥西，2002:19）。在这个方面，他不同于法国摄影师拉克·德拉海尔（Luc Delahaye），后者放弃了新闻摄影，着手创作独特的摄影影像，他即刻便称之为《历史》（History）。德拉海尔以精心构图的场景照片而著称（弗雷德，2008:182-187）。这些照片不如说貌似新闻摄影，将新闻摄影提升到了历史题材绘画的地位上。

萨拉朗格的反新闻摄影是在一个特定系列的语境下发展起来的。他也认为自己的影像是按照文本来处理的（贝奥西，2002:19）。反新闻摄影是由艾伦·塞库拉最早在《等待催泪瓦斯（白色的全球变为黑色）》

（*Waiting for Tear Gas [white globe to black]*）（2000年）一文中采用的一个术语，以此描述他在西雅图拍摄第30届反全球化抗议的方法（1999年11月30日）。塞库拉精练地总结了自己的反新闻摄影手法："没有闪光灯，没有长焦镜头，没有防毒面具，没有自动对焦，没有记者证，更没有不惜一切代价获取精确描绘戏剧化暴力场面的影像这样的压力"（2001:87）。萨拉朗格的作品符合这种方法。就像塞库拉一样，他也为通常传播的某条报道添加了更多的对立信息。

萨拉朗格的作品可以有效地看成是反新闻摄影（施特赖特贝尔格，2009年）。他并非寻求反对当下新闻报道的手法，而是让其颠倒过来。像塞库拉一样，萨拉朗格探讨了在今天这个纪实摄影传统瓦解后的时代，形成一种"经验美学"（empirical aesthetics）是完全可行的，这个概念是文学批评家和政治理论家弗雷德里克·詹姆逊（Fredric Jameson）杜撰出来的（1991年）。现在，人们不可能再相信一张照片具有绝对真实的价值，虽然"照片的指示性，也就是拍摄前指示物与符号之间的因果关系——在意义的层面上并没有任何保证"（塔格，1988:3）（参看第一章），但以一种相关的经验方式来创作意味着什么则成为一个迫切的问题。基于生活环境和生活经验的审美有何局限？这样的艺术何时颠覆了公然政治性的陈述呢？

严格地从新闻摄影的角度来看，萨拉朗格拍的照片很糟糕，而且他的影像要传达的内容也并非一目了然。在《加莱》系列（2006-2008年）中，他的照片展现了为生存而搭建的遮蔽处。只有仔细观看，人们才会发现，这些恰恰坐落在避暑别墅奢华的后院背后（图注4.4）。在这样的真相之外，这类影像所揭示的明显的不公正显得至关重要。这同样适用于小心翼翼地挂在灌木上晾干的睡袋的影像，证明了难民们努力保持一种丰裕的生存状态。

从一开始，社会驱动的纪实摄影就表明了一种左派的，甚至往往是马克思主义的解决方式。本雅明·布什罗（Benjamin H. D. Buchloh）认为这一传统，特别是对塞库拉的作品而言，是摄影的批判写实主义（1995:191）。在本章所呈现的作品中，批判写实主义并非一种常见的风格。唯一常见的风格特征，也许是它们的那种"折衷主义"（斯泰恩，1984:10）。批判写实主义涉及到一种研究方法，并不是从积极的信仰出发，为社会上不公正的现状和事实提供客观真实的记录。作为一种方法，它并不试图找到自己的本质所在。相反，它用分析的方法探讨了渴望以批判的方式来反映社会现实的一种技巧本身的界限与局限。它是一种对待摄影的方式，并不是为了模仿现实，而是为了寻求理解当今现实的社会复杂性。摄影师采取了操作者的立场，生活在所描述的环境之中，从批判的意义上做出"注解"和"题记"，传达给公众和受众群体（巴腾斯和凡·吉尔德，2006:9,10）。

这些以视觉形式呈现的"注解"，作为有担当的调查过程的产物，都是取自于日常生活环境（罗伯特斯，1998）。而作为照片，它们几乎总是与文本片段结合在一起。作为一种批判实践的组成部分，它们充其量不过是中性的信息而已，随机传达给世人。从一个基本层面上来讲，--幅照片，特别是一幅直接的照片，往往源于它所描绘的现实，于是能够提供在那一现实当中的特定视角。批判写实主义的照片满怀抱负，想要做得更多：它们希望改变这些影像的观众的思想，以便干预思维方式（朗西埃，2009年；阿苏雷，2008年）。这种用摄影素材来创作批判方法的创造者们形成了这样的认识，因为他们觉得他们担负的责任不仅是对社会而言，也是对艺术本身而言。

因此，今天纪实摄影模式从照片的角度出发，成为"普通的文化产物"，而不是特殊的对象（塞库拉，1999[1984]:124）。作为"普通的文化产物"，照片曾经而且仍然同样服务于社会上的保守势力和进步力量。在这个方面讲，约翰·塔格（1988年和2009年）主张，记录了不同环境或人物的照片，在力图发挥社会控制力的话语中始终是十分复杂的。最显而易见的例证就是政党候选人在大选期间的广告牌。影像看上去都是类似的，但头脑清醒的平民意识得到谁是左翼候选人，谁又是右翼的候选人。今天，探索在艺术当中照片如何以及何时能够用来制造一种视觉形象，把自身呈现为真正具有批判性的，这已经成为一种很熟练的做法。于是文本显然发挥着重要作用：对于所传达的世界观而言，它往往阻止影像承载并不清晰的内容。

4.2 摄影、文本和语境

即便不是全部，绝大部分纪实摄影影像都有在社会行动中充当打破阶级界限的深思熟虑的参与者的潜力，这有赖于这类照片出现的语境。一幅照片明白无疑地向观看者展现了它所描述的内容，通常是以相当直接的方式。就像第一章所讨论的，摄影对于描绘的现实而言所具有的所谓透明性，并不意味着一幅照片必然包含了明确的含义。对于摄影所谓社会透明性（social transparency）也同样如此，这种看法在20世纪30年代有关纪实摄影的概念中仍然十分活跃。和今天相反，就像德里克·普雷斯所解释的，30年代的时候，人们仍然可能认定"世界是各种事实的产物，而这些事实可以用一种透明的方式传达给他人，摆脱了叙事必须建构的复杂编码"（威尔斯，2009[1996]:93）。

不过甚至在1931年，本雅明在《摄影简史》中引用德国著名诗人和剧作家贝尔托·布莱希特（Bertolt Brecht）的话说，"简单的'现实复制品'比过去更难表达现实"（2008[1931]:293）。具体来说，埃森的克虏伯工厂或柏林的通用电力公司建筑物的一幅精致影像，并没有把工厂里起作用的人际关系更具体地体现出来。事实上，它甚至模糊了这类关系。为了避免这种对潜在社会关系的掩盖，就影像而言，某些东西必须"建构"起来。3年后，本雅明又在《作为生产者的作者》中澄清了自己的意思。本雅明对德国摄影家阿尔伯特·伦格尔—帕奇（Albert Renger-Patzsch）题为《这个世界如此美丽》（*The World is Beautiful*）这部摄影集持强烈的批判态度，从某种意义上讲，它提供了一座大坝或电缆厂的毫无解释的影像。本雅明颇感震惊地写道，摄影师用一种时兴的完美方式来把握拍摄对象，将"苦难变成了欣赏的对象"（2008[1934/1977]:87）。只有克服"文字与影

165 像之间的障碍"，才能给照片赋予具有社会影响力的功能，本雅明反对伦格尔—帕奇的手法。简而言之，摄影师应该用这样一种方式给自己的影像加上文字说明，把照片从"流行的损耗"及其指向"革命"目的的意义中扭转过来（87）。

根据这一论述，艾伦·塞库拉在《废除现代主义》中主张："一件艺术作品的意义，应该被认为是取决于一定条件的"（1999[1984]:118）。一幅照片在没有文本的情况下，潜在地具有多重意义，而它所传达的最终信息，有赖于它出现时的呈现环境。与文本或文本片段相结合，一幅照片中包含的各种可能的意义就能够转向有歧义的、不着边际的方向。今天，理解并确定直接摄影在何处能找到一种社会功能的临界极限，就意味着一整套清晰明确的定义。

按照阿比盖尔·所罗门—戈多的说法，19世纪几乎所有摄影后来都可以被描述为一般意义上的"纪实摄影"。这就是为何这个概念在19世纪的人看来似乎是同义语反复（2003[1991]:170）。当然，这个术语还有更具

体的含义。人们一般公认，"纪实"（文献）一词指的是某种摄影或电影影像，是由英国影评人和导演约翰·格里尔森（John Grierson）在1926年引入的，他当时描述罗伯特·弗莱厄蒂（Robert Flaherty）的电影《摩拉湾》（*Moana*, 1926年）是"一位波利尼西亚青年及其家人日常生活中各种事件的视觉记录"，具有"纪实的价值"（雅各布斯，1971:25）。在《纪实的首要原则》（*First Principle of Documentary*, 1932年）一文中，格里尔森又进一步明确提出，纪实摄影作品应该被理解成那些"拍摄生活场景和生活故事"的影像，不应该是摆拍出来的，而应该是"未经加工地"拍摄下来的场景和故事（富勒，2002:40）。

但是在实践当中，纪实摄影在这种意义上的定义在格里尔森和其他人的定义之前早就已存在了。早在19世纪50年代，像法国人夏尔·尼格尔（Charles Nègre）等前画家就表达了一种阶级意识和矛盾感，选择刻画一些不常见的对象，例如走在巴黎波旁大街上的烟囱清扫工，他的同胞夏尔·马维尔（Charles Marville）也同样如此。就像第二章中主张的，这些照片是用笨重的设备拍摄的，而且为得到一张蛋白工艺照片而摆姿势需要花很长时间。看起来像是一张抓拍的照片，但实际上却是精心摆布的场景。当时像托马斯·安楠（Thomas Annan）——他以拍摄格拉斯哥老店铺和街道而著称——这类忙碌的摄影师们，开始进行实验，对都市无产阶级状况做了对抗性的描绘。正如第三章中所讨论的，他们往往让被拍摄对象摆出姿势，否则这些影像根本无法达到直接街头摄影影像的迫切需要。

大约100年后的20世纪70年代中叶，玛莎·罗斯勒创作了具有深远影响的《两种不准确的描述系统中的鲍厄里》（*The Bowery in Two Inadequate Descriptive Systems*）（图注4.5），存在已久的直接纪实摄影传统及其对社会的功能性影响处在了紧迫的压力之下。纪实摄影渴望揭示"那种往往激起积极响应的结构不公正"的重要时刻，是在美国20世纪初的进步时期，第二次世界大战之后随着"新政"的舆论共识而逐渐平息。到了20世纪70年代，纪实摄影的传统则已经陷入了明显的严重危机之中。

罗斯勒的早期作品与塞库拉的作品类似，通过创作"具有否定意义的作品"（1989[1981]:322）而对这一危机做出直接回应。她指出，她特地创作这件作品，就是为了促进一种"批判的行动"（322），直指20世纪80年代早期占主导地位的公众舆论，主张"穷人是因为缺乏长处而受穷"（305）。公共舆论中对贫穷的这一理解，在19世纪后半期就已在流传，这就意味着纪实摄影师们已经与之战斗了很久。到了20世纪80年代早期，所涉及到的问题不仅基本都已详尽讨论过了，而且复杂性上也大大增加。

《两种不准确的描述系统中的鲍厄里》是一件大型装置作品，其中21幅照片配以罗斯勒所写的文字信息，开头只有3组文字，没有配图。30多年后，艺术家指出，这个概念就是"把这一摄影作品的焦点从影像中除去"（2006:95），以便让观众面对用一幅摄影影像来改变上述看法的相对不可行性。她写道："照片无力面对完全由意识形态预先理解的现实。"（1989[1981]:322）这指的就是上述的意识形态，即他们的贫穷是由于他们自身的缺陷和软弱。

横贯纽约下东区的长街鲍厄里的照片，体现了纪实摄影传统中历史上"具有挑衅性的一种坚持态度"，针对的是"普遍的贫穷和绝望这种显而易见的现实——被强加的社会边缘以及最终对社会彻底无用"（1989[1981]:303）。罗斯勒把鲍厄里作为作品的主题，因为它典型地体现了纪实摄影中出现的所有差错。罗斯勒指出，与错误的图片说明或文本语境结合在一起，一幅照片可能比一段独立的文本更容易中立化。一段文本往往最低限度地说出了它所说的内容，甚至同其他媒体结合在一起时也是如此。但是一段文本也能够根据作者的观点和态度，对所观察的环境情况做出非常"有偏见"的报道。

罗斯勒强烈意识到她所定义的上述"相术学谬误"的阴影一直笼罩着纪实摄影的传统。很多作者都主张，这导致了对我们作为肖像的观看者与穷人的面孔之间一种否定性的认同，启动了一种疏远的机制（那是他们，不是我们），于是使影像可能一直保持的社会变革的潜力变得中立化了。因为意识到了这一问题，罗斯勒决定创作一件"反人道主义"（antihumanist）的作品（塞库拉，1999[1984]:125），在《鲍厄里》中并没有对醉汉或流浪者的描绘。人们看到的是关闭的铺面或空酒瓶留在门口的照片。作品的标题暗示了两种描述体系从一开始就无法对鲍厄里地区所发生的一切提供足够准确的描述。

艾伦·塞库拉指出，这个标题指出了纪实体裁中的再现很大程度上已变得"有瑕疵"和"歪曲"了（1999[1984]:124）。这件作品标题所指向的，并非"鲍厄里街本身，而是作为社会调节的意识形态建构的'鲍厄里'"（124），罗斯勒写道，图片的目的在于以一种分散注意力的方式对观众产生影响。每一幅影像与一组文本信息组合在一个相框中，这些信息都是些形容词和名词，成为隐喻系统的组成部分。文本与影像之间的空白空间，因为文字以一种与影像相呼应的格式而精确地框起来而变得非常突出，营造出思考的间隔。在这些间隔当中，意义就得以产生。就像塞库拉同黛博拉·里斯伯格（Debra Risberg）的谈话中谈到自己的作品时所说的，影像之间或者影像与文本之间的所有间隔中，观众被赋予了"某种自由和责任"（里斯伯格，1999:248）。**168**

罗斯勒主张，文本和影像并没有起到恢复一种消耗殆尽的摄影风格的作用，因为它们被认为既非对所造访的现实的报道，也不是来自发现或自我发现之旅的信息。它们并未被理解成有助于形成人类普遍生存条件的概括性论据。在语言学的范畴中就像塞库拉所指出的，其"现成的诗意"（1999[1984]:125），也就是工人阶级的酒后俚语，目的是同时针对"象征意味的丰富"及其"指向意义的贫乏"之间的自相矛盾，也就是"隐喻无法'包含'，无法准确地解释它所指向的物质现实"（125）。罗斯勒写道，她的作品构建了一个完全独立的"牢狱外的诗意"（1989[1981]:324）。具体来说，这意味着什么？牢狱是什么，囚犯又在哪里？为什么罗斯勒选择了把人类排除在她的影像之外？

一个原因是视觉的隐喻。塞库拉写道："语言的差异和'丰富'（wealth）暗示出醉酒的基本目的，那就是试图逃避痛苦的现实。照片却总是把我们拉回到街道上，回到人们毫无指望地试图逃离的这一地域。"（1999[1984]:125）不但如此，罗斯勒的策略还触及到了政治性，按照塞库拉的说法，照片还蒙受对苦难进行"直接的"、晦涩的"再现"的风险（125）。当以社会活动家的方式来运用语言时，就有可能削弱这种负面的逻辑；然后文本可以用来把自身强加给观众，使那种据说立刻被能接受的、显而易见的视觉信息更加复杂。

为了进一步探讨这一问题，我们现在转向罗斯勒为了解释自己的意图而提供的例证：丹麦裔美国摄影家雅各布·里斯（Jacob Riis）。19世纪八九十年代，里斯的照片揭示了曼哈顿地区的都市被社会遗弃者的极端处境，这也是罗斯勒的作品的主题。他的第一本用照片作为插图的书《另一半人的生活》（*How the Other Half Lives*，1890年），是对当时生存

状况的极为尖锐的视觉对抗，在当时是对理性的公然蔑视。里斯在书中

为图片配上了他所写的大量文字。罗斯勒写道，这种话语和图片的叙事
结合有助于支持作者的主张，即这样的不公正可以通过普遍发展的"慈
善"体系来矫正（1989[1981]:304）。在罗斯勒看来，慈善可以理解成是
一种维持起支配作用的阶级划分现状的工具。

通过鼓励特权人士挑选并实质上仅仅支持一些经过慎重选择的个
体，"就像猪鼻子上的珠宝一样"（里斯，1971[1890]:122），而且通常更
多地施舍，"以便抚慰危险的下等阶级"，纪实摄影理想地按照"道德
教化"来调整自身。这种道德教化"植根于基督教伦理的背景当中"，
而不是与"革命化政治的花言巧语"相结合，后者渴望在更为广泛的集
体层面上寻求达到目标（罗斯勒，1989[1981]:304）。慈善同政府调节良
好的举措联系在一起，这些照片所提出的改革便是可以做到的，而且可
以融入到正常的社会话语当中。罗斯勒指出，这种社会话语能够使"影
像中根深蒂固的潜在争论"变得中立化（306）。

莎莉·斯特恩在一篇重要的文章中指出，里斯那本书的标题本身就
证明，里斯认为"另一半人"是"完全分子化的"（斯特恩，1983:13）。
他的著作中摄影充当了一种适度的视觉工具，表明社会上的贫困阶层
可以同占主导地位的天生的上层或中上层阶级清楚地"隔离开来"
（14），而他作为一位丹麦移民，也渴望跻身这样的阶级。里斯所描绘
的人物——手无寸铁，遭受威吓——是艺术家本人在设法加入其中的未
经告知的警察突袭中出其不意中拍下来的，他们完全暴露在摄影师以及
他的出版物的读者们窥阴癖式的凝视之下。斯特恩解释了里斯如何能够
与他所选择的对象保持物理上的距离，同时用他那落后的闪光灯让他们
眼花缭乱，努力为那些处在自己的环境中的人物赋予个性。照相机曝光过
度的结果，就是这些人物的面孔以一种很容易识别的方式凸显出来，于是

满足了前述那种"相术学谬误"，这标志着纪实摄影的阴暗面。

里斯的照片符合为文本增加一份正式报告的身份。它们具有证据的
特征，就像斯特恩提醒我们的，这一点使得里斯同时代的一位批评家惊
呼，在自己的祖国逃避迫害的贫穷移民，可能又一次发现，"在里斯的
信条当中仍找不到怜悯"（1983:15）。就像斯特恩一样，德里克·普莱
斯质疑里斯最重要的信念，即"摄影具有见证事物真实本质的能力"
（威尔斯，2009[1996]:78）。即便照相机似乎有着单方面的报道事实的权

力和权威，其"功能在于举例说明和体现社会问题"，在一定程度上摄影报道仍被视为对原本的"事实"做出了相当公正的说明。艾伦·塞库拉说，这恰恰就在于"与[纪实摄影]标签相伴的神话，摄影真实性的民间传说"（1999[1984]:121）。"照片所提供的唯一'客观'的真相，就是肯定了某人或某物在某个地方拍了一张照片。其他一切，在留下痕迹之外的一切，都是有可能的"（121）。

塞库拉在同一个场合主张，纪实摄影的雄辩力量在于"照相机提供的证据清楚无疑的特性，在于一种本质上的写实主义"，这种信念是一种假象（1999[1984]:121）。因为并不存在这样的事。摄影并非独立于人类实践之外机械地复制视觉世界。照片始终是"人与人之间，人与自然之间在特定社会意义上对抗的产物"（121）。因此，里斯的照片并未毫无疑义地证实了"无可辩驳的真实性"，因为他在自己的记录手法上从根本上拒绝与被拍摄对象有牵涉，于是只能给自己的影像标榜所谓"客观性"或真相价值。罗斯勒主张，里斯是一个典型例证，证明就像其他所有针对摄影的真实性的主张一样，是一个"单一的文化神话"（1989[1981]:319）。

德里克·普莱斯主张，这种对待纪实摄影的方式掩盖了一种专制的社会秩序的视角，即贫民窟里的人们成为他们自身苦难的"被动承受者"（passive sufferers）（威尔斯，2009[1996]:78）。他们就像阅读对他们的摄影描述的人一样，被迫相信这是自然赋予的，根本上无法改变的状况，有着普遍的合法性。玛莎·罗斯勒在自己的文章中指出了这种"被动承受"赤贫的更多类似而且同样著名的例证。她比较了当今世界上复制最多的一些纪实摄影作品，如沃克·埃文斯（Walker Evans）和多萝西娅·兰格在教育和信息摄影计划（1935—1944年）的框架之下拍摄 171的照片，这是所谓罗斯福政府"新政"中农业安全局著名的措施的一部分，另外还有数年后在20世纪70年代拍摄的同样主题的照片。罗斯勒向我们指出，人们通过艾吉在《让我们颂赞名人》（*Let Us Now Praise Famous Men*，1941年）中的经典文本所认识的弗洛伦斯·汤姆森和艾莉·梅（布罗斯）·摩尔，分别是《移民母亲》（*Migrant Mother*）和《安妮·梅·伍德斯·格杰》（*Annie Mae Woods Gudger*），只是更加年老，而且最重要的是仍像以往一样贫穷。

罗斯勒由此表达了自己对再拍摄计划的怀疑态度，这种计划试图去看看早先的受害者们"处在当下衰老的状态中"（1989[1981]:319）。在她看来，这只是加剧了他们的苦难，甚至可能使情况更糟，在精美的杂志上发表这些照片，于是再一次从这些无助的个体身上获利。这并不是说，所有摄影师都因为有负面的意图并且滥用拍摄对象而受到指摘。就这方面而言，对于罗斯勒来说，关键在于摄影师对于自己作品的参与。除非有相反的证据，否则人们必须继续相信摄影师的参与和诚信，即便事后发现是极为幼稚天真的。

罗斯勒指出，随时间的推移，人们的注意力越来越转向摄影师本人，而不是他们的影像中的被拍摄对象。个中原因在于每一个纪实摄影影像从根本上都是以一种双重功能模式为标志的。影像从意识形态和社会层面上承载着"'直接的'、工具的"或者证据的意义。与此同时，每一幅影像还包含了"传统意义上'审美—历史的'"的功能。一幅影像的审美功能也许在图片最开始被接受时还非常之低，但往往随着时间的推移而增加。因为纪实影像的审美功能"与历史无关"（ahistorical），而且在相当程度上让人们忘却了这幅影像最初是关于什么的（1989[1981]:317）。随着历史的发展，影像中具体体现或从批判的意义上提出的社会问题，可能越来越容易被视为曾经发生过的问题充满浪漫色彩的残留物，这个问题现在已经解决了。

对罗斯勒而言，一幅纪实摄影影像最初的政治意义与其进一步被接受的形式化的过程之间的关系，必定仍然是辩证地开放的，而不是被剥去了原本的内容和意识形态内涵的同时，变得更加具体。当后者发生时，艾伦·塞库拉解释了在运用俄罗斯语言学家和符号学家罗曼·雅各布森（Roman Jakobson）概念化的类型的同时，影像的"指示功能瓦解成为表述的功能"（1999[1984]:122,123）。矛盾的是，塞库拉指出，影像并不是成为最大限度的技术客观性的实证主义结果，而是脱离了最初产生这一影像的社会环境，成为如今变成艺术家的摄影师们主观自我表达的结果。不过塞库拉最后指出，对同一幅纪实影像的这些解读，是可以并存的，甚至以其相互矛盾而彼此强化。

因为认识到这种市场、经纪人和画廊为导向的纪实摄影作品，与她自己对纪实摄影传统的概念之间有着无法弥合的分歧，罗斯勒全部作品的建构都是围绕努力构思一种纪实摄影作品，"体现对社会进行毫不隐晦的分析，至少是在一个试图改变社会状况的计划开始的时候"

（1989[1981]:324,325）。她写道，也许"彻底的纪实摄影能够由此产生"（325）。1981年当她写下这段文字的时候，她得出的结论令人悲观：她抱怨说，我们还没有这种"真正的纪实摄影"。也许那必须是一种把自己归入到她所谓"酒醉的诗意"的话语（324）之中的纪实摄影。

就影像和文本的构成而言，这样的纪实摄影以一种审慎"引证"的策略满足了自己的需要。引证可以包括影像拼贴的视觉形式以及重组的文字组合。引证也可以有助于揭示潜在的权力和意识形态机制，而且能够提供对同一问题的新视角：罗斯勒写道，它能够使"常态的东西变得陌生"（326）。表面看起来就像是寄生虫一样，但"这引证代表了对从社会意义上讲和谐的、因而复杂的创造力的拒绝"（326）。

罗斯勒说道，为这种彻底的纪实摄影赢得批判力量的秘密武器，就是"讽刺"（irony）（1989[1981]:326）。她主张，这处在高度的风险之中，因为观众必须能够追随艺术家的策略，理解他在说什么。罗斯勒的文章发表的时代，很多人质疑艺术作品通常是否仍潜在地以原创性为标志。在一个越发看得见的无处不在的大量影像所定义的社会中，人们质疑目前已经过量的影像，再增加更多影像是否还有意义，而且一幅影像是否还可以成为模拟物之外的任何东西（参看第三章）。罗斯勒所追求的讽刺，并不是让自己复原一种审美，寻求让自己在政治上极具争议的潜力保持中立。她主张，大部分波普艺术以及当时的当代挪用艺术都曾经而且依然是这种情形，"其讽刺背后的力量并不是来自政治化过程，尽管它提出了某种政治"（331）。

对罗斯勒来说，解决"挑战而非简单强调社会中权力关系的政治问题"，具有至关重要的意义（1989[1981]:331）。因此，引证的策略必须成为活跃的、动态的政治化过程的组成部分。它不应该成为政治本身，必须保持在艺术的语境之下。但它必须是一种"批判的"实践，同时也是"反击"（333）。只有批判还不够，很容易被主导的意识形态体系所吞没，变得"令人困惑不解"（333）。罗斯勒写道，她在这里描述了纪实摄影可以继续从事的一个非常小的领域。她声称，要想形成一种批判性的摄影，成功地避开政治上具有正确性的陷阱，是极端困难的，特别是当作品在常规的美术馆或画廊中展出的时候，人们指望在那里遇到的观众总是对于深刻的社会变革并不很热心。

但是，从当代艺术中列举一些值得注意的例证还是可行的，例如地图小组（The Atlas Group）（瓦利德·拉德［Walid Raad］）、雅图·巴拉达（Yto Barrada）、艾米丽·贾西尔（Emily Jacir）、弥基·克瑞兹曼（Miki Kratsman）或阿莱姆·西布利（Ahlam Shibli）。有一个引人注目的恰当案例，是居住在布鲁塞尔的荷兰艺术家伦佐·马丁斯（Renzo Martens）的一部影片《第三幕：享受贫穷》（*Episode III: Enjoy Poverty*, 2009）。1978年，艾伦·塞库拉已经评论过，录像和电影"产生于静态摄影传统之外"，是一种最适合形成有关"摄影媒介虚幻的真实性"的"元评论"批判的媒体（1999[1984]:125）。塞库拉补充说，在电影媒介当中，影像和文本以声音作为补充，三者都能彼此发挥作用。此外影像因此可以充当证据，同时也被颠覆（参看第二章）。塞库拉最后得出结论，这在摄影当中是很难做到的，要"通过比较而获得一种原生的媒介"是相当困难的（127）。

　　马丁斯创作了一种视听随笔，文本和影像在其中全面而复杂地交织在一起，以便形成这样一种对今天照片的纪实功能的元评论。影片让观
174　众游历刚果，人们看到艺术家与当地人很熟悉，他建议当地人对抗他们作为自身贫困的被动受难者的处境。他告诉他们如何拍饥饿的孩子，然后把它们带去给"无国界医生组织"（Médecins Sans Frontières）的代表，但他们拒绝买下照片，因为它们并不是来自他们通常合作的那些信息来源——那些拥有记者证的摄影记者们。马丁斯的计划就是努力打破对非洲饥荒那种以慈善为导向的摄影描述的逻辑，就像玛莎·罗斯勒最近指出的，这种逻辑"强有力地支撑着用户占优势的社会和政治叙事"（罗斯勒，2006:10）。

　　马丁斯声称同意苏珊·桑塔格在《关于他人的痛苦》（*Regarding the Pain of Others*，2004年）中的论述，即直接描绘他人的痛苦变得不可能了，其冒险所从事的，不过是同情心的中立表白（鲁兰茨，2008:183）。就像塞库拉一样，马丁斯选择了在后纪实时代（post-documentary era，这是玛莎·罗斯勒的术语）创作一部纪录片，继续描绘处在剥削压榨的社会环境中的受害者，徒劳地试图改变他们的生活。他一旦认识到自己也无法做到这一点时，便在刚果河上扬帆起航，留下了唯一的信息，就是他们应该享受自己的贫穷，因为它包含了一种注定要持续的状态。可

以说，这就是罗斯勒和马丁斯两人的分歧所在，正如罗斯勒强烈主张的，"在没有社会进步的模式，没有隐含的通往更美好之地的道路的地方，任何把自己称作为结构性的不公正提供证据的社会纪实实践，根本不可能繁荣蓬勃起来"（2005[1999/2001]:223）。

不过应该指出的是，就像哲学家雅克·朗西埃（Jacques Rancière）在《美学的政治》（The Politics of Aesthetics, 2004[2000]）中主张的，艺术不可能像政治本身那样，保持政治上的忠诚。正是艺术家在政治上的忠诚转化到他的作品当中，最终解释了他的审美的政治潜力。迪莫斯（T. J. Demos）提出，朗西埃背离了沃尔特·本雅明对于审美政治化的著名抗辩，坚决认为政治和审美不一定要被视为彼此公然对立（迪莫斯，2008:132）。朗西埃主张，正是审美使得感觉或直觉的领域得以重新分配，进而阐释一种可能成为政治范畴本身所固有的政治现状。一件艺术作品的阐释，尤其是马丁斯的情形，大部分将有赖于观众决定要花多少时间在这件作品以及它所面对的环境和语境上。朗西埃尤其在《解放的观众》（The Emancipated Spectator, 2009[2008]）中为观众赋予了更大的责任。但是如果这对西方的观众——这部影片最初就是为他们拍摄的——来说是真实的，那么这部影片能够为假设的刚果观众带来什么改变，实在是难以想象，由于国际机构对媒体和视觉再现的控制，他们大部分人很可能永远看不到这部影片，更谈不上思考这些问题了。¹⁷⁵

马丁斯参与到摄影当下向投影的活动影像的扩张（巴克尔，2005），或者说在数字化的后摄影时代大体可定义为"摄影"的影像的扩张（马诺维奇，1996[1995]:57）。《第三幕：享受贫穷》也彻底反思了当今摄影的本质及其社会潜力的传播。马丁斯以大卫·孔帕尼的论述为基础，指出了一个事实：今天新闻"照片"的重要组成部分，是从录像和数字来源截取的画面，他于是得出结论，摄影不断地将自己的身份重新定义为"有赖于其他媒介"的一种"同形而异类"（heteronymous）的实践（2003:130）。

孔帕尼写道，摄影"比起其文化的层面来，很少源自其技术的层面。摄影就是我们用它来做的一切"。这就让讨论又回到了纪实摄影清楚表述的开始，当时格里尔逊曾主张，纪实摄影不应当充当自然的一面镜子，而且"在一个动态的、飞速变化的社会里，它并没有塑造了它的铁锤那么重要"（引自罗斯勒，2005[1999/2001]:240）。罗斯勒承认，在我们后摄影的时代，纪实摄影的任务就是充当铁锤，而不再是镜子。

4.3 作为艺术的（后）纪实摄影作品。色彩与（再）现的政治

近年来，艾伦·塞库拉以彩色照片著称。它们既作为大型户外广告牌式的摄影展板来呈现，又是作为与文字展板结合在一起的室内装裱入框的多重影像装置，形式各有不同。他还继续在书籍和杂志上发表自己的摄影作品，配以文字片段。这种彩色的运用是经典的小幅黑白纪实影像的重大转变。甚至在第二次世界大战之前，农业安全局的成员们就用色彩进行实验，但是他们无法发表自己的影像，因为新闻出版机构缺乏兴趣（温伯格，1986年）。

20世纪60年代末，摄影进入观念艺术的实践当中，标志着与现代主义对于艺术品质高度专业化的重视及其同时对摄影的社会功能特征的压制相决裂。这就导致了该媒介的一种去技术化或者反专业化的运用，就像最早在艾德·罗莎（Ed Ruscha）和唐·格拉汉（Dan Graham）的早期作品中所采用的（沃尔，1995:257,265,266）。大多数观念艺术家继续用黑白摄影来创作。这的确是由于黑白摄影仍然同艺术联系在一起，而彩色摄影，特别是1945年以后，成为民间摄影实践的标志，一方面是业余照片（参看第五章），另一方面是广告和时尚摄影（参看"广告和时尚摄影的批判态度"）。他们对黑白照片不熟练的运用使得他们的作品有别于所谓自觉的、形式主义的艺术摄影师们，后者完全谴责这种在艺术上用这种媒介来创作的方式。

我们在第一章的讨论已经揭示了，第二次世界大战之后画意摄影的崇拜价值逐渐得到认可，是得到机构支持的一个特定的艺术对象。到了20世纪60年代，民间和纪实的影像也发生了同样的事。这就把纪实摄影师们从黑白摄影的重担之下解放出来，而且步哈里·卡拉汉（Harry Callahan）（斯特恩，1980年）的后尘，他们开始自由地运用彩色摄影。20世纪70年代，威廉·艾格斯顿（William Eggleston）的彩色纪实照片开始出现在纽约现代美术馆（克林普，1993年）。另外，艾格斯顿、乔·斯坦菲尔德（Joel Sternfeld）以及斯蒂芬·肖尔（Stephen Shore）一同身处其中的美国新地形学摄影开始用彩色进行创作（加拉斯，2001:13,14,22）。他们引入彩色摄影，并不是为了让他们的影像画意化，

而是当作摆脱包含过多意味的黑白纪实摄影传统的一种手法，这种传统有着固有的成为"曾在"的客观证据的真实性假设，但这一点现在站不住脚了。

比前辈们更有甚者，塞库拉转向彩色摄影，把自己的艺术定位在艺术体系边缘的一种行动的组成部分。他主张（另参看博罗赫，2008:86），20世纪60年代大部分观念艺术对摄影的运用以及20世纪70年代紧随其后所出现的状况，"明确地承认了现有艺术世界的界限"（1999[1984]:124）。塞库拉在影像中故意运用了彩色，反而是以各种反画意的、反既定艺术的动机为标志。同样，他的照片也总是以序列的形式出现，从来没有以孤立的方式单独发挥作用。其中每一个都倾向于为观众呈现现实世界的一个剪切下来的片段，而这一现实显而易见地延伸到了照片的边缘之外。他的照片显然是对某个特定地点和特定时间的特定环境所做的直接而模拟的记录。塞库拉曾断言，借助照相机，他希望让眼睛专注于他意图具体表现的那一处境的"绵延的时间"（lived time）上（博赛，1998:26）。因此，他的作品可以确切地归入沃克·埃 177 文斯、李·弗雷德兰德以及罗伯特·亚当斯等摄影师一脉，尽管他们拍摄的都是黑白照片。

就像他那一代人当中其他几位同时接受了绘画、雕塑和摄影训练的艺术家一样，塞库拉把自己定位在其他历史例证的脉络当中，例如奥西普·布里克（参看第一章）。布里克为摄影赋予了重大的社会意义，特别是在努力"取代画家们'艺术地表现生活'的落后方法"的语境之下（1989[1926]:218）。布里克反对这一古老媒介的主要原因，在于画家为了让描述在视觉上足以被人理解，就必须再现一个从外在世界中孤立出来的对象。相反，作为服务于社会革命的媒介，摄影可以再现人们与其他人或他们发觉自己置身其中的环境"联系在一起"（1989[1928]:231）。因此，当摄影师所描绘的对象"与（他们的）环境有着最大限度的联系，并且在现实生活发挥作用"的时候，当他们与之"相互联系"并且在其中找到自身"功能"的时候，才拍下照片（232）。

为了捕捉对象，塞库拉的很多照片都运用了毫不隐晦的角度，例如仰视或俯视。这种方法让人想到了亚历山大·罗德钦科最喜欢的摄影视角（参看前面的讨论）。他在《现代主义摄影之路》（*The Paths of Modern*

163

Photography, 1928）中主张："人们应该从几个不同的位置来拍摄对象，不同的照片中有不同的位置，就像围绕着它，而不是从一个钥匙孔里窥视。不要拍图片照片（photo-pictures），要让照片中的瞬间具有纪实的（而非艺术的）价值"（1989[1928]:261）。像罗德钦科一样，塞库拉选择了描绘"日常熟悉的对象"，从完全出乎意料的视角和位置，对那些提供了"对象的完整印象"以及"从上而下和从下而上，并处在对角线上"的人物给予特别关注（262）。沿着罗德钦科所追求的目标这一脉络，我们可以认为，他的作品是想努力保持摄影在今天仍是活跃的社会变革工具的理想。

在越来越大的程度上，塞库拉的照片表现出一种彻底民主的世界观，是批判地解决阻碍世界沿着这一方向发展的机制和占支配地位的权力结构的提案。米切尔·普瓦维（Michel Poivert）写道，为了做到这一点，他并没有"在一定距离之外以意识形态的名义保持纪录的审美性"，而是积极地"力求定义纪实之美的方法"（2010[2004]:523）。此外，就像前面所讨论的，塞库拉还通过纪实摄影与人物肖像的关系来思
178 考。正如莎莉·斯特恩所指出的，当纪实摄影师和正面拍摄的对象之间直接的合谋和密切关系受到严重质疑的时候，塞库拉找到一种另类的方法，以一种"扁平的"（flat）的方式来拍摄面孔，仿佛他们是在"扮鬼脸"（grimaces）一样（1984:7）。《助产士》（*Midwife*）就是这一手法的一个微妙例证（图注4.8a）。《金匠》（*Goldsmiths*）（图注4.8b）则表明艺术家进一步加以刻画的策略之一，也就是所谓从倾斜的视角来拍摄人物的面孔，而被拍摄对象仍然沉浸在自己的活动当中，往往与劳作相关。

正如《助产士》和《金匠》所表明的，塞库拉从最早期的作品开始，就一如既往地恪守一种影像方法，例如已经讨论过的《无题幻灯片段》（1972年），这些始终处于他关注的核心：对劳工的再现。本雅明·布什罗主张，今天已经很难表现劳工了，在这个所谓"后工业和后工人阶级的社会里，大部分的劳动和生产事实上从公众视野当中隐去了，因为它们被输出到地缘政治的'边缘'"（1995:191）。塞库拉沿着这些边缘继续进行再现。在参照同时代的纪实摄影师弗雷德·隆尼迪尔（Fred Lonidier）的作品的同时，塞库拉还表达了自己关注管理当局当下给予产业劳动力的待遇："损害就意味着劳动力的损失，一种负商品，一种管理费用。损害并不是缩短人的寿命，而是统计学上对企业利润率的侵犯"（1999[1984]:131）。

塞库拉主张，重要的是要始终为作品添加某种程度的"虚构性"：作品虚构的一面贯穿某些影像或文本片段，营造出一种与作品更本意上的纪实层面的距离感，使观众的心里产生积极的反思，因为影像在叙事层面上超越了它们实际上描绘的东西（1999[1984]:134,135）。在2001年的《电影寓言》（*Film Fables*）一书中，雅克·朗西埃高度称赞了"真实"（指示性的、记录的元素）和"寓言"（建构的、编辑的、叙事的）的混合物是"纪实的虚构"（2006[2001]:18）。朗西埃补充说（158），虚构在这里是从"锻造"（forging）而非"捏造"（feigning）的本义上来理解的，于是表明这种纪实摄影并不是单单基于真实确凿的证据。 ¹⁷⁹

塞库拉主张，对这种彻底让观众陷入讲故事的复杂性与多样性的计划而言，重要的是接近"纪实摄影情感表达的特性"（1999[1984]:122）。这是塞库拉与另一位美国纪实摄影之父刘易斯·海因（Lewis Hine）共同关注的问题（图注4.9）。与里斯那种"无情的教条视角"相反，他是从压迫者们假慈悲的视角来拍照，海因对自己的拍摄对象形成了一种"更加悲悯"的态度（斯特恩，1983:15）。作为自己的主要目标，他着手发展出一种证明了充满敬意的社会摄影。于是他能够显示出对他所描绘的被拍摄对象怀着一种可靠的同情心（塔格，1988:192-197）。

塞库拉详细说明了一种有目的的方式，就是"从底层，从等级制度中工人阶级所处的位置来讲故事"（1999[1984]:131）。塞库拉为自己的影像所选择的那种正常的角度也因此反映了在内容层面上的这一选择。这种纪实的同情心不应该用一种"故作天真"（faux naïf）的方式来理解，玛莎·罗斯勒在指出这个概念可能产生的误解和出乎意料的言外之意时做了详细说明（1989[1981]:339 n.22）。同情心必须与真心致力于当下社会问题相结合，以便创造具有建设性的取代"伪政治陈述"的批判对话（塞库拉，1999[1984]:122）。

还有更多的人比摄影师处在危险之中，他们被虚幻地想象成"漂泊的流浪者"（塞库拉，1999[1984]:135），并且和观众一样相信"寻常事物才是真正值得观看的"（罗斯勒，1989[1981]:321）。罗斯勒在这里引用了现代美术馆策展人约翰·沙考夫斯基在1967年《新纪实》（*New* ¹⁸⁰

Documents）展览的前言。值得指出的是，在他从博物馆的角度让民间摄影和艺术摄影成为现代主义高雅艺术的类型时，他比克莱门特·格林伯格本人显得更像格林伯格。格林伯格高度赞赏沃克·埃文斯的"平民眼光"，但他认为这是非常质朴的，并不是像鉴赏家那样训练出来的，他是靠着"极其老练"而获得了这一眼光（1993[1964]:187）。对于格林伯格来说，这就解释了一个事实：他永远不会考虑接受摄影是一种现代主义的高雅艺术。

沙考夫斯基对纪实照片的超然解读，一直被定义为奇观主义，也是形式主义。形式主义使影像的意义中立化，从而纳入到艾伦·塞库拉所谓"统一的话语机制"或"普遍化的解读体系"中（1999[1984]:124）。塞库拉写道，"只有形式主义才能把世界上的所有照片统一到一个房间里，把它们装裱在玻璃后面，当作专属的玩物，当作鉴赏的物品来出售"（124）。他指出，其结果就是摄影的"语言贫乏"。

这在战争摄影的历史上也曾经发生过，被认为是尤其粗糙的。里斯照片的残酷无情，就有19世纪五六十年代的战争照片在先，例如罗杰·芬顿（Roger Fenton）的克里米亚战争，或者马修·布雷迪（Matthew Brady）和蒂莫西·奥沙利文（Timothy O'Sullivan）的美国内战。然而在整个战争摄影的历史上，批评始终针对的是美术馆对这些可怕事件的图片公然审美化的呈现，例如不完整的尸体。著名的例证就是马格南摄影师吉尔斯·珀利斯（Giles Peress）的《卢旺达：沉寂》（*Rwanda: The Silence*，1995年），或塞巴斯提奥·萨尔加多（Sebastião Salgado）拍摄世界各地处在令人绝望的生存环境下的难民的照片。这些照片都被当作"对贫穷的美化"（克拉克，2002年）来加以批判，但同样也受到辩护，人们声称萨尔加多的作品中"过度的美"恰恰"与其极端的主题相称"（斯塔拉布拉斯，1997:158）。在一个以普遍"全球化危机"为标志的时代，而近些年来全球化成了"帝国"（Empire）的同义词，这是迪莫斯从哲学家迈克尔·哈特（Michael Hardt）和安东尼奥·内格利（Antonio Negri）众所周知的同名著作中借用来的一个概念（迪莫斯，2008:130）——摄影师们急切地寻求找到一种令人信服的解决办法，用来描绘冲突局面。如今大量个体发觉自身处于无国籍或非法的境地时，更是如此。

迪莫斯在一篇重要的文章中提出，他认为巴勒斯坦人阿莱姆·希布利（Ahlam Shibli）的作品（图注4.10）就是这样一种"新型的摄影"，在某种意义上它明确地希望"在纪实地再现备受压制地贬黜到赤裸生命状态之外"，为它所描绘的被拍摄对象的生存谋得一席之地（2008:138）。迪莫斯采用了哲学家乔吉奥·阿甘本（Giorgio Agamben）影响深远的著作《牲人：主权与赤裸生命》（*Homo Sacer: Sovereign Power and Bare Life*，1998年）中的"赤裸生命"（bare life）的概念，当然并没有否认希布利的影像中所描绘的有贝都因人血统的巴勒斯坦人，在面对以色列国家政权阻止他们在自己的家园建设永久建筑时，已陷入可悲的纯粹生物学意义上的生存状态。但是他主张，希布利的影像避免了"具体表现牺牲"，开辟了"从影像本身当中进行政治主观化的可能性"，显然承认了它们自身"再现的局限性"（representational limitations）（137）。换言之，可以说希布利的照片意识到了摄影创作本身所固有的诸多漏洞和分歧，而且始终会有某些东西逃避了再现。这就是她的影像所展现的地点总是没有属于这个地点的人物，或者她让一张面孔隐藏在一张纸的背后的原因。

迪莫斯指出，希布利始终致力于摄影纸质照片的物质性。她的作品因而成为当下摄影创作模式的组成部分，就像迪莫斯指出的，批判了全球化社会"对虚拟的漂泊那种天真幼稚的颂扬，所有人很快就忘记了，数字技术的媒介景观实际上并不为大众所知"（2008:130）。迪莫斯把这些理想化的事物置于乔吉奥·阿甘本对国家权力的日益增长所做的根本批判之下，而其反面就是四处漂泊的无国籍者和难民日益丧失权力。他主张，希布利以摄影的方式重新定义了"美学"——不是作为美的状态，而是对现象的组织——提供了一种方式，使人们可以理解她介入在主流媒体影像中巴勒斯坦人通常的隐形状态所具有的政治价值。

今天摄影影像在电视上广为传播，为的是提供冲突地区目前事态的即时信息。它们是"壮观的政治领域"的组成部分，由"作为公民消费者的观众"被动地接受（塞库拉，1999[1984]:123）。它们被融入到那种"象征主义的冒险精神"当中，并不是以"商品的隐喻诗意"所特有的逻辑叙事为标志（124）。在诸多例证当中，这类图片都是由记者们用质量欠佳的相机拍摄的，例如手机。他们提供的信息质量的矛盾之处在于图片往往是模糊的——从这种意义上说是后再现的——除了仅仅成为冲突地区的直接证据之外，对于那里究竟发生了什么并没有提供任何信息。把业余人士的影像张贴到诸如美国有线新闻网（CNN）之类电视网络的网站上，现在成了一种常见的做法。无论多么重要，有时甚至急切地努力提供形象上受谴责的社会的信息，但这些图片并没有免于融入到冲突报道的宏大叙事逻辑之中。这就是相当有影响的德国艺术家和作家黑特·史德耶尔（Hito Steyerl）所谓"现代文件主义的不确定性原则"（the uncertainty principle of modern documentarism）："我们越是接近现实，它就变得越发不可理解。"（2007:303）

恰恰因为在这些模糊的手机图片中并没有更多的再现，也没有更多可看的东西，它们所谓的客观真实的价值就显得犹如凤凰涅槃一般凸显出来。今天任何一种再现的政治手段都面对着政治再现的种种不可能性，特别是移民问题。这种再现的不确定性使剩下的一个真相显现出来，也有着通常的不确定性。事实上，我们对这种真相的信服，可以归结为人们共有的对表达不清晰的摄影的指示性那种近乎天生的信服，就183 如第一章里所讨论的，这是很成问题的。根据玛莎·罗斯勒对于构成了长期以来有利于照片审美化的照片即时交流所剩下的东西所做的怀疑式分析，为明显模糊的手机图片赋予了社会干预的潜力，而模糊的影像从一开始就可以说已经审美化了，这一点更令人愕然。

塞库拉对于今天人们进行再现的绝境提出的解决之道，就是把他们的影像融入到他所描述的更大的画面拼贴当中。塞库拉在与黛博拉·里斯伯格的对谈中这样说道（塞库拉，1999:238），"在任何一件作品，甚至一本书的内在原则之外，还有一种大型画面拼贴的原则在发挥作用。任何一种回顾式的观看（restrospective look）都使得那一更大的画面拼贴显露出来。"沿着约翰·哈特菲尔德（John Heartfield）的"建构的影像"的脉络，塞库拉的分析式影像拼贴挑战了照片的即时性，这种图片被理解成为这个世界提供了一扇瞬间透明的窗子的假象。在它们的共同努力下，它们就能够让"经济基础浮出水面"，并由此使建构逐渐成为"批判性的解构"（critical deconstruction）（1999[1984]:122）。正如上面提到的，对于塞库拉来说，这就意味着利用广泛的叙事结构来创作，足以为观众所了解，而且图片终将被置于这样的结构之内，意思是"公开用语言来对照片进行分类，用文本来稳固、否定、强化、颠覆、具体说明或者超越影像本身所提供的意义"（124）。

正因为这个原因，塞库拉逐渐开始强调展示当今纪实摄影作品的另一条路线：那就是在"可以集体讨论问题的空间，诸如联合大厅、教堂、高中、社区大学、社区中心，或者只是勉强的公共美术馆"（1999[1984]:134）。现场"为那些与所涉及的问题不仅有审美关系的人们"现场播放幻灯片，是最具政治性的作品展示方式（135）。塞库拉强调了在书籍当中呈现照片的重要性（135）。但是因为强烈意识到展示他自己的艺术作品所具有的政治性，他构思了在展期期间自己作品的新展示方式。第十一届卡塞尔文献展（2002年）被设想成是在五个国家的五个历时性对话平台，最后一个就是在卡塞尔的展览，塞库拉决定在展览期间把自己的图片在白色墙面上挂得非常高，或者非常低，以此有效地参与到当下批评界的争论当中，质疑了作为根本的政治多样性和变化的可能包容性极强的模式，"欧洲中心主义的"白色立方体所具有的实力（菲利普维克，2005年）。

在战后时期，摄影得到了各种机构的好评。与此同时，摄影师们也一直设法找到表达多种形式的机构批判的极限。塞库拉将这些极限推向了极致，再次实施了《船难与工人》这件户外广告牌装置（*Shipwreck and Workers*，2005—2007年）（图注4.11），最后一次是在第十二届卡塞尔文献展期间。塞库拉称这件作品是"反纪念碑性的"（anti-monument）（凡·吉尔德，2007年:224），暗示了今天再建造纪念碑的不可能性，国家建筑的概念涉及到创造一种宝贵的集体身份，这本身也有待探讨。也许在全球化的这一危机时刻，创造公民与非公民之间共同身份的唯一可行的办法，就是建造反纪念碑。施密特说，《非法入境船只十号》只有在澳大利亚国会展出才最合适；就像施密特一样，塞库拉选择了让自己的作品在不利于它的语境下展出，但这也使得其政治性的潜力显现出来：在维也纳劳工会前或在卡塞尔高地公园，那里以很久以前满怀专制主义理想的皇家气派为标志。

塞库拉的大型广告牌让人想到了爱德华·斯泰肯在现代美术馆的室内摄影展板组成的《人类大家庭》（*The Family of Man*），塞库拉在早期的文章中对这个展览提出了严厉批判，因为它那种"大规模的、浮华的官僚气派，试图让摄影的话语普遍化"（1984[1975]:90）。在一篇重要的文章中，克里斯托弗·菲利普斯提出，这个展览只是为摄影赢得了大众文化，实现了爱德华·斯泰肯将"精美图片杂志"的逻辑向美术馆的转移："情感表露是直白的、影像是富有创意性的，并且是避免引发争论的。"（1989[1982]:33）这就为摄影在美术馆和画廊语境之下的适销性开辟了道路，同时形成了诸多的悖论之一：就像本雅明所指出的，从根本上讲可以无限复制的影像，开始屈从于机构的方向，即复制品必须保持限量、稀有性、单一性和本真性。为这种逻辑提供了更进一步的机构批判的潜在的强大机制，今天仍占主导地位，那就是互联网，特别是像Flickr这样的网站。

185 4.4 广告和时尚摄影的批判态度

维克多·布尔金早期以时尚和广告体系为目标的解构性的摄影实践，成为目前"反奇观式摄影"（anti-spectacular photography）的一位重要先驱。布尔金与他同时代其他从事社会批判的摄影师们的不同之处，在于他理解了一种再现的政治往往与一个虚幻的方面密切交织在一起。布尔金主张，创作者头脑中的心理现实解释了一个事实：一张有美感的影像，特别是在一幅照片当中，往往总是承载着审美的、想象的内容，即便在它公然提出政治问题的时候也仍然如此。对他来说，这就解释了艺术为何永远无法简单地再现政治。即便艺术是一个承载着不断重复的冲突与纷争的物质现实的组成部分，它同时也属于主观性和情感的流露（戈弗雷，1982:26）。

布尔金在《居间》（Between, 1986年）中写道："从1973年至1976年，我的作品一直是今天所谓'挪用影像'（appropriated images）的作品。我重新利用广告影像，复制了广告复制品的那种虚华。"（1986:12）就像美国艺术家罗伯特·海纳肯（Robert Heinecken）在20世纪60年代末的摄影拼贴作品中所做的那样，布尔金创作了极具影响力的摄影作品，批判了摄影应用于广告和时尚业时所固有的逻辑。这个计划在《US 77》中达到了顶点，12块展板组成的系列是1976年至1977年在美国各地旅行的成果（图注4.12）。最开始的展板叫作《重影》（Seeing Double），表达了广告业——布尔金在照片上印制的文本中写道，是一种"商品的马戏表演"——让女性臣服的权力机制，把她们刻画成"无所不在的家庭主妇"，出类拔萃。布尔金把他所谓虚伪的马戏表演，同在

170

广告客户小心控制之下的女性作为"家庭奴隶"（domestic slaves）的这一根本对立的反面形象做了对比。

传统意义上讲，时尚摄影一直是因为顺应发达资本主义的法则而最受诟病的领域之一，特别是迫使妇女们达到她们往往发现无法实现的理想。苏珊·桑塔格写道，时尚摄影师是"化妆谎言的制造者，给难以消除的出身阶级和身体外表的不平等戴上面具"（2002[1997]:44）。玛莎·罗斯勒在20世纪70年代的女性主义作品中，例如1972年前后的照片拼贴作品《无题（花花公子）》（*Untitled [Playboy]*），显然提出了这一疑问，把精美杂志中找到的文献描绘成"统治精英冷静而无情的手段，倾心于对社会生活各个方面进行全面管理：生育、育儿、教育、劳动力和消费"（塞库拉，1999[1984]:126）。与艾伦·加拉格尔（Ellen Gallagher）和约瑟芬·梅克塞泊（Josephine Meckseper）一样，罗斯勒强烈批判了在商业摄影领域当中发挥作用的这种权力机制。这些艺术家们都强烈意识到，摄影影像以"一种天生混种的结构"（inherently hybrid structure）为标志，正如罗萨琳·克劳斯指出的（1999:294），同一个影像可以用于多重功能的、有时甚至根本上对立的目的。

在这个语境下，想到罗兰·巴特一篇题为《流行体系》（*The Fashion System*，1967年）的文章，是很有意思的，他在文中指出——尽管所指的是媒体和时尚照片所配的图片说明的系统运用——恰恰是语言把一个单一的内涵赋予了一个影像本身，而影像本身会增加阐释的无限可能性。巴特断言："影像凝固了无数的可能性，而文字则确立了单一的确定性。"他在脚注中补充说："这就是为何所有新闻照片都加上了图片说明。"（1983[1967]:13）巴特说，文字能够固定我们对一个影像的认知，如果没有文字，这一认知也许是散漫的。在这种意义上讲，明确的图片说明强化了我们对影像的理解，同样图片说明也限制了这一理解。此外，它们比其他东西更强调了一幅影像中某些有意义的元素，从而构成其意义。巴特警告我们，一幅特定影像所配的文字，就它给我们感知的眼睛所带来的最初的魅力而言，可能具有欺骗性。言辞可以令影像"受挫"（disappoint）（17）。

"时尚"摄影最著名的一个例证，可以证明这一事实：美国摄影师理查德·阿维顿（Richard Avedon）题为《美国西部》（*In the American West*, 1979-1984年）的系列。五年来，阿维顿拍摄了他认为从事最不被人领情、最肮脏的工作的社会阶层中最具代表性的人物。他描绘了他们站在白色素净的背景前，而不是身处通常的工作环境中。一幅名为《桑德拉·本内特，12岁》（*Sandra Bennett, 12 Years Old*，1980年）的影像被选为1987年费林"西部风格服装"精选时装目录的推广形象，这家百货商店是这个项目的企业赞助商（理查德·博登，1989[1987]:278,279）。就¹⁸⁷像博登在一篇影响深远的文章中指出的，阿维顿所做的是"将劳工时尚化"，重演一种存在已久的纪实摄影传统，一开始乐于去帮助流离失所者，但最终却完全被艺术市场以及广告产业再次利用。

博登同意巴特关于摄影影像的"多义性"（polysemic）的发现，"只是使某种解读成为可能的社会语境，它能够使其他解读变得不可能"（1989[1987]:281）。因为影像与图片说明之间可能令人大失所望的关系，塞库拉之类参与社会的纪实摄影师们利用"延伸的图片说明"（塞库拉，1999[1984]:137）来创作，这些文字是由所配的访谈或相关文本组成的，有时接近诗歌。塞库拉主张，访谈有助于揭示"创作经历中主观的方面，也就是照片只能间接暗示出来的东西"。而且"言辞为批判性的反思、不满，为个人经历的揭示以及恐惧与希望的表达留下了余地"（137）。

因为强烈意识到影像被再次利用的问题，而且一开始是作为摄影记者，荷兰摄影师埃尔文·奥拉夫（Erwin Olaf）紧随奥利维罗·托斯卡尼（Oliviero Toscani）或尼克·奈特（Nick Knight）这些重要的先驱，决定投身以消费者为导向的时尚摄影，同时把批判的态度融入到他的商业作品当中。2006年8月13日，他在《纽约时报》杂志上发表了一个八幅彩色照片组成的系列，冠以《纽约时报时装店》（*New York Times Couture*）的标题（图注4.13）。这些影像连同所配的具有讽刺意味的陈述一同发表："身穿值一所房子的礼服，一个姑娘不能因为不知所措而受责怪。"（http://query.nytimes.com/gst/fullpage.html?res=9806E2DA1E3FF930A2575B C0A9609C8B63，2010年1月15日查阅）在属于这个系列的4幅影像当中，模特的头部利用数字手段进行了适当的涂抹。这就仿佛她们被自己显然¹⁸⁸所处的豪华内景所淹没，又仿佛被它们所禁锢。

奥拉夫从内而外地进行批判的策略，也是以一些著名的前辈为基础，例如，一方面是20世纪80年代英国的另类时尚杂志，另一方面是南·戈尔丁（Nan Goldin）这类艺术家顺利地从艺术转向了时尚摄影。因为有了像尤尔根·泰勒（Jürgen Teller）这样的人物，20世纪90年代兴起了所谓蹩脚的或写实主义的时尚摄影（grunge or realist fashion photography），有其自身对占主导地位的唯美场景的批判模式（斯梅德利，2000年）。奥拉夫的作品由此开创了一个局面，亚当·巴纳德（Adam Barnard，2004年）将其描绘成对景观社会的创造性的抵制，一种从创意产业内部而产生的抵制。他是这种讽刺手法的大师，卡米尔·范·温克（Camiel van Winkel）把这种手法定义为奠定了一切时尚摄影的基础（2005:48）。范·温克把英国模特凯特·莫斯（Kate Moss）的照片同辛迪·舍曼（Cindy Sherman）的图片相对照，后者不仅以用摄影手法解构时尚影像而著称，而且通过她所创作的图片竭力消解自己的身份。然而看似矛盾的是，她越是消解自己，她就越发显得是自己作品的作者，从而大大摧毁了对自己作品的批判基础。

范·温克主张，这在时尚摄影中是不同的。模特只是被动地服从于挑选她成为其中一分子的体系，而反过来，她也许比一位处心积虑的艺术家更能控制整个局面，批判性地揭露隐藏的权力体系。这种隐藏的体系就是这样一个事实，即时尚摄影不过是色情摄影"以身体作为白板"的原始幻想的文明化重合，"这一身体打破了种种不着边际的社会仲裁"（2005:98）。时尚摄影做出了一个具有讽刺意味的承诺，将身体遮盖起来，在一个延期、推迟和暂停的永恒游戏中用衣物将它保护起来，不过终究有一天，模特赤裸的身体将会再次显现。但它永远也没有这么做过，这恰恰就是时尚摄影具有的社会批判潜力之所在。

奥拉夫利用了这种推理，采纳了这一逻辑。他再三对Photoshop极尽溢美之词，这个软件帮助他把自己的想法注入到影像当中，特别是获得了正确的色彩对比（www.thefstopmag.com/?p=185，2010年6月1日查阅）。时尚摄影始终涉及摆拍的影像，而奥拉夫也遵守这一逻辑。在这一点上而言，他不同于今天那些纪实摄影师，他们置身于赤裸裸的商业方式之外来做出创造性抵制的举动，像塞库拉一样，他们认为对于创造那种向往社会干预的影像而言，"Photoshop毫无帮助"（贝奥西，1998:26）。

大卫·格林以今天纪实摄影传统内部的这一讨论为基础。他承认英¹⁸⁹国非常年轻的一代摄影师们把往往用数字手段创作的摆拍照片当作纪实摄影作品来展示，而同时又公然认为，在这些影像当中找不到任何客观性。格林主张，不过它的"真相诉求"并没有丧失（2009:109）。在今天纪实摄影可能是什么样的以及有何意义这一个问题上，塞库拉和罗斯勒这样的艺术家不会轻易做出让步。罗斯勒尤其强调她对摆拍报道的厌恶（1989[1981]:318），但首先强调了照片的加工处理始终是暗房制作工艺的基本组成部分（2005[1988/1989]:262）。不过，这种可能性始终是有限的，至少在艺术的语境之下，并没有向观众隐藏什么，尤其是那些对观看照片有一双训练有素的眼睛的人们。现在，这种情况在很大程度上已经改变了。照片可以用数字技术处理到一定程度，再也没有人能看出原本来自生活中的照片看起来是什么样子。

罗斯勒把这称之为"影像的欺骗性处理"（the *deceptive* manupulation of images），她反对这种局面（2005[1988/1989]:264）。不过，只要一个人不是通过计算机技术来大量修改或改变影像，然后把这种加工处理向观众隐藏起来，那么运用数字技术不会有任何问题。在这个方面，波尔特和格鲁森采取了与威廉·米切尔相反的立场，后者认为数字技术已经消除了影像的真相价值，而前者则主张，摄影影像所谓的真相价值始终是一种假象。如果我们赋予照片以真相，那是因为我们渴望这样去理解它们，而它们也满足了我们对图片的瞬时性的渴望。每一幅照片，无论是模拟的还是数字的，都无力满足这一渴望，而且从某种程度上恰恰表现了这一不足。

纪实摄影影像只有还留意于它们所描绘的环境的生活体验，认识到它们在表现事件或各种复杂环境方面有着固有的不足，它们才有未来。正如弗雷德·里钦（Fred Ritchin）指出的："模拟的纪实摄影展现了已经发生的事，但往往为时已晚，于事无补，而先发制人的摄影却可以展现未来，按照专家的预言，是一种试图阻止它发生的手段……摄影并非对世界毁灭做出反应，现在可以设法帮助我们来避免这一毁灭"（2009:149,150）。摄影可以有所贡献，向观众显现一个虽不在眼前、但正在形成中的未来，满怀为将来的世代塑造一个更美好未来的希望。

第五章　自我映现的摄影

　　我们在前面四章当中讨论了一些照片，它们以这样或那样、或多或少明显的方式，体现或质疑了摄影经常被提及的特性。这一章将讨论摄影的另一种类型，以某种方式指向其自身的创作过程或这一创作的结果。我们也可以把这种自我映现的图片称之为"元图片"（metapictures）。威廉·米切尔（1994年）把元图片定义为一种着眼于图片自身的图片，解释了它作为一张图片如何发挥效用。他对绘画和素描的注重并不让人惊讶，因为西方艺术史就是由很多表现创作中的艺术家在画室中忙于创作一幅画的作品组成。

　　元图片在摄影界也十分突出，但是这种传统有赖于其他的惯例和策略。首先，在绘画过程的所有阶段，都有可能在还是半成品的时候预见到最终的成品（物品）。相反，把拍照片的第一阶段同这一动作的结果一起来表现，却几乎不可能做得到，因为第一个阶段并没有让人窥见到最终的影像。一幅照片在暗房中的实际印放，或者目前在工作室的台桌上用电脑和打印机制作，很少成为被拍摄的主题。摄影师们在工作中的自拍像刻画了拍摄一幅照片的阶段。这种偏爱暗示了印放照片从根本上被视为并不是多么重要的次要过程，由助手或专业公司而不是摄影师本人来完成（这种观点在数码摄影的案例中可能更适用）。

　　如果说摄影和绘画必然以截然不同的方式来展现自己的创作过程，那么思考这一过程的最终结果的本质——通过它在一幅影像中呈现——可以用类似的方式来实现。但是因为在单幅影像中捕捉一张照片的拍摄和拍摄动作的结果，实际上根本无法做得到，本章分别讨论这两种类型的元图片。　191

　　在详细阐述元图片之前，本章第一节探讨了从本义上讲，映现是模拟摄影最基本的特性，即所记录的光线通过将光线"吸收"到感光涂层上的映现。第二节就摄影师与照相机的互动来讨论照片的拍摄。在某些摄影理论当中，人们用种种象征来强调照相机作为摄影师的延伸的重要作用，例如把它比作眼睛的水晶体，或是手中的来复枪，充当了身体的义肢。另外一些摄影理论则利用镜子的比喻强调照相机的独立性，使照相机成为一个直接的映现工具（mirroring device），而没有任何外在干预。不过镜子并不只是被当作照相机的比喻。第三节讨论了围绕照片是摄影师与照相机之间互动的产物的各种观点，我们分析了把照片比作镜子的各种理论和照片。还有几种理论强调了照片作为一种镜像迷宫（mise-en-abyme）所具有的特征，意思是在一幅照片中，一张照片充当了一个片段，解释了整张照片的结构。这一讨论可以同照片的"挪用"手法联系起来。由于第二节和第三节中阐述的几种理论和摄影作品触及了心理分析的理论，因此第四节探讨了与摄影相关的这些理论。最后一节讨论了自我映现的数字摄影以及摄影与镜像谬误之间的关系，反思了数字影像为何总是被称作"后摄影"。

5.1 摄影是光线映现的记录

光线是我们观看能力的前提条件。就像第一章讨论的，光线和视觉长期以来就被津津乐道地比喻为如实的理解（另参看麦夸尔，1998:28）。光线也是摄影的基础，就像"摄影"这个名称本身所体现的。1844年，威廉·亨利·福克斯·塔尔博特在《艺术发明的历史简述》（*A Brief Historical Sketch of the Invention of the Art*）一文中写道，这种艺术之所以卓尔不凡，就是仅仅借助光的作用，而没有来自画家画笔的任何辅助（1980[1844]:29）。

192 正如前面所讨论的，决定把photos（光）和graphein（写）两个希腊字组合在一起的，可能是约翰·赫歇尔，他是一位天文学家，也是19世纪中叶英国最著名的物理学家和化学家之一。1839年2月28日，赫歇尔就新技术的一个问题写信给自己的朋友福克斯·塔尔博特，主要涉及到其命名的问题，他提出，塔尔博特提出的"光绘"离石版印刷术和铜版雕刻术的类比太远（巴钦，1993:26）。似乎这就是摄影作为一种概念的诞生（哈根，2002:200）。赫歇尔总结了摄影作为光学物理媒介的特征：摄影揭示光的真相，并不是借助这一媒介所呈现的东西，而是通过它自身（203）。就像前面的章节所表明的，真正为摄影下定义的工作远远复杂得多。

对于模拟照相机的产物而言，摄影的确是一个贴切的称谓。近年来，人们一直在争论，在从模拟摄影转向数字摄影之后，这个名称是否部分丧失了有效性。很多讨论模拟摄影和数字摄影之间区别的出版物，把从感光材料到数字代码和像素的转变看成是意义深远的差异之一（例如米切尔，1992年）。相反，沃尔夫冈·哈根（Wolfgang Hagen）淡化了这种区分，主张数字照相机通过电荷耦合器件（CCD，即charge coupled devices）将光转化为数字像素；而CCD芯片将光线转化为电子（2002:217,231）。所以显而易见，数字照相机的感光元件使得数字摄影使用摄影一词仍然是合理的。

光作为一个至关重要的方面，不仅同照相机的记录功能联系在一起，而且也与摄影的本质相联系。匈牙利艺术家和作家拉兹洛·莫霍利—纳吉（Lázló Moholy-Nagy）在1927年和1928年发表了各种文章，盛赞光线是摄影最基本的特征，而物影成像则是它的重要成果。在《前所未有的摄影》（Unprecedented Photography）一文中，莫霍利—纳吉主张，光与暗极其微妙的变化捕捉到了光的现象，看起来是一种几乎无形的辐射，足以确立一种新的观看，一种新的视觉能力。他宣称："这个世纪是属于光的。摄影是一种重要手段，为光赋予了可见形状，尽管是以一种变换的、几乎是抽象的形式。"（1989[1927a]:83-85）在《摄影是用光来绘制》（Photography is Design with Light，1928年）一文中，莫霍利—纳吉补充说，"摄影工艺的主要手段，并不是照相机，而是感光涂层；摄影的特殊规则和方法，都与这一涂层如何对不同材料的光暗、平滑与粗糙的特性而产生的光线效果做出反应相一致"（引自斯科特，2007:17）。这种对照相机的作用的淡化，同他在1927年的《广告中的摄影》（Photography in Advertising）这篇文章中的观点有关，他在文中表达了自己对物影成像的酷爱：

> 我们必须强调，捕捉光的外观并且使它们看上去实际可见的这种能力，并不属于其他媒介。人们现在正努力探索这一性能。这些实验当中最重要的就是无相机摄影（cameraless photography）：将空间中的光凝固在黑灰白和无形的、非色素的效果之中。摄影不用照相机时，就像在物影成像当中，最浓重的黑色与最明亮的白色之间的比对关系，连同最微妙的中间

193

灰调过渡，足以创造一种光的语言，没有任何再现的意义，但
是能够诱发直接的视觉体验。（1989[1927b]:89）

在20世纪的进程中，物影成像这种直接的摄影技术已经过时了。
不过有几位作者仍继续把物影成像作为摄影的重要基础。例如，罗萨
琳·克劳斯主张，"物影成像真正强调或彰显了所有摄影的状况。每张
照片都是映现到感光层上的光转化的物理印记"（1985[1977]:203）。在
《摄影哲学》（*Philosophy of Photography*）一书中，亨利·范·里尔（Henri
Van Lier）把物影成像同一种熟悉的体验联系起来，指出光子携带光
能，但是没有质量，日光浴之后人们能看见游泳衣留下的印记，将自己
变成了一个物影成像，这时就能明白这个道理（2007[1983]:14）。维克
多·布尔金在《纪念碑与抑郁症》（*Monument and Melancholia*）一文中，
并没有把物影成像——在他看来这是摄影最基本的形式——同愉快的记
忆联系起来，而是联系到广岛的核爆炸，把人们的轮廓铭刻在了石头上
（2009[2008]:327）。

有意思的是，在当代摄影中，人们能够注意到这种简单方法的一次
小小的复兴以及对其本质的反思。一个引人瞩目的例证就是《没有人死
去的日子》（*The Day Nobody Died*, 2008年）系列中的《哥哥的自杀》（*The
Brother's Suicide*）这幅物影成像作品。这些标题和只有少许影子和色彩的
空白平面让人想到了布尔金的观点（图注5.1）。

2008年6月，伦敦摄影师亚当·布鲁姆伯格（Adam Broomberg）和
奥利弗·沙纳兰（Oliver Chanarin）前往阿富汗，拍摄了靠近前线的赫尔
曼德省冲突的一系列照片。他们藏身在英军当中，随身没有带照相机，
而是带着一卷50米长、76.2厘米宽的相纸，装在简单的防光纸板盒里。
作为计划的一部分，他们拍摄了一部关于这个盒子的影片，盒子里装着
相纸，但又不能打开，因为这会破坏相纸。但是计划的主要部分是由物
影成像的制作组成的。为了反映他们逗留的一周里发生的各种事件，包
括摄影师可能会记录下来的各种引人注目的和平凡的瞬间，布鲁姆伯格
和沙纳兰展开了一段7米的相纸，在阳光下曝光20秒钟。最后形成的怪异
而抽象的黑白和斑驳色调的条纹和图案，完全是由热和光来调节的，拒
绝给观众以战地摄影的传统语言所提供的那种效果。沙纳兰指出："我
们只是在我们工作室的屋顶上制作了这些影像。作品完全是非写实的。
某种程度上我们去阿富汗是去得到一些图片说明。"与此同时，两位摄

194

影师又提出了几个相关问题："你怎么捕捉到在一场战争中经历的痛苦与创伤？你怎么展现等死的士兵们的真实情形？……你又如何展现这种恐惧多么可怕，它又变得多么正常？"（皮特曼，2008年：未发表）瓦尔·威廉姆斯（Val Williams）主张，在这个系列作品中，布鲁姆伯格和沙纳兰成为战区中怪异的表演者，通过光的折射和抽象来记录真实事件："他们创作的照片是在一张巨幅胶片上曝光，是反纪实的，意外的，不可控的。对他们来说，摄影师作为历史学家，甚至是见证人的概念，都受到了质疑。"（2008:125）

布鲁姆伯格和沙纳兰关于装着相纸的封闭盒子的影片，让人想到了黑特·史德耶尔对于手机拍摄的战地照片那种模糊的不确定性的批判（参看第四章）。他们的作品也符合亨利·范·里尔的主张，即模拟摄影从任何意义上来讲，多少都和黑暗有关：对于照片来说最重要的莫过于黑夜。在胶卷和空白相纸上，在照相机当中，在暗房和印放工作室里，那就是黑夜，黑暗，无光，发出光亮的可能性准确而不期然地从中显现出来（2007[1983]:37）。

黑暗也许最富戏剧性地被闪光灯的使用而打断了。如果摄影工艺 ¹⁹⁵中所记录的光来自太阳或者人造光，那么闪光灯在记录过程中就扮演了一个不同寻常的角色。一幅照片如果是在闪光灯的辅助下拍摄的，那么所记录的场景就只存在于闪光的瞬间，这个瞬间实在太短暂了，所以无法用肉眼来体验。人们在观看一幅印放出来的照片时，很少意识到这一点，所记录的场景在照片中已变成不可改变的、无限的。有些摄影作品旨在让观众意识到这个事实，例如荷兰艺术家卡佳·梅特（Katja Mater）的《一闪而过的影片#5：在场的缺席》（*Flash Film #5. Present Absence*，2005年）。这件作品实际上是一部只有两分半钟的录像，观众可以体验成为照片制作（的报道）。梅特带着一台录像机跑过一座几乎完全黑暗的废弃工厂，创作了《一闪而过的影片#5》。观众观看这部录像，主要是通过梅特的脚步声和喘气声来体验实时的记录，但是在这些片段当中看不到任何东西。突然之间，通过使用频闪灯，一个画面被拍摄下来。闪光灯也照亮了黑暗的房子，观众置身其中，强化了他们置身在所记录的现场这一暗示。观众体验到这个拍照的动作，因为闪光灯与摄影有关。

《一闪而过的影片#5》第一眼看上去似乎肯定了可以被视为摄影与电影之间一个重要的区别：一幅照片存留在人的视网膜上。由于体验了一段时间的黑暗之后闪光灯造成的过度光亮，"照片"实际上是以一种令人痛苦的方式到达视网膜的，在视网膜上留下了一个挥之不去的"余像"。但是视网膜在眩光下无法看清一幅影像。苏珊·桑塔格使用了"固定"和"抓住"这类动词来指在无限的时间内观看一幅印放照片的可能性，与观看一部总是处在动态中的电影截然不同（2002[1977]:81；参看第二章），梅特强调了拍照片包含了对一个地点的短暂体验，比同一地点的电影画面更短，在她的录像中，这形成了对"所拍摄的"地点的一种模棱两可的体验。一方面，观众可以让自己置身同一地点——和艺术家一起实时地从黑暗中跑过，在现场拍下这幅照片。另一方面，人们实际上不可能看到这个地点，这就造成了一种怪异的感觉。这件作品的标题《在场的缺席》强调了对地点的这种体验。《一闪而过的影片》中的"照片"被印放出来的时候，人们就不会产生这种模棱两可的感觉，因为这些记录下来的现场会被人们体验成为一个废弃工厂的平淡无趣然而真实的地点。

梅特对闪光灯不同寻常的运用，其实与哈罗德·埃杰顿用高频闪光灯所做的实验有关，通过高频闪灯闪光的照明，展现了人的肉眼无法看到的东西（参看第二章）。闪光灯在当代摄影中的另一个有意思的应用，是在日光下使用。用这种方式拍摄的照片，例如美国摄影家菲利普－洛卡·迪柯西亚（Philip-Lorca diCorcia）的街头摄影以及荷兰摄影家莱涅克·迪克斯特拉（Rineke Dijkstra）拍摄的海滩上的少年肖像，营造了一种疏离的氛围。人造光的另一种非传统的运用，营造了怪异的效果，那就是半透明照片背后的灯光，例如灯箱，通常用于户外商业摄影，而不是用于艺术摄影。在杰夫·沃尔的《献给女人的肖像》（*Picture for Women*）（图注5.2）中，工作室的灯似乎亮着，这是灯箱的氖灯管造成的效果。不过杰夫·沃尔的照片思考的是拍照的动作，而不是光在摄影中的作用。

人们把摄影定义成完全是光的记录，但忽视了仅仅凭借对光影的记录，摄影暗示了一个三维的现实。光影的组合形成了一个影像，这种意识在有关绘画诞生的传奇故事中尤其强烈，老普林尼在《自然史》

196

（*Natural History*，公元1世纪）中对此有过阐述。普林尼评论道，我们对绘画的诞生所知甚少，但有一件事可以肯定：绘画最早诞生的时候，是用线条把人的影子画下来，于是身体不在场的时候，它的投射物仍然在场（斯托伊奇塔，1997:7）。

就本章的主题而言，纳克索斯的神话是最令人瞩目的：他爱上了水面上自己的倒影，这则神话故事出自奥维德的《变形记》（*Metamorphoses*，成书于公元8世纪），后来成为绘画诞生的故事。摄影史可能包括了很多照片的例证，其中包括摄影师的身影，作为某种自拍像，和用镜子呈现摄影师自拍像的照片。虽然影子和镜像都是某种映现，在西方文化史当中，影子的影像显然从属于镜像，后者往往更受赏识（斯托伊奇塔，1997年）。在以下章节中，我们更详细地探讨镜像的作用。

5.2 反思拍照：照片——照相机——摄影师

表现摄影师在工作中用照相机拍照的照片，让观看者意识到摄影师与照相机之间，以及照相机与照片中所再现的地点之间的相互依存关系（图注5.2和图注5.3）。德国摄影家安德列斯·费宁格（Andreas Feininger）的《摄影记者》（*The Photojournalist*，1951年）把摄影师描绘成一个隐藏在照相机背后的鬼鬼祟祟的潜伏者，不仅遮住了他的眼睛，而且取代了他的双眼（图注5.4）。照相机的镜头取代了一只眼睛，附加的取景器取代了另一只。镜头和眼睛的这种融合恰好包含了一种新观念：从摄影滥觞的时期以来，照相机镜头就一直被比作眼睛。早在1816年，约瑟夫·尼瑟弗·尼埃普斯就提到了他正在建造的相机就是一个人造视网膜，而还无法固定下来的影像，他也称之为"视网膜"（马琳，1977:6）。福克斯·塔尔博特在《自然的画笔》中谈到了"照相机的眼睛"（the eye of the camera）。其他人甚至认为镜头是眼睛的备选或延伸。例如，莫霍利—纳吉声称，照相机看到了人们不得不让自己习惯的一个现实，因为照相机是现代技术的眼睛。他认为摄影具有的八种新的不同视觉分别是：抽象的观看（物影成像）、精确的观看（报道）、快速的观看（抓拍）、缓慢的观看（长时间曝光）、增强的观看（微观摄影）、具有穿透力的观看（放射线照相技术）、同时的观看（透明的重叠）以及扭曲的观看（光学玩笑）（optical jokes）（1965[1947]:206）。

像费宁格的照片一样，德国摄影家赫尔穆特·纽顿（Helmut Newton）的《有妻子和模特的自拍像》（*Self-portrait with Wife and Model*，1981年）也把照相机表现为摄影师的眼睛，但也让观众意识到自己是在分享摄影师的眼睛，看着模特的后背和镜子。这幅照片表明了照片是在哪里以及怎么拍下来的，而费宁格的照片则可能是在看着镜子的时候拍的，或者是一位同事的肖像。后一种情形是显而易见的：那是丹尼斯·斯多克（Dennis Stock）的肖像，他是1951年《生活》杂志业余摄影大赛的获胜者。

杰夫·沃尔照片中的环境比纽顿或费宁格的更为复杂。沃尔把自己表现成站在离照相机很远的位置（这个传统的姿势可以追溯到摄影滥觞的时代），让观看者看到摄影师和照相机各自在彼此"观看"（图注5.2）。如果说这幅图片比费宁格的照片提供了更多的信息，表明照片是在哪里拍的，那么观看者就比纽顿的照片中更加努力地想象所展现的环境。站在那里的究竟是谁？而且站在镜子前的，实际上是沃尔拍下来的照片吗？

下面，我们首先讨论一些挑选出来的作品中呈现的拍照动作这个焦点，主要根据维勒姆·弗卢瑟尔阐述摄影师与照相机之间关系的理论。之后，我们主要根据维克多·斯托伊奇塔（Victor I. Stoichita）和威廉·米切尔的理论，结合三件重要的作品，探讨元图片的概念。

5.2.1 维勒姆·弗卢瑟尔：装置与摄影师之间的关系

照相机的诞生完美地满足了一个社会的需求，这个社会发觉自身处于产业飞速转型的不断变化之中。此外，照相机试图通过消除不确定性，从而完善实证主义的计划（麦奎尔，1998:124）。就像前面的章节所解释的，这种态度今天已经改变了。然而，照相机的重要性却越来越高了。很多摄影师甚至认为他们的照相机是一种义肢，也就是成为他们身体的一部分，没有相机，感觉就是残缺的，或者像是有一个幻肢（phantom limb）。

对于照相机和摄影师之间牢固的相互关系，是苏珊·桑塔格在《论摄影》中提出的。她声称，"照相机……是作为捕食者的武器来出售的——尽可能地自动，随时猛扑过去"，同时她也暗示了摄影师就是一个猎人（2002[1977]:14）。照片看起来像是纪念品，其获得是靠技巧、狡黠和运气，正确的时间在正确的地点，知道如何瞄准和何时射击。如果拍照基本上是一种不干预的行为，那么一台相机就把某人转变成了某种主动的东西，一个窥淫癖者：只有他控制局面（10,11）。

哲学家维勒姆·弗卢瑟尔在《摄影的哲学思考》（*Towards a Philosophy of Photography*）一书中，也把照相机比作猎人的工具，但专门在一个拿着照相机的人的动作和狩猎的举动之间做了比较（1984[1983]:23）。按照弗卢瑟尔的说法，那就是石器时代冰原上猎人的姿势。其中的差异是摄影师并不是在开阔的草原上追逐猎物，而是在文化客体的密林中。他的各种狩猎路径，是由这种人造极圈针叶林形成的。

桑塔格和弗卢瑟尔的猎人比喻也被亨利·范·里尔在《摄影哲学》（*Philosophy of Photography*）一书中纳入视野。他指出，尽管使用装弹、发射、捕捉、获取、射击和抓取等术语把摄影师的实践同猎人的做法联系起来，照相机差不多就是一支枪；它是一个圈套，必定会让猎物被俘获。设置陷阱的人既是被动的，又是主动的。对于人类意欲捕获的动物而言，人必须首先明白这种动物的行为。按照范·里尔的说法，设陷阱者（trapper）这个词是北美土著居民所使用的，准确地指出了猎人与猎物之间的共谋关系，那是一种最大限度的兄弟情谊。此外，陷阱的比喻也指出了摄影师始终是在局外。设陷阱者满足于把陷阱和猎物联系起来。范·里尔表达了自己对这类奇怪的猎人——设陷阱者的诧异，他们并不是在捕获猎物，似乎只是对掌握猎物的踪迹更感兴趣（2007[1983]:72,73）。

在这种语境下，维勒姆·弗卢瑟尔——他于1980年至1991年之间发表的大部分文章都是关于摄影的，主要涉及照相机与摄影师之间的相互关系——喜欢详细阐述其他的比喻。他乐于把照相机称作装置（apparatus），而不是机器，因为机器改变了世界，而装置改变了世界的意义。装置既适用于一个管理机构，也适用于政党（1998[1980]:10,11）。在几篇文章中，他把拍照的动作和官僚机构的工作并列在一起。例如，摄影师不应该像卡夫卡小说中无能的管理者那样行事，比他所管理的装置更无能（1998[1983]:57；1984[1983]:20）。弗卢瑟

200

尔建议研究装置的特点，这一点通过分析简单的相机就可以发现，即便是在一种初期状态（1984[1983]:15）。照相机构成了庞大装置（例如官僚体系）的原型，也是那些极细微的装置的原型，似乎要脱离人们的掌控（例如电子设备中的芯片），决定了现在和不远的未来达到一个新的高度。

为了强调有关照相机作为装置的作用的论述，弗卢瑟尔提到了拉丁文动词apparare的语源学起源，意思是"做好准备"（15,20）。照相机做到了摄影师想让它去做的事，尽管他并不知道在这个黑盒子的内部究竟发生了什么。这就是一个装置的核心特征。作用者（*functionnaire*）通过控制其外部（输入与输出）来控制装置，也被装置内部的不透明所控制。换句话说，作用者就是那些控制一场他们能力所不及的游戏的人。

弗卢瑟尔主要讨论了一般意义上的摄影师，但是在《穆勒—波利的视觉主义/纪实主义》（*Visualismus/Documentarismus laut Müller-Pohle*）一文中，他描述了德国摄影家安德烈斯·穆勒—波利所提出的两种类型的摄影师。前一个类型是坐在一堵有一个孔的墙背后，试图透过这个孔来尽可能详细地记录这个世界。而后一种类型也是坐在那一堵墙的背后，但是却设法造出一个新的孔，以便获得对这个世界的一个新视角。弗卢瑟尔称这些视觉主义者是知识分子，因为他们在思考新孔的可能性，相信他们自己的头脑以及人类个体的自由。如果说弗卢瑟尔显然是视觉主义这一类型的拥趸者，他承认，他们是站在纪实主义者的肩膀之上（1998[1982]:31-34）。这种把摄影划分成两种类型的做法，让人想到了约翰·沙考夫斯基在《镜与窗》（*Mirrors and Windows*）中从隐喻的层面上提出的对待摄影的两种基本手法，这是1978年在纽约现代艺术博物馆馆举办的1960年以来美国摄影的一次展览："窗式"照片主要让人了解这个世界，而"镜子式"照片则突出了摄影师。

在同年发表的另一篇题为《非物的道路上》（*Auf dem Weg zu Unding*）的文章中，弗卢瑟尔另外还论述了随时间推移从对物的兴趣逐渐转向了对信息的兴趣，他称之为从硬件向软件的转变。信息处理取代了社会中物的生产。对物的渴望被对快乐、体验、事件和知识的渴望取而代之。摄影师展现了一个"没有物的生活"意味着什么，因为照片是一个毫无价值的物，只有作为信息才是有价值的（1998[1982]:45-48）。

在弗卢瑟尔最后的文章之一《拍照是一种生活方式》（*Fotografieren*

als Lebenseinstellung，1989年）中，他甚至把拍照片想象成是一种生活方式，而他又把它描述成是在创造具有多种可能性的实实在在的现实。在摄影之外，人们也许认为照相机是一个物件，但是在摄影的语境中，这个装置象征着一批可能出现的影像。同样，在摄影之外，人们认为摄影师只是一个主体，但是在摄影的语境中，摄影师体现了一批可能出现的影像。弗卢瑟尔引入了光量子作为第三个成分，在空间中呈现，而且在摄影之外，人们认为是一种自然的反应。但是在摄影的语境中，光量子也代表了一系列可能出现的影像。装置、摄影师和光量子此前仅仅是一种可能性，而只有在照片中才成为真实的（1998[1989]:176）。弗卢瑟尔认为，这种意识将会带来一种新的生活观（179）。

按弗卢瑟尔的说法，"外在"的世界并不是"真实的"，装置程序设定"之内"的观念也同样不真实；所谓"真实的"，是它所形成的影像。世界和装置程序设定都是要在照片中实现的虚像（virtualities）。就这种看法而言，费宁格、纽顿和沃尔照片中的摄影师并不是在看着"外在的"世界，而是看着或者暗示了在看着镜子里面，仿佛是在思索手中照相机的可能性以及它所产生的影像，这一点非常有意思。

5.2.2 斯托伊奇塔和米切尔论"元图片"

那些反映了如何制作，或者使自身成为对象，抑或同时兼而有之的图片，可以被称之为"元图片"。威廉·米切尔在《图片理论》（*Picture Theory*，1994年）中从三个角度讨论了元图片：制造者、制造过程和最终的产物。不过，他并没有像维克多·斯托伊奇塔一年前在《自我意识的影像：理解早期的现代元绘画》（*The Self-Aware Image. An Insight into Early Modern Meta-Painting*, 1997[1993]）中那样，对元图片概念做出深刻的理论阐述。斯托伊奇塔和米切尔着眼于绘画和素描中的元图片概念。虽然他们几乎没有阐述摄影中的这种图片，但是把"元绘画"的特征同一些作为"元照片"的照片相比较，是非常更有意思的。相似性，但可能甚至更多的是差异性，让人们理解了摄影中的元图片是如何把摄影解释清楚的（格鲁特，2007年）。

斯托伊奇塔引入了与绘画的创作有关的两类绘画：其中之一是创作者描绘了自己，称作有上下文关系的自我投射（self-projection），另一个是图片的制作过程成为核心主题，他称之为生产的场景（poietic scenario）。沃尔和纽顿的照片大概是前一类的典型例证。费宁格的照片则是一位同事的肖像，但是他的面孔几乎看不见。这张照片把摄影记者表现成隐藏在有附加取景器的照相机后面的伪装潜伏者，可以被称作是一个生产的场景。

在这种划分之外，米切尔和斯托伊奇塔还把表现了生产过程最终产品的图片分成两类：指向自身的元图片，和指向一个或更多其他图片的元图片（这两个分类将在下一节当中予以讨论）。

元绘画与元照片之间的区别，主要由这两种媒介的生产过程的本质所决定。画家在工作中的元绘画，表现了他们处在将颜料涂绘在画布上这个漫长过程中的某个瞬间。这个阶段乃是绘画的生产过程中最重要的阶段，人们对这一点显然有共识。而拍照最常被描绘的阶段是透过取景器观看的瞬间。人们很难分辨出所展现的工作中的摄影师究竟是仍在思考，还是实际按下了快门。对于照片生产过程中这些瞬间的重要性，还存在不同看法。例如，按照海因里希·施瓦泽（Heinrich Schwarz）的说法，摄影师拍下照片的瞬间，只是标志着从重要的"前摄影行为"（pre-photographic action）转向了重要性次之的"后摄影行为"（post-photographic action）。在第一阶段，摄影师创造了审美的形式，而在后一阶段，他只是将这一形式固定了下来，于是施瓦泽得出结论，只有第一阶段才能被称作是艺术行为（artistic action）。在这个前摄影阶段，摄影师的举动就像是一位画家，通过"审美感知"（artistic perception）来组织和选择自己的对象，而且是基于他头脑中的一个影像（1985[1962]:93）。克里夫·斯科特把两种关于摄影师自我表达的"时机"（place）的看法并置起来（1999:17-22）。一方面，也许只是在短暂的瞬间，照相机内部与外在世界联系起来。而另一方面，这是摄影师就照相机技术而做出的所有选择的一部分。

费宁格的照片表现了按下快门的短暂瞬间，因为人们可以看到光圈开启（图注5.4）。这种不确定性在纽顿和沃尔的照片中并不存在，后者显然并不是表现快门释放后的摄影行为。但是这些照片都可能展现了一段沉思的时间，探究疑问，或者做出抉择，施瓦泽将其描述为创造性的前摄影阶段。

对于《献给女人的肖像》的大部分阐释，都是在寻找证明镜子存在的细节，以便理解所再现的创作过程。蒂埃里·德·迪夫（Thierry de Duve）主张，人们很难分辨出沃尔究竟是在看着哪里，只有通过想象一只鸟对整个场景的视野，人们才能肯定，他是在看着镜子中面对他的女人，而不是在工作室的真实空间中看着她的后背。这就意味着女人实际上和摄影师站在同一个像平面上。和摄影师类似，她也被表现成一个观众，而不是被动的模特。这种主动态度和状态与摄影师类似，对于德·迪夫来说，这就是对《献给女人的肖像》这个标题的解释，即一张专注于女人们的照片。他也注意到女人而非摄影师在镜子中注视的方向，给观看者的认知带来了一定困扰。真实的女人看着照相机中的镜子反光，就像德·迪夫所画的草图中所显现的那样，他标注了摄影师、女人和照相机以及他们的镜像的位置，通过他们观看的方向而把他们联系起来（1996:3）。

我们可以肯定，《献给女人的肖像》呈现了一个镜像吗？甚至在照相机上映现的文字以及摄影师对女人的凝视（只有通过镜子这样一种间接的观看才能"达到"）这些细节，都没有为这个问题提供明确的答案。假使《献给女人的照片》创作的时候并没有利用一面镜子，而是由另一位摄影师来操作，那么沃尔就被表现成"他"的形式（he-form），成为一位工作中的摄影师的肖像，或者甚至是在扮演一位摄影师的角色。斯托伊奇塔把这类被呈现出来的创作者称作蒙面的作者（masked author）。这类艺术家带着另一位艺术家或原型的面具。费宁格的照片则展现了一位实际上以相机为面具的摄影师，但是其标题《摄影记者》（省略了模特的名字）和特征使得照片充当了一个原型。费宁格在《摄影高级训练》（Die Hohe Schule der Fotografie）这本写给摄影师的手册中，就这张照片评论道，正是一种观念的视觉化——"摄影师通常并不是这样观看"——证实了这样的观察（1961:115）。 204

此外，斯托伊奇塔也在创作过程和最终结果之间的差别中，注意到元图片中的间接性。一方面，绘画中的绘画不可能在绘制的那一瞬间就完成；另一方面，当整幅画作完成的时候，观看者只能看到那幅画的映现。按照米切尔所采用的术语，这就意味着最终自我映现的绘画是描绘了"一级表征"（first-order representation）的"二级表征"（second-order representation）。所谓二级，就是对作为表征的绘画的再现（1994:42）。根据一幅照片用类似镜子的方式再现了对象这一定义，费宁格、纽顿和沃尔的照片都可以称作是"二级表征"，对"一级表征"做出了说明。

　　摄影师让自己的模特摆姿势，从而创作一幅自拍像，这个主题触及到了本书没有涉猎的问题：姿势。经常被引用的观点是巴特在《明室》中的论述："从我觉得正在被人家通过镜头看到的那一刻起，一切就都变了：我'摆起姿势'来，我在瞬间把自己弄成了另一个人，我提前使自己变成了影像。"（1981[1980]:10）和巴特单一的摆姿势相反，亨利·范·里尔在《摄影哲学》中罗列了三种摆姿势。首先，一个人迅速僵住，认识到自己成为自己，或者想象自己让"它"过去。其次，人物持续僵住，不再想象自己，听任自己的机体让"它"过去（例如在奥古斯特·桑德的照片中）。最后，还有玛丽莲·梦露式的姿势，表现出对摄影胶片、相纸和电影银幕的绝对自如（availability）。按照范·里尔的说法，第3种类型也许是最有哲学意味的，因为从这个说法的每一层意义上讲，它表明了有一些影像成为世界之外的一个世界（2007[1983]:63）。纽顿照片中的模特，确实是第3种类型，而沃尔的模特则属于第2种类型。摄影师本人（沃尔、纽顿和费宁格）也似乎像范·里尔的第2种类型那样做出反应。第1种类型与巴特的反应有关，人们往往在家庭相册中可以看到。

　　有些元图片，例如《献给女人的肖像》，也以一种复杂的方式引起观看者的注意。从某种程度上讲，这种互动可以同观看者对西班牙画家迪戈·委拉斯凯兹（Diego Velàzquez）的《宫女》（*Las Meniñas*，1656年）这幅画的互动相比较。米歇尔·福柯称这幅画的观众既是"观看者"，又是"被观看者"（1973[1966]:20,21）。画家注视着模特，但是因为《宫女》的观众看者占据了模特的位置，画家又似乎是在凝视着观众。这种从画家与模特之间的关系向画家与观看者之间关系的转变，使人们意识到《献给女人的肖像》中的复杂关系。可以比作画家的，究竟是照相机还是摄影师呢？作为图片的"记录者"，那当然是照相机，而作为图片的"创造才能"，自然就是摄影师。沃尔的照相机似乎"注视"着观看者，同时记录了整个场景，而沃尔作为摄影师，只是注视着那个女人。这就导致了观看者与照相机之间一种复杂的"交叉"作用，与摄影师对模特的凝视相交叉。

结合元图片理论和工作中的摄影师们的照片，弗卢瑟尔对摄影师和他们的照相机的批判思考，构成了一个有意思的理论框架，不仅探索了在拍照这个动作当中摄影师与照相机（和模特）之间的复杂关系，而且探究了通过针对这个话题，最终得到的照片与观看者的视觉交流。

5.3 照片作为映现过程的产物

从前一阶段关于创作过程中照片的映现，过渡到本节对作为最终作品的照片的映现，我们现在探讨加拿大艺术家米歇尔·斯诺（Michael Snow）（图注5.5）和杰夫·沃尔（图注5.2）以及中国摄影家刘家祥（图注5.6）如何成功地把人们的注意力吸引到创作过程上，也吸引到最终作品的特性上，我们在本章开始的时候曾描述过，这种组合几乎是不可能做到的。斯诺拍摄了自己在镜子中的宝丽来照片，再把这些照片贴在镜子上，然后把这个举动重复四次。把这面有五张宝丽来照片的镜子展示给公众，观看者就能够追踪二者必居其一的拍照片——从斯诺所站的同一个位置——和印照片的阶段。206

与斯诺的作品相反，杰夫·沃尔的《献给女人的肖像》第一眼看上去只是在拍摄，但是蒂埃里·德·迪夫声称，沃尔使一幅照片不可见的像平面变得可见了。沃尔在这方面成功了，使一面镜子能够捕捉到一个影像，展现自己凭借一个镜子的表面来注视那个女人，所以镜子平面的物质性映现出他的凝视，这就强调了就像这幅照片这样，镜子是一个反光的物理表面，而不是一扇透明的窗子（1996:30）。

1969年，斯诺利用了新型宝丽来相机拍摄后立刻印出照片的选项。刘家祥2008年的数字照片《国家大剧院》则展现了一群人举起手中的数字照相机，在拍他们眼前的大剧院。在照相机小而明亮的数字显示屏上，人们可以看到大剧院小小的数字影像。刘家祥的照片显然经过了处理，但是整个场景并不是假造的，而是在日常生活中随处可见，与斯诺作品中更加人为的场景相反。

一个影像在一个影像中的重复出现，就像斯诺和刘家祥的作品所展现的，可以称作"连环嵌套"（mise-en-abyme）的图片。克莱格·欧文斯（Craig Owens）在《嵌套式摄影》（Photography en abyme）一文中解释说，这种观念最早是由法国小说家安德烈·纪德（André Gide）在1893年提出的。纪德使用了"嵌套"（en-abyme）这个短语，在一个文本中告诉读者文本是什么。后来，按照欧文斯的说法，在文学批评的词汇中，"嵌套"被用来描述任何文本片段，整体复制在文本的微型结构中，或者甚至定义了一面内在的镜子，反映了包括其在内的作品的总体。欧文斯在文章中着眼于在一个影像中充当了一个影像的镜子。他把镜子和照片联系起来，主张镜子使它的对象变成双倍的，就像照片一样，尽管有所不同（1978:75,76）。他用法国摄影家布拉塞表现咖啡馆里一群年轻巴黎人的照片，以及罗伯特·史密森的《镜子的替代》（Mirror Displacements）这一摄影计划，来说明自己的主张。

史密森1969年的《镜子的替代》计划是继1968年完成《照片标示》（Photo-Markers）之后。《照片标示》系列展示了一些照片，艺术家在一段时间之前拍摄这些照片的地点替换下来，又在这个地点重新拍摄。像构成《镜子的替代》计划一部分的《尤卡坦镜子之旅的偶然事件》（Incidents of Mirror-Travel in the Yucatan）这类作品看起来很类似，但艺术家在现场摆放的是镜子而不是照片。古列尔莫·巴尔杰莱西—塞韦里（Guglielmo Bargellesi-Severi）评论说，史密森对镜子的浓厚兴趣，显然来自于他对摄影复制的挑衅性进行的探讨。显而易见，史密森1968年的系列中拍摄了现场的黑白照片，之后再将它们送回到现场的某个场所之后，他又拍摄了这些照片的彩色照片。黑白照片排除了与镜子的混淆，而《镜子的替代》中的镜子则可能是彩色照片。按照巴尔杰莱西—塞韦里话来说，《照片标示》并不是关于现场的，而是关于展现了通过三种去除动作而看到本质的那一媒介：颜色的弱化、漂白以及照相机的裁切——迫使人们面对和接受自身被简化为正方形的标示。在《镜子的替代》中，镜子再现了映现过程，人们相信确实是真实的（1997:175）。此外，《镜子的替代》中的镜子延伸了摄影的局限，把镜头用其他方式无法看到的东西纳入到照片当中：照相机背后或上方的天空部分，为照相机赋予了全景的视野。

还可以找到很多其他摄影师，他们重拍了自己（被替换）的照片，就像史密森的《照片标示》那样的情形。但是还有其他不同的方式，照片可以在一幅照片当中呈现出来。摄影师们也许还拍了别人所拍的照片的图片，从著名的专业照片到私人的业余照片。我们下面的例证在这些类型如何影响摄影这一方面揭示了重要的差异。

美国摄影家杜安·麦可斯（Duane Michals）简短的照片故事《事物是奇异的》（*Things are Queer*, 1973），就是和上面给出的定义密切联系在一起的"嵌套结构"，而且针对了摄影的一些"短处"（图注5.7）。这个故事必须按照从左上角开始的纵向列来解读，讲述了人们无法确定照片中所呈现的东西的真实尺寸，从第一张照片到第二张照片的过渡中，这一点变得尤为清楚。但是这个系列也展现了看出观看一幅关于某人/某物的照片和观看一幅某人/某物的照片的照片之间的差异是完全不可能的，后一种观看在从第三幅到第七幅照片的一组当中展现出来（另参看第二章关于《堤》的讨论）。这一组中各种元素的比较，让人们得出了结论，即第三幅照片（以及第二幅中的特写）看上去是最直接的，而整个系列的第一幅照片（也是最后一幅）则是其中最间接的、最"有层次的"（layered）。 208

米歇尔·福柯为杜安·麦可斯专门撰文，把这个系列描述成是对摄影的传统任务的质疑：即再现现实，确保所呈现的事物的可信性，并成为见证。摄影的任务本身已经变成制造其自身可视性空间。福柯得出这样的结论，即系列的标题（《事物是奇异的》）不仅适用于其主题，而且也适用于这一媒介，而无论是谁在观看麦可斯的系列，都无法专注于照片的"准可视性"（quasi-visibility）之外的任何东西（1994[1984]:243-250）。

《事物是奇异的》就是一种没完没了的循环。在《摄影的哲学思考》中，弗卢瑟尔指出，摄影的四个基本概念——影像、装置、程序和信息——都是基于没完没了地返归这一共同点。影像就是眼睛来回逡巡的 209 表面，一而再再而三地返回到出发点上。装置是重复完成同样动作的玩具。程序是反复将同样的元素结合起来的把戏。信息则包含了未必会发生的格局，从可能发生的趋势当中浮现出来，往往一再反复地返归到这一点上。利用这四个概念，人们便不再会觉得自身处在直线式的历史语境之下，没有任何东西在重复自己，一切皆有因也有果（1984[1983]:55）。

上面提到了区分观看某物的照片或者观看某物的照片的一幅照片之间的区别是不可能做到的，这可以解释美国艺术家谢丽·列文（Sherrie Levine）"翻拍"一些经典照片为何会造成如此大的困惑。她的照片在尺寸、外观和清晰度上不同于第一手来源，但这些都是微小的差异（霍伊，1987:122）。大部分作者解释列文挪用著名摄影家（例如沃克·埃文斯和爱德华·韦斯顿）的照片，只是没有任何改动或添加地翻拍而已，从总体上批判了艺术的本真性和作者身份。不过，克莱格·欧文斯主张，通过这种方法，列文实际上强调了挪用埃文斯之类摄影师的照片的举动："通过再现这些农村贫困者——被剥夺财产者——的经典影像，列文是在唤起人们关注埃文斯最初拍这些照片（农业安全局计划）时凭借的挪用行为，仿佛是用例证来说明沃尔特·本雅明在《作为生产者的作者》中对于摄影的经济用途的论述：'（摄影）成功地用一种时兴而又完美的方式，使悲惨的苦难状态成为欣赏的对象，即一个商品'。"（1982:148）沿着同样的路线，阿比盖尔·所罗门—戈多强调，列文的照片推翻了人们认为艺术作品的完整性、价值和所谓自主性赖以存在的基石（作者身份、原创性和主观表达）。她对窃取来的影像的选择完全是随意的：她往往选择著名男性摄影师的作品，因为其意识形态的强烈程度来选择这些窃取来的影像的内容和规则，之后又将它们置于去神秘化的审视之下，这一点由于把它们"重新"置于引号当中的举动而成为可能，并加以利用（2003[1991]:128）。

　　列文照片中的引号只有在标题中才是可见的，这是由于一个经常被提及的事实：人们很难甚至无法把观看一幅照片同观看一幅照片的照片区分开来。马科斯·库兹洛夫（Max Kozloff）主张，人们往往甚至并没有意识到，自己是在观看一幅照片的复制品，而不是"原作"（1979:91）。不过，像荷兰摄影家贝尔丁·范·玛楠（Bertien Van Manen）的摄影系列《把你的影像给我》（*Give Me Your Image*，2002–2005年）这样的照片，立刻就可以识别出是"挪用"其他照片的照片。

　　贝尔丁·范·玛楠在欧洲旅行了几年，拍了人们向她展示的家人或朋友的照片。她系统地在这些照片所有者的家中居室背景下拍摄这些照片。范·玛楠的这些系列和费宁格、纽顿以及沃尔的照片的重要区别，在于后者强调照片被拍摄的地点，而前者强调了照片存放在哪里。与沃尔特·本雅明的作品通过摄影复制而丧失其唯一性——这同某个地点及其物质性联系在一起——的论述相反，范·玛楠是在这些照片获得其意义和价值的地点这一背景下来"复制"这些照片。此外，照片几乎并没有丧失其物质性，因为在一些照片当中，甚至（照片或相框）外观的光泽因为闪光灯反光的缘故而变得可见（图注5.8）。

《把你的影像给我》中融入的照片，是所谓民间摄影的典型例证（参看第四章）。乔弗里·巴钦把民间摄影视为普通的照片，自1839年至今一直被平民大众所制造和购买，这些照片占据的是家庭和内心，而很少是美术馆或学术机构。民间摄影是摄影大众化的一面，而因为其如此大众化，被正统历史的批判眼光大大忽视了（2001:57）。范·玛楠的系列就是一种向民间摄影的致敬，展现了几乎每个家庭都保存着这样的摄影，像巴钦一样强调了人们不应该忘却，民间摄影构成了每天制造出来的照片中的绝大多数（59）。巴钦提到的另一个特征，也因为范·玛楠通过在家庭背景下把民间摄影当作对象来记录的方式而得到强调："民间摄影充分发挥了一个事实，即照片是世界上某种也可以有体量、触感以及物理外观的东西。"（68）

范·玛楠重拍民间照片，而其他艺术家，如德国摄影家乔奇姆·施 211
米德（Joachim Schmid）则利用这种照片，或者更具体地讲，是利用"现成照片"创作了照片拼贴作品，这些照片是一种类型的民间摄影，由照相亭旁边的街上或跳蚤市场上"发现"的照片所组成。从某种程度上讲，这些拼贴作品延续了达达主义艺术家和俄罗斯构成主义者们最早期照片拼贴的创作过程。这类拼贴作品绝大部分是由新闻照片组成的。从20世纪60年代末以来，观念艺术家们采用了这一技巧，也开始在自己的拼贴作品中利用诸如自己的家庭照这样的民间照片。值得注意的是，这种技巧在女性主义摄影师中间成为一种备受青睐的做法。克莱格·欧文斯对于这种偏好提出了一种解释。他主张，少数女性主义摄影师创造出一种新的经过修正的女性特质的"积极"形象；这么做只是供给并由此延续了现有再现装置（representational apparatus）的寿命。有些人完全拒绝表现女性，相信任何对女性身体的表现在我们的文化当中都无法避免生殖崇拜的偏见。不过大部分这类艺术家用文化意象的现有储备来创作——并不是因为他们缺乏原创性或者对此提出批判——而是因为他们的主题，即女性的性别，往往构成了一种再现，即对差异性的再现。欧文斯强调说，这些艺术家从根本上对于再现表达了对女性的什么看法并不感兴趣，相反，他们考察了再现对女性做了什么（例如人们始终把它们当成是男性注视的对象）（1992[1983]:180）。

可以找到很多合乎欧文斯主张的女性主义艺术作品（尽管可能更多的女性主义艺术家们利用摄影来记录自己的表演，表达对作为对象的女性身体的看法，参看第二章）。例如英国艺术家玛丽·耶茨（Marie Yates）的《唯一的女人》（*The Only Woman*，1985年）由三部分组成，围绕从自己的家庭相册中挑选出来的大量照片编排出来。简短而神秘的文字融入作品当中，使作品大体指向了性别和社会的定位。耶茨解释说，这件作品详尽阐述了作为女性实例的"女儿"，通过心灵的投入而产生。虽然这是基于她的个人经历，但她希望通过为观看提供一个变化的场位，而不是传统绘画中所确立的"正确的"观看位置，从而让观看者而非艺术家处在合适的位置上（1986:38,39）。

作为例证，她指出，在题为《凝视》（*Gaze*）（图注5.9）的第三部分当中，作为对象而制作出来的文字通过拒绝具象化以及片段的呈现，提供了一种与整个情节的距离感。家庭照片的片段通过从近处观看（在第一幅和第六幅照片中，放大镜摆在了照片上）而同时又保持距离，就为观看提供了一个变化的场位：人们意识到了观看，也意识到被人看到在观看。她把拒绝具象化和引用同事玛丽·凯莉（Mary Kelly）的一句话联系起来，与前面提到的欧文斯的评论非常类似："作为一种历史的策略，避免母亲和孩子的完全具象，也就是避免任何再现的手段，让复原冒着成为'生活的切片'的危险，这似乎是至关重要的。利用女人的身体，她的形象或容貌并不是不可能的，但对于女性主义来说就成问题了。"（耶茨，1986:38,39）惊人的是最近《全球女性主义》（*Global Feminisms*，2007年，纽约布鲁克林美术馆）这样的展览表明，很多新一代女性主义摄影师们又再次着眼于女性的身体。

耶茨对于艺术家和观看者之间的等级关系——葛蕾西达·波洛克（Griselda Pollock）把它同女性主义艺术联系在一起——的抗拒，让人想到了克莱格·欧文斯对谢丽·列文的挪用照片所做的评论："她对作者身份的排斥，事实上岂不是对造物主作为其作品的'父亲'这一身份，法律赋予作者的父权的排斥吗？"（1992[1983]:182）对于图片的性别研究，波洛克传播了贝尔托·布莱希特（Bertolt Brecht）运用在戏剧中的众所周知的"距离感"和"陌生感"的策略。布莱希特的观点是要让观众从被艺术的幻象所俘获的状态中解放出来，这种幻象鼓动人们被动地认同虚构的世界。对布莱希特而言，观众在一个事件的意义生产当中成为主动的参与者，这个事件不仅被认为是再现，也指向并塑造了对当代社会现实的理解（2009[1988]:223）。

耶茨用类似的手法来利用照片，激励（女性）观众反思社会地位和她们自身的类似经历。然而就像列文一样，她的作品大体还是充当 ²¹³了艺术作品。不过照片的确碰巧还是在英国艺术家罗斯·马丁（Rose Martin）和乔·斯宾塞（Jo Spence）主管的治疗实验班上得到了应用，而且在《照片治疗法：心灵的写实主义是一种有治疗效果的艺术吗？》（Photo Therapy: Psychic Realism as a Healing Art?）中有所描述。马丁和斯宾塞从对家庭和商业照片的分析入手，试图再现凝视，特别是母亲和父亲的凝视（1988:2-17）。重现这些凝视当中的每一个，清楚地表明它们可以被描述成"镜子"，人们作为孩子或成年人看到、经历、内在化（往往是以一种自我压抑的方式）那些曾经或正在映现，或监督者从自身的信仰体系出发而提供、建构或定义的东西。马丁和斯宾塞的一个重要灵感来源，就是澳大利亚心理分析学家爱丽丝·米拉（Alice Millar），主张在家庭内部，往往是父母无法满足的自我崇拜的需求，与更广泛的特定文化的话语交织在一起，构成了孩子们如何被映现和"观看"自己的基础。

马丁和斯宾塞的文章也让人们注意到一个事实，即家庭快照几乎并没有提供家庭生活各个层面上的固有矛盾、权力之争或欲望的任何明显迹象。他们的"照片治疗法"的惊人一面，就是通过缺失的或者习惯上被忽视的快照和记录来创造一本新的家庭相册。

值得注意的是，不仅波洛克、马丁和斯宾塞以及耶茨，还有其他很多女性主义艺术家和学者显然对心理分析理论非常感兴趣。1984年12月，一次题为《差异：关于再现与性别》（Difference: On Representation and Sexuality）的展览在纽约新当代美术馆举办。毫无疑问，这是一次女性主义活动，很多都涉及到心理分析理论，但是展览展出了女性和男性艺术家们的作品，包括维克多·布尔金的《格拉迪瓦》（Gradiva）系列（图注5.10）。在同亚历山大·施特莱贝尔格（Alexander Streitberger）的访谈中，布尔金评论说，他求助于心理分析的"外在"原因，在于女性主义提出的强烈的政治主张，以及随之产生的对于影像而言提出性别和性征问题的手段的需要（2009:109）。

如果说心理分析理论成为下一节的核心，那么本节则阐述了各种形
式的刻意呈现照片的摄影。正如我们的论述所表明的，对这类图片的深
入研究，可以增进我们对摄影中的映现以及挪用和民间摄影等问题的理
解。此外，这些照片也可以说成是在不同的意义上呈现了把摄影作为映
现媒介的"视觉理论"。

5.4 摄影中折射出的心理分析理论

维克多·布尔金的黑白照片系列《格拉迪瓦》（1982年）以及苏
格兰艺术家温迪·麦克默多的数字处理彩色照片《站在后台的海伦，莫
林剧场（凝视）》（ *Helen, Backstage. Merlin Theatre (The Glance)* ，1996年），
从很多方面来讲都是非常不同的，但是两件作品直接让人联想到凝视和
被观看的动作。两位艺术家在文章（布尔金）和访谈（麦克默多）中都
表达了对心理分析的兴趣，观看的动作在其中发挥着重要的作用（图注
5.10和5.11）。这一节讨论与凝视和镜像的角色的不同方面有关的一些心
理分析理论，并把它们同《格拉迪瓦》以及《站在后台的海伦》这两件
作品联系起来。

心理分析由各种理论组成，主要着眼于无意识、主观性和性欲。关键
的概念都是由西格蒙德·弗洛伊德提出并不断修订的。他的观念后来不
断被很多理论家所改造，使心理分析成为一种多样化的概念体系。本节并
非针对心理分析临床治疗的实践，而是着眼于心理分析直接针对视觉或
能够与之联系起来的方面。弗洛伊德的"窥阴癖"（scopophilia）（观看的
愉悦）理论——是所有（有视力的）儿童生而具备的基本冲动——被女性
主义电影批评家劳拉·穆尔维所改造和采用，显示出对于电影中男性的凝
视的强调。摄影理论家罗伯塔·麦格思（Roberta McGrath）以类似的方
式（例如她在1987年的论文《重读爱德华·韦斯顿：女性主义、摄影与心
理分析》[*Re-reading Edward Weston. Feminism, Photography and Psychoanalysis*] ）对
照片进行了分析。由于他们有关性别的论述主要着眼于内容分析，而不是
摄影理论，我们在此不再赘述。不过，找到一些通过媒介特性而体现的女
性主义心理分析观点的有意思的例证还是可能的，例如美国艺术家琳·赫
斯曼（Lynn Hershman）的艺术研究，通过各种照相机偷窥的特性而提出了

与心理分析观联系在一起的性别问题：从照相机到照相枪，从录像机到网络照相机（特伦堡，2005年）。

在麦格拉思上述文章中，一幅照片和一件恋物对象之间的简单比较，的确同我们的论述有关。她提出，尽管我们知道照片只不过是纤薄的纸片，但我们总是倾向于过分为它们赋予意义，用它们来代替缺失物。事实上，照片的基本条件恰恰就是现实之物的缺席（1987:30）。而在两年前，克里斯蒂安·迈茨就在《摄影与恋物》（*Photography and Fetish*）一文中，详细阐述了恋物的概念（参看第二章）。他得出的结论是，与更有能力利用恋物癖的电影相比，摄影更能使自己成为恋物对象（1985:90），而麦格拉思在文章中肯定了这一观点。

不过，和我们在本节的重点更息息相关的，是维克多·布尔金关于摄影理论与心理分析之间联系的论述。布尔金发表了多篇关于摄影的文章，但很少把文章同自己的摄影作品联系起来。我们在这里把注意力放在《格拉迪瓦》这个照片系列上，从而提出了这种联系；该系列由七幅黑白照片组成，每幅照片下面都有几行图片说明。这个系列采用了一连串的引用和挪用，从四世纪罗马浮雕开始，画面是一个女人迈步向前。布尔金的第一幅照片展现了这件浮雕在一本书中的复制品的局部。正是这幅插图，促成了弗洛伊德在1907年的文章《詹森的〈格拉迪瓦〉中的妄想与梦》（*Der Wahn und die Träume in W. Jensens Gradiva*），文中分析了威廉·詹森1903年的小说《格拉迪瓦》（*Gradiva*）。这部小说讲述了一位年轻的考古学家爱上了罗马浮雕中的女人。他深深地被她走路的姿势所打动，称她是"格拉迪瓦"（表示"行走的女人"的拉丁文词句）。后来他在梦中看到了她死去的瞬间，她的死是因为公元前79年维苏威火山喷发而造成的。这个梦让他前往庞培，在那里他邂逅自己久已忘却的儿时玩伴，而且他把她想象成自己的格拉迪瓦。

布尔金的《格拉迪瓦》系列放大了格拉迪瓦行走的双腿：第一幅照片只是展现了浮雕中女人的双腿，而第三幅则呈现了赤脚女人踏上废墟石块的特写。在第五幅照片中，女人在背景中迈步向前，但是文字说明却把注意力引向了她："独自在荒废的街道上，他对一个女人的突然出现吃了一惊，女人用格拉迪瓦那种明显的步态行走着。"这三幅照片部分因为采用了黑白摄影而联系在一起。如果说在现实生活中，白色石雕、人的肌肤以及人物形象的剪影能够彼此区分开来，那么黑白照片会让人的肤色同石雕非常接近。第六幅展现了一幅女人的肖像，文字说明强调了梦境中和照片中的转化之间的相似性："他相信，他看到格拉迪瓦变成了大理石。"

最后一幅照片中再次出现的复制品上放着的自来水笔，几乎与整个系列的第三幅照片中两条纤细的腿相呼应。这一联想不仅是形式上相似的结果，而且也是摄影的另一个特性的结果：尺寸极为不同的物体，例如人物、自来水笔和一幢建筑，也许看起来有相同的尺寸。摄影于是就能够形成一种现实生活中并不存在的联系（例如把人物表现成灰色的雕塑，和自来水笔有相同的尺寸），这可以称之为"凝缩"（condensation），弗洛伊德用这个词来描述梦的多重隐意（multiple dream-thoughts）在显梦（manifest dream）中合并成为一个单一的影像。此外，自来水笔和女性双腿的组合，利用了心理分析的理论，同性欲原欲（sexual libido）和失落感联系在一起。在这些理论当中，延长物都和阴茎联系起来。在《看照片》（*Looking at Photographs*）一文中，布尔金在对詹姆斯·贾谢（James Jarché）的照片《韦弗尔将军看着他的园丁在工作》（*General Wavell Watches His Gardener at Work*，1941年）所做的分析中提到了这种关联，把割草机同阴茎的形状和位置做了比较（1982[1977]:148）。

虽然《格拉迪瓦》呈现为一个系列，但是照片之间的明显关系却缺失了；照片描绘了各自独立的"瞬间"。通过援引朱迪斯·巴特勒（Judith Butler）的话，布尔金把"瞬间"同记忆的内容联系起来：

> 我们所谓"瞬间"，并不是明确的、相等的时间单位，因为"过去"将会是这样的"瞬间"达到不可分辨的程度的积累和凝结。但是它也将是由那些拒绝被解释的东西，那些被压制、被忘却以及无可挽回地被取消的领域组成的。（1996:230）

在片段的问题上，布尔金引用了让·拉普朗绪（Jean Laplanche）：

> 你破坏，还原为片段，而[弗洛伊德]被人抱怨，所以你让自己不幸的患者解体，成了碎片。弗洛伊德对此的答复始终是，个人都有一种强烈的倾向，重新构成一个整体，重新转化和重新塑造对他自己和他的未来的一种"合成视景"（synthetic vision）。（258）

217

特写其实就强调了片段性。布尔金把特写描述成对某物或某人的"窥视"，它们已被剔除了过多的信息，于是成为一种不可解之物。他主张，当面对

> "这究竟是什么"的多样性的拼图照片时，我们意识到必
> 须从可能的抉择中进行选择，必须提供影像本身并没有包含的
> 信息。我们——旦发现了所描绘的物体究竟是什么，照片立刻就
> 转化了：不再是令人困惑的明暗影调、不确定的边缘和模糊的
> 体量组成的合成物，而是展现了一个"物"，我们完全可以辨
> 识的一个存在。（1982[1977]:146,147）

影像与去语境化的特写之间关系的缺失，不仅从始至终妨碍了对一个故事的解读；自来水笔在最后一幅照片中再次出现，也让整个系列转化成循环的结构，通过最后的文字说明而得以强化，描述了第一幅照片中所呈现的浮雕。在《无/差别的空间：视觉文化中的地点与记忆》（In/Different Spaces. Place and Memory in Visual Culture）的前言中，布尔金主张，心理分析习惯于折返于自身的思考，不断重复自己，从而获得新的方向（1996:IX）。有趣的是，同绘画、雕塑或录像等其他视觉媒介相比，摄影因为类似的格式和短暂的制作过程而更适合创作和呈现系列作品。布尔金甚至主张，照片的本质使得它必须以系列的形式来呈现。他指出，过久地凝视一幅照片，人们就丧失了观看的想象控制力，把它让给了它原本所归属的缺失的他者：那就是照相机。疏离干扰了人们对静态影像的感知，人们只能转移自己的凝视来重拾想象力，为观看重新赋予权威性，让它转向别处的另一幅影像。照片被用来只是短暂地观看，而几乎无一例外的是，另一幅照片则等着得到被取代的观看，这很难说是随心所欲的（1982[1980]:191）。

布尔金的《格拉迪瓦》不仅是在循环的指向上讲述一个片段的故事。亚历山大·施特莱贝尔格则证明了对于理解《格拉迪瓦》而言不寻常的叙事结构产生的结果。前三幅影像所配的文本讲述了按通常从左到右的阅读顺序而言，主人公在庞培遇到的这个女人所体验到的故事，然而结束整个系列的三幅图片则以相反的方向采用了年轻考古学家的视角，也就是从右至左。最后，中间一幅影像的文字似乎将两个叙事融合在一起，同时描述了年轻女子"意识到一个男子正在看着她"的瞬间。但是这并未让整个故事以大团圆的结局而告终，被拍到的女人质疑

的目光让叙事改变了方向，同时又吸引了观众，观众由此陷入了一个相互观看的游戏当中（2008:44）。施特莱贝尔格强调了这个系列作品涉及到的不同观看方式，可以同布尔金对摄影所涉及的四种观看方式的描述联系起来，这是他从劳拉·穆尔维在1975年针对电影而定义的四种观看方式中衍生而来的。布尔金把照片中四种基本的观看类型理解成：照相机在拍摄"前摄影"（pro-photographic）事件时的观看；观众注视照片时的观看；照片中描述的人物（演员）相互间的"故事内"（intra-diegetic）的观看（和/或演员对物的观看）；演员对照相机的观看（1982[1977]:148）。这种分类让人们意识到，尽管《格拉迪瓦》的故事针对的是人物之间的观看以及对物的观看，但没有一张照片表现了这种类型的观看。它只是在图片说明中呈现出来，尤其是在中间的一幅："就在她游览庞培遗迹的时候，她意识到一个男人在看着她。"

布尔金系列作品的非线性结构，也让人联想到在弗洛伊德所归纳的梦境中发挥作用的四种机制：置换（displacement，事物和事件可以出现在不同的场所），凝缩（condensation，不同的瞬间和地点可以彼此融合），显像性考察（consideration of representability，抽象的词句被影像所取代）以及二次修正（secondary revision）（布尔金，1982[1980]:195）。这种多形态性（pluriformity）也在图片的不同来源中体现出来。《格拉迪瓦》中的第一幅照片是艺术复制品的记录。按克莱格·欧文斯的说法，第三幅照片是布尔金拍摄了一位模特在古代遗址的背景下摆出姿势，第五幅照片是在华沙城区拍摄的。三幅肖像照片是克里斯·马克的《堤》中的电影剧照（参看第二章），可能是电影放映时在电影院里拍摄的（欧文斯，1991[1985]:208）。这些特写肖像都是马克拍摄成电影的照片，布尔金又将它们还原为照片。

219 利用《堤》的电影剧照的一个原因，从布尔金在《记忆中的电影》（*The Remembered Film*，2006[2004]）一书的案例研究中可以窥见一斑，他提到了与詹森的《格拉迪瓦》的相似性。在《堤》当中，特写肖像再现了记忆中时间变化的过程。融入到《格拉迪瓦》当中，它们越发被置换了，虽然两个故事有非常类似的情节：一个男人被来自过去的一个女人的记忆所困扰，最后决定回去寻找她，被记忆和梦境所驱使，这是心理分析的一句口头禅。

因为梦境提供了对无意识的短暂感受，对无意识的定义也强调了传统的地点和时间概念的变化，这一点并不奇怪。布尔金在他的一篇文章中，把无意识定义成"在认知和意识之间，另一个场所、另一个空间和另一个场景的观念"（1996:30）。这个定义同布尔金对幻想的定义联系在一起。幻想处于意识和无意识之间。正是在这里，这两个领域之间发生了相互作用。在幻想当中——例如白日梦——无意识被意识赋予了某种时间、空间和符号的形式。某些丢失的物品被梦到，赋予了一种特定的空间布局，也被置于特定的叙事当中（1992:84-88）。因此幻想往往被形容成是某种表演（staging）。

这种认为幻想是处在意识与无意识之间，并且同表演有关的看法，促使人们思考温迪·麦克默多经过处理的数字彩色照片《站在后台的海伦，莫林剧院（凝视）》。这幅照片是《在阴影之处》（*In a Shaded Place*）系列中的一部分，由非常相似的场景组成。虽然人们无法看到照片中两个"版本"的女孩之间的一面镜子，但是乍看之下，孩子看着自己就意味着一面镜子的存在。但是女孩们并不是彼此对称地相互映现，这就产生了一种令人困惑的效果。后台这个场所让人想到了视觉文化理论家萨比娜·梅尔基奥尔—博内（Sabine Melchior-Bonnet）的论述，即镜子多少充当了一个戏剧的舞台，每个人都通过想象的投射，用社会和审美的范式来创造自己（2001[1994]）。

就心理分析而言，这幅照片让人联想到弗洛伊德就他的"诡异"（das Unheimliche）理论而提出的"二重影"（Doppelgänger）概念，以及雅克·拉康（Jacques Lacan）的镜像阶段（mirror stage）的概念。麦克默多在同希拉·劳森（Sheila Lawson）的访谈中谈到，弗洛伊德把诡异定义成产生于无数的恐惧与焦虑，而她在《在阴影之处》中充分利用了这一点（1999[1995]:252）。尽管在这篇访谈中，麦克默多并没有把《站在后台的海伦》这样的照片同弗洛伊德心理分析学家雅克·拉康的理论联系起来，但是可以看到其中有意思的对应。拉康最著名的理论之一，就是"镜像阶段"，看镜子的动作同自我建构联系起来，麦克默多的"二重影"也 220 通过"仔细查看"（exploring）彼此或自己，似乎暗示了她们是在看着一面镜子。事实上，人们在这张照片中看不到真正的镜子，有意思的是玛格丽特·艾沃森强调了在拉康看来"镜子"不一定是字面意义上：它也是与一位（年长）的同胞认同的隐喻（2007:7）。

维克多·布尔金把雅克·拉康的镜像阶段定义成人类形成过程中的

一个重要时刻，发生在6个月到18个月之间。婴儿体验到自己的身体是片段的、不集中的，以一种理想化的自我的形式，把自己潜在的统一性投射到其他身体以及自己在镜子中的倒影上；在这个阶段，孩子还无法把自我和他者区分开来，他自己就是他者（1982[1997]:147）。尽管麦克默多的海伦远远不止一岁（镜像阶段的年龄），但这些特性似乎从某个方面来讲更适用于照片中的女孩（们）。人们也许想到，克里斯蒂安·迈茨是如何在《想象的符指》（*The Imaginary Signifier*，1975年）中看到了镜像阶段。他写道，镜子"把一个人从自己的倒影中疏离出来，使他成为自己极为相似的对应物"（引自艾沃森，2007:134）。

同拉康的更有趣的联系，在于麦克默多的照片解决了观看和被观看的动作。观看者和被观看者之间悬而未决的关系，拉康在1964年的演讲《什么是图片？》（*What is a Picture?*）中利用一个图表来进行讨论。视觉文化理论家简·道伊（Gen Doy）把这幅示意图形容成是暗示了把观看者与所观看的对象在一个屏幕/图片表面联系起来的线索，显然打算表明主体与客体之间的一种关系，人们由此在一个持续的过程中来构建他者，如果对象是一个活着的人，那么这个过程永远无法最终完全实现或满足这一客体。阿尔伯特和拉康的描绘模式涉及到在一个核心的平面/屏幕上的投射，而前者的模式是以一种与观看相对毫无疑问的关系，为一个特定的、尽管是普遍化的观看主体来再现现实世界，而后来拉康的模式则是关于主观性与客观性无休止地摇摆的方式。在拉康的理论中，客体在回望，所以它就不可能完全是一个客体；主体也是一样的，如果从另一个角度来看，也成为了客体（2005:15）。对拉康而言，观看主体永远不可能是目光的主宰者，而总是与客体化对抗。凭借我们头脑中道伊对拉康示意图的分析，再看《站在后台的海伦》，这似乎是所描绘的观看者与被观看者之间地位的视觉化，尽管女孩和外在的观看者之间并没有目光的交流。

221　　在探讨心理分析在作为一种媒介的摄影中的应用这一节末尾，我们很想强调，摄影其实和心理分析一样，针对的是凝视和被观看，视觉的不确定性、片段、置换（在经过处理的照片中的凝缩）以及主观的阐释。因为这些不同的相似性，本节所讨论的心理分析理论在讨论摄影理论的时候成为了一件有意思的工具。

到目前为止，我们专门讨论了一般意义上的照片或者具体的模拟照片中的自我映现特性。这一章的最后一节，我们讨论数字照片中的自我映现，再次着眼于麦克默多的《站在后台的海伦》。但在结束本节关于心理分析的概念与摄影理论之间联系前，我们提供了两个更具体的例证。第一个涉及到拉康的论述，他把摄影当作隐喻："在视觉领域里，凝视是外在的，我被观看，也就是说，我就是一幅影像……因此，凝视本身就是光得以体现的一个手段，如果你让我用一个词来说明，以一种片段的方式——那就是我被光写（photo-graphed）下来的方式。"（1998[1973]:106）这种把摄影当作对心理分析概念的隐喻的方法并不新颖。哲学家莎拉·考夫曼（Sarah Kofman）在《意识形态的暗箱》（*Camera Obscura of Ideology*）中指出，弗洛伊德多次把无意识比作摄影，主张观看往往就是获得一种酷似的对应物（double）；他在《论无意识》（*A Note on the Unconscious*，1912年）中论述说："照片的第一阶段就是'负相'（底片）：每一幅摄影图片必须经历这个'负相过程'（negative process），其中有些经过仔细检查后认为不错的负相，才能进入在图片中终结的'正相过程'（positive process）。"（1998[1973]:21,23）

拉康对摄影理论产生影响的第二个例证，虽然并不直接，但关系到本书第二章开头提到的罗兰·巴特的《明室》一书的出版。玛格丽特·艾沃森在《什么是照片？》（*What is a Photograph?* 1994年）一文中指出，巴特的著作受了拉康在1964年的一次研讨会的深刻影响。这次研讨会的文本以《心理分析的四个基本概念》（*The Four Foundamental Concepts of Psychoanalysis*）结集出版，而且拉康送给了巴特。这份保存在档案中的副本，巴特在上面略微加过一些注释。这些注解表明了他对关于与现实错失的相遇一节的兴趣。按艾沃森的说法，他对那张冬季花园照片以及刺点的发现（参看第二章）至少和与现实错失的相遇有一定关系（2007:14,113-115）。

5.5 从自我映现的数字摄影，回到古典的镜子神话 222

上述麦克默多的照片《站在后台的海伦》与拉康和弗洛伊德的某些心理分析理论之间的关系，证明了讨论数字摄影中自我映现特性的一个有意思的起点。因为数字摄影的特性和表现形式并不比模拟摄影更多样化，我们只能大体提出有关其本质的争论中的一些问题。其中之一就是可识别性。托马斯·鲁夫的《Jpeg se03》（2006年）显然可以辨认出是数字照片，而且是像素放大的结果。改变与这张巨幅照片之间的距离，观看者体验到像素构成了对数字记录的现实的再现。模拟照片中的颗粒与数字照片的像素之间的差异，现在在比较分析中只是起着很小的作用。麦克默多的照片《站在后台的海伦》反映了与这些差异性有关的复杂性，似乎是这些争论中某些论点更具代表性的例证。

麦克默多在自己的网站首页（www.wendymcmurdo.com）声明，在亨利·摩尔基金会奖学金（*Henry Moore Foundation Fellowship*）的帮助下，她创作了《在阴影之处》系列（其中包括《站在后台的海伦》），审视了数字技术对传统再现式照片的影响。《站在后台的海伦》中的两个女孩看起来是这一探索的隐喻。同镜子中的一个副本相反，究竟哪个女孩才是真人，哪个是副本，这一点并不清楚。因为很难辨别这幅照片是在哪里拍摄的，又是如何处理的，所以也有可能这幅照片是一对双胞胎的未经处理的照片。这种看法同有关数字摄影的理论有关，强调数字摄影的悖论：因为数字影像比模拟影像更容易处理，所以很多看起来并不是不自然的，但是更适合被谎言所利用，而且看起来比经过处理的模拟照片，甚至比某些未经处理的模拟照片更真实。

列夫·曼诺维奇在《数字摄影的悖论》一文中，强调了这一方面，抨击威廉·米切尔在《重组的眼睛》一书中的论断，即数字摄影与现实或模拟摄影不再有任何关系，主张数字影像甚至看起来太真实了。这种说谎的能力使得哲学家约斯·德·穆尔（Jos de Mul）得出了结论，模拟摄影的发明是为了展现世界本来的样子，而数字摄影能够展现世界可能的样子（2002:165）。《站在后台的海伦》很难同一幅模拟照片区分开来，但是暗示了人们是在观看关于世界的谎言，或者（在克隆时代）现实世界可能成为什么样子。标题中的"后台"从这个方面来讲很有意思。如果说演员是在舞台上扮演一个角色，那么在后台的时候，他们也是在表演吗？或者在后台的时候，他们还是他们自己吗？

《站在后台的海伦》中的女孩（们）似乎表达了对副本完美的肖似性的惊异，这是数字摄影经常被提到的另一个特性。威廉·米切尔在《重组的眼睛》中主张，照片的照片，复印件的复印件以及录像带的复制品往往比原件的质量要差，但数字影像同原件在质量上几乎无法区分开来（1992:6）。同样，米切尔在《生物控制论时代的艺术作品》（*The Work of Art in the Age of Biocybernetic Reproduction*）——标题仿照了沃尔特·本雅明1936年的著名文章（参看第一章）——的文章中甚至主张，完美的副本造成了恐惧："酷似的对应物以及与自我的一个具有自主性的镜像相遇的恐怖，当机器人在装配线上看到自己的无数副本，准备为圣诞节购物季打包时，甚至也能感受得到这种恐怖。"（2003:482）

值得注意的是，《站在后台的海伦》中的女孩们彼此在好奇地观察，而不是感到惊恐。如前所述，麦克默多把这个系列同弗洛伊德所归纳的恐惧联系起来，但是指向了观看者而非摹本本身引起的反应。其中之一就是对机器人的恐惧，当人们怀疑一个显然没有生命的存在是否真的具有生命时，这种恐惧油然而生。另一个是对失明的恐惧（只有一个人才是真实的，其他的必然没有视力）以及所谓"非现实"的恐惧。弗洛伊德把非现实形容成是恐惧的子范畴，有别于其他类型的恐惧，不仅同未知有关，而且同时与熟悉和不熟悉有关。文学理论家尼古拉斯·罗伊（Nicholas Royle）深入研究了弗洛伊德的"非现实"观点，他写道，它尤其适合于不确定的感觉，特别是与这个人是谁以及正在体验什么的现实有关。它可能采取了几种形式：在一个陌生的、不熟悉的环境中意外出现某个熟悉的东西，或者在熟悉的环境中意外地出现了陌生和不熟悉的东西（2003:1）。就两个"海伦"而言，令人瞩目的是弗洛伊德提到，非现实最突出的主题之一，就是"二重影"的概念。

米切尔也提及，困惑是副本带来的结果："信息时代也许称作错误信息（mis-information）或假信息（dis-information）的时代更贴切"（2003:484）。生物控制论复制时代特有的这种困惑，表明了与拉康的镜像阶段的对应关系，马尔科姆·鲍伊（Malcolm Bowie）是这样形容的：镜像也许涉及到错误识别，因为婴儿知道这个影像实际上并非他本身。因此，镜像阶段涉及到与一个影像的认同和与之疏离——既是认知，也是错误识别（引自罗斯，2003[2001]:113）。两个海伦彼此探寻式的凝视，可以解释成识别、错误识别或者二者兼而有之。

拉康和弗洛伊德对视觉不确定性的强调，以及麦克默多作品中的视 224
觉不确定性，使观众意识到每幅照片提供的那种视觉疑惑，尽管程度有所不同。数字摄影以一种（几乎）无法觉察的方式说谎的能力，使一些作者相信，数字摄影不再是摄影了。例如提摩西·朱克力得出结论，电子影像不再具有摄影的合法地位。事实上，它们把模拟影像篡夺并重建为一种算法；影像一旦数字化，除了借助言外之意，它和摄影体系就没有多少关系了。因此按照朱克力的说法，把这类影像称作后摄影是明智的，因为它们不再依赖于照片证明世上某物的特性。在这种重组的参照系当中，计算机生成的影像关注的不再是证明、分类或者照相机的系统认知论（1996[1995]:87）。

相反，胡贝图斯·冯·阿梅隆克森则强调，数字技术融入到摄影当中，重新激发了整个艺术影像创作过程，而且必然影响到与摄影联系在一起的现实概念的变化。按照阿梅隆克森的说法，照片作为一个副本这种根深蒂固的认知，由于数字影像处理和制作的可能性，第一次不再受到质疑。自从这种媒介发明以来，这就一直是争论的焦点。不过，再现现实的原则现在似乎已经完全退到了幕后，为影像内容的建构敞开了大门。然而，尽管人们都非常了解，但在把通常的现实内容赋予有着摄影外观的影像时，惯常的映现性仍然存在（1996[1995]:10）。媒介理论家阿意安·穆德（Arjen Mulder）（2000年）甚至设想，被数字化的并不是照片，而是观看者的意识和凝视。这使得照相机前真正发生的一切不再重要了；相反，重要的是观看者如何阐释。同样，《站在后台的海伦》让观众问自己，他们的凝视和意识已经被数字化了，还是他们能仍然把它当作一幅模拟照片来看。

225　　对于镜像可能带来令人困惑的效果这一特性的迷恋，例如在麦克默多的《海伦》和沃尔的《献给女人的肖像》中，可以被视为一个热门的问题，当人们想到安迪·格伦伯格（Andy Grundberg）在《现实的危机》（*Crisis of the Real*）中的论述时尤其如此："后现代艺术把世界看成是一个没有尽头的镜廊。"（2003[1990]:178）出人意料的是，镜像导致的困惑以及镜像带来的恐惧和具有的权力，在古代提出的镜像神话中扮演着核心的角色，在整个艺术史当中也被用来解释视觉艺术的起源或精髓。这种观点的灵感，来自菲利普·杜布瓦在《摄影的行为》一书中把"镜像"和"凝固瞬间"的特性，同那索斯和梅杜萨的经典镜像神话联系起来。杜布瓦用奥维德对那索斯观看自己的倒影的描述，说明了摄影的指示性同观看照片的动作之间的关系，但是大部分的困惑是由他的倒影（镜像）而导致的（1998[1990]:145）。那索斯被一个影像的新体验所震惊，但并没有认识到这是他自己的"二重影"。麦克默多把女孩海伦也表现成和那索斯同样的角色，利用作为"新媒介"的数字摄影，而不是水面。读到那索斯这则故事的读者，理解了那索斯其实只是看到了自己的倒影，相反，《站在后台的海伦》这幅照片的观众并不确定这里发生了什么，也许会像那索斯一样困惑。

除了那索斯的神话，杜布瓦还提到了梅杜萨的传说。任何靠近梅杜萨并且看到她的眼睛的人，都会变成石头。杜布瓦尤其把帕尔修斯利用报复手段（把镜子中的映像逆转过来）而毁灭梅杜萨的故事同摄影联系起来。在这个至关重要的阶段，帕尔修斯藏在自己反光的盾牌后面，让梅杜萨看到了她自己：这个视点就变成了"灭点"（vanishing point）（146-148）。比起麦克默多那位好奇的、像那索斯一样沉迷的海伦来，梅杜萨的震惊似乎同米切尔和弗洛伊德所说的看到一模一样的副本时的震惊联系更紧密。

这一章的结束也是本书的结尾，我们希望表达我们的愿望，即我们的论述试图激发读者对摄影作为一种媒介的复杂多样的层面产生兴趣。虽然我们强调了多样性，但我们也尤其设法来展现三个特性：照片可以被感知为对某种现实的再现，从某些方面来讲，也是对自身的映现；照片激发起我们对时间、地点和空间的反思；照片能够有助于促进迅速成长的社会意识。不过，这些特性都是与特定媒介有关的，我们对其他媒 226介的比较研究也充分说明了这一点。与此同时，我们对不同媒介的期许似乎仍有所不同，部分是因为我们对它们历史上和技术上的可能性的认识。由于这个缘故，摄影和其他媒介中的再现、时间、地点/空间、功能和自我映现等方面，也都以略为不同的方式针对观看者。

对于摄影中在场/缺席这一悖论引发的模棱两可的感受的反复论述，也同样如此。我们涵括了照片解决这一悖论的很多方式。它的作用现在甚至更加明显，因为在数字时代，摄影已经变得比以往更有意思，因为我们对影像的认知越发伴随着对其真实性的质疑。在这个方面，我们详细讨论了几幅照片，它们针对的是同时既熟悉又不熟悉的事物，也探讨了它们之间的对立关系：我们也许不得不怀疑熟悉的事物，承认不熟悉的事物让人洞悉了熟悉之物。作为在场/缺席悖论的工具，照片也告诉我们一些对待世界的态度：我们越是设法相信接近了现实，我们就越认识到这种努力是不可能实现的。实际上，我们只是感受到我们周围"现实"世界的表面和局部的踪迹——照片尤其能够使我们意识到这样一个局限。（2013.9.28）

专用术语一览表

模拟摄影（analogue photography）
　　用感光记录材料（例如胶片、相纸或感光版等）制作照片的工艺，这些材料逐渐变化，最终形成了一个影像，是一种化学工艺过程的结果。这些影像可以通过显影显现出来，通常在暗房中处理。在数字摄影问世以来，所有照片都是模拟照片。

奥托克罗姆（Autochrome）
　　一种早期彩色照片制作工艺，1903年由路易·卢米埃尔发明。在奥托克罗姆工艺发明之前，色彩是利用复杂的三色工艺来进行分色，必须进行先后三次曝光，色彩相继添加上去。卢米埃尔发明了一种方法，用单个三色屏网过滤光线的方法。1907年，奥托克罗姆投入市场，随即大获成功。在20世纪30年代彩色胶片取而代之之前，奥托克罗姆工艺一直是最主要的彩色照片制作工艺。（www.institut-lumiere.org/english/lumiere/autochrome.html，2010年12月6日查阅）

卡罗法（碘化银纸工艺）（Calotype）
　　一种早期摄影工艺，威廉·亨利·福克斯·塔尔博特在1840年介绍这种工艺时，称之为塔尔博特法。这是最早的负正工艺。负相和正相都是纸质。要制作一张印制正相照片的卡罗法底片，纸张先用硝酸银溶液浸泡。经过感光处理的纸张在相机中曝光时，产生了一个潜像，肉眼无法看到。让这个潜像显现出来，纸张要用硝酸银和没食子酸的混合溶液来冲洗。接下来，负相放在被称作盐纸的经过感光处理的纸张上。二者夹在一个印相框中在阳光下曝光，直到正相照片显现出来（玛利亚，1997:497；思文，1992:401）。

明室
　　明室既不是一束光线，也不是一个房间，而是一个棱镜，安装到固定在画板上的一个细杆上。通过调节棱镜，画家就能制作出投射到画板上的一个场景的幻象（玛利亚，1997:497）。

暗箱
　　最初暗箱是一个黑暗的房子，一面墙上有一个小孔或镜头，外面世界的影像得以投射到对面的墙上。后来，小型便携暗箱制造出来，使得复制反射到半透明玻璃版上的影像成为可能。暗箱最终成为照相机的盒体（玛利亚，1997:497）。

彩色染料型彩色照片（Chromogenic color print），C型照片（C-type print），C-Print
　　20世纪后半期最常见的彩色照片类型。照片的材料有三个感光银盐乳剂涂层。每一层对不同的原色感光——红、蓝或绿——于是记录了影像色彩成分的不同信息。印放过程中，化学物质添加进来，形成了乳剂层中对应颜色的染料。这种类型的典型例证就是埃克塔克罗姆（Ektachrome）。（www.vam.ac.uk/vastatic/microsites/photography/processframe.php?processid=pr003，2010年12月6日查阅）

连续摄影术（Chronophotography）

19世纪中期至末期的一种摄影技术，使人们能在一个固定的时段内拍摄连续场景，以便研究被拍摄对象的动态。这是希腊文chronos（时间）和摄影组合在一起的一个词，意思是"时间的照片"（pictures of time）。

西霸克罗姆照片（伊尔福克罗姆）（Cibachrome / Ilfochrome）

也被称作银漂法照片或伊尔福克罗姆，是用一张彩色幻灯卡片直接放大在颜色反转的相纸上制作出来的。这种相纸很独特，染料包含在相纸的乳剂当中，而不是靠化学方法形成。这就给彩色影像赋予了一种特有的光彩。相纸利用幻灯片来曝光，颜色是通过相纸中的互补层来记录。这种工艺方法制做出的照片有着高光表面，有着抗褪色的鲜艳色彩。(www.npg.org.uk/collections/explore/glossary-of-art-termsl/cibachrome-print.php [2010年12月6日查阅])

合成照片（Combination print）

19世纪中期流行的一种技巧。利用一张以上底片或照片来制作照片，以便解决照相机和底片的技术局限。这种技术为另一种艺术处理方法，即摄影蒙太奇开辟了道路。

达盖尔银版法（Daguerreotype）

最早的摄影工艺（和卡罗法同时），抛光铜版镀上一层薄薄的银涂层，经过化学反应而变得具有感光性。接下来，银版放在相机中曝光。通过与汞蒸气发生反应，影像得以显影。每张达盖尔法银版照片都是独一无二的，所以也没有可以制作照片的底片。达盖尔法银版照片大体是在1839年至1855年之间制作的，往往装裱在相框或盒子里（博姆和罗斯博姆，1996:290）。

数字摄影（Digital photography）

20世纪70年代发展起来的一种技术，将影像转换成二进制语言，存储在计算机存储器中。图形可以通过扫描或数字照相机捕捉下来。在数字照相机中，胶片被微型芯片（CCD或电荷耦合器件）所取代，芯片像胶片一样对光做出反应，但并不是以化学方式存储影像，而是转换成数字格式。构成这幅影像的数据可以在计算机显示器上观看，是称作像素的小方块组成的图形。通过运用各种软件，数据可以存储、转换到多媒体程序中，处理、强化或者只是打印出来。(www.npg.org.uk/collections/explore/glossary-of-art-termsl/digitalimaging.php [2010年12月6日查阅])

鸭子/兔子幻觉实验（Duck- rabbit play）

一幅模棱两可的黑白视觉图形，大脑观看到一只兔子和一只鸭子之间转换。鸭子/兔子幻觉实验由于美国心理学家约瑟夫·查斯特罗（Joseph Jastrow）在其《心理学中的事实与谎言》（*Fact and Fable in Psychology*, Houghton Mifflin, Boston, 1900）一书中提及而闻名。

明胶卤化银照片（Gelatin silver print）

最常见的利用底片制作黑白照片的方法。该工艺在19世纪80年代开始普及，需要涂布包含感光银盐的明胶涂层的相纸。(www.vam.ac.uk/vastatic/microsites/photography/processframe.php?processid=pr002 [2010年12月6日查阅])

日光摄影（Heliograph）

1822年由其发明人约瑟夫·尼埃普斯杜撰的一个术语，源自希腊文——helios意思是太阳，而graphein指书写或绘制——包括了来源和工艺，描述了首个成功地让光记录自身的永久手段。日光照片是用暗箱制作的，内有一块抛光的锡版，涂有沥青（一种石油的衍生物）。用一只不盖镜头盖的镜头经过至少一天八小时的曝光，锡版卸下来，用薰衣草油和白油混合液清洗，溶液溶解了因为光照而没有硬化的部分沥青，使潜影显现出来。最终获得的是一张永久的直接正相照片。曝光版随后用于常规的蚀刻。日光摄影是最早的摄影工艺，也是首个光化学雕版工艺。(www.hrc.utexas.edu/exhibitions/permanent/wfp/heliography.html; Swinnen 1992: 403 [2010年12月6日查阅])

全息摄影（Hologram）

在感光版上制作的一种影像，在适当的条件下观看，形成三维影像。图片可以通过反光来观看，例如信用卡上的全息影像，或者通过投射激光产生的光束。(www.npg.org.uk/collections/explore/glossary- of- art- termsl/hologram.php [2010年12月6日查阅])

低/高分辨率（Low/high resolution）

表示数字影像品质的专用术语，是各种因素的综合，最重要的是像素数量（以百万像素来表示）。已知最大分辨率的像素数量n，是w×h的结果（w表示水平像素，h代表垂直像素）。分辨率提供了所捕捉的细节总量的信息。RAW或TIFF等数字文件格式是高分辨率影像，包括大量像素。JPEG是一种低分辨率类型。它表明影像可能带有锯齿，包括的像素较少。JPEG是一种压缩摄影影像的常用方法。

全景摄影（Panoramic photography）

一种摄影技巧，也称为广角摄影（wide angle photography），使用特制的器材或软件，提供一个区域一览无余的景观，最有代表性的是风光。最早有记录可查的全景照相机专利，是1843年由约瑟夫·普柏伯格在奥地利为一种手摇的带有150度视角的照相机申请的。今天能够制作360度影像的照相机可以在市场上找到。（http://www.mediacollege.com/photography/types/panoramic/ [2010年12月6日查阅]）

照片拼贴（Photocollage）

通过拼接照片碎片而在一个平整表面创作图片的技术（不论有没有具体的影像内容），往往是撕下来或剪下来，粘贴到一个平整的表面上。用铅笔、钢笔或画笔的手工作业同样可以添加进来，往往最终形成的影像是抽象的。（www.npg.org.uk/collections/explore/glossary- of- art- termsl/photo- collage.php [2010年12月6日查阅]）

物影成像（Photogram）

一种不用照相机或镜头来制作的照片。要刻画的物体摆在一张感光相纸上，然后在日光下曝光。因为相纸被物体遮挡住的部分不受影响，其剪影就在相纸上刻画出来。这种技巧不再使用。（博姆和罗斯博姆，1996:291）

照片蒙太奇（Photomontage）

通过剪切和综合大量其他照片来创作一张合成照片的工艺（和结果）。合成的图片往往被拍下来，所以最终的影像又转换成一幅衔接完美的照片。当代类似的方法并不使用胶片，而是影像编辑软件，被称作数字蒙太奇，专业人士把这种技巧称作"合成"，通常又称为"P照片"（Photoshopping）。(www.npg.org.uk/collections/explore/glossary-of- art- termsl/photomontage.php [2010年12月6日查阅])

宝丽来照片（Polaroid）
通过瞬时的一步式自显影摄影工艺制作的照片。最早由美国人兰德在1947年做了描述。最初使用的是黑白胶片，1962年彩色照片投入市场。自20世纪60年代以来，在业余爱好者和艺术家中间一直非常流行。（www.npg.org.uk/collections/explore/glossary- of-art- termsl/polaroid.php，2010年12月6日查阅）

重拍（Rephotography）
指一种在不同时点上拍摄同一地点的技巧。其结果是一个地点"过去和现在"的谱系。长期以来一直是科学研究的技巧，在20世纪70年代中期发展成为一种摄影记录的形式。在第二个影像中，摄影师往往把原来照片中的地标包括进来，以便比较两个场景的连续性和差异性。（http://www.photography.com/articles/techniques/rephotography/ [2010年12月6日查阅]）

丝网印刷（Serigraph）
1940年美国一群艺术家所起的名字，指把商业上闻名的丝网印刷工艺用于纯艺术。网纱——原本是薄面纱或丝绸，后来是用合成纤维或金属线组成——在一个框体上绷紧。印版是通过选择性地堵塞部分网眼。厚重的油墨用橡胶滚轮涂抹在网眼上，所以油墨透过没有被堵塞的区域达到要印制的材料表面。（www.moma.org/collection/details.php?theme_id=10472，2010年12月6日查阅）

抓拍（Snapshot）
1860年约翰·赫歇尔发明的一个术语，表示用简单器材快速而轻松地拍照的方法。抓拍或瞬时摄影的概念大体是在大约1980年乔治·伊士曼生产的照相机和卷状底片照相机取得发展之后开始采用的。这个术语来自狩猎时的快速射击。（www.moma.org/collection/details.php?theme_id=10477&texttype=2 [2010年12月6日查阅]）

立体照片（Stereograph）
19世纪的一种技术，两种几乎完全一样的照片彼此紧挨着装裱在一起，通过立体镜来观看时，营造出三维纵深。这种效果是因为用大约6.5厘米的视点差异而拍下两幅照片，这个距离大体等于人类双眼之间的距离。立体照片往往印制在相纸上。（博姆和罗斯博姆，1996:292）

频闪灯/频闪仪（Strobe/Stroboscope）
一种产生快速间歇性光线的设备，用来给移动物体照明。（玛琳，1997:499）频闪摄影（Stroboscopic photography）是一种使用频闪闪光灯和快门始终开启的照相机的技术，以便获得单次或多次曝光的照片。

湿版火棉胶工艺（Wet collodion process）
19世纪在玻璃上制作底片负相的一种工艺，火棉胶用于把感光涂层固着在玻璃表面。火棉胶溶解在乙醚和乙醇的混合液中，然后倒在玻璃板上。玻璃板还湿润的时候就必须在照相机里曝光，底片在曝光后必须立刻显影冲洗。直到大约1880年，湿版火棉胶工艺成为最广泛地用于制作底片的工艺。湿版火棉胶玻璃底片往往在蛋白相纸上印相（博姆和罗斯博姆，1996:293）。

参考书目

导 言

Bolter, J. D. and Grusin, R. (1999) *Remediation. Understanding New Media.* MIT Press, Cambridge, MA.

Bolton, R. (ed.) (1989) *The Contest of Meaning: Critical Histories of Photography.* MIT Press, Cambridge, MA.

Burgin, V. (ed.) (1982) *Thinking Photography.* MacMillan Press, London.

Clayssen, J. (1996 [1995]) Digital (R)evolution. In: Amelunxen, H. von, Iglhaut, S., and Rötzer, F. (eds) *Photography after Photography. Memory and Representation in the Digital Age.* G+B Arts, Amsterdam, pp. 73–80.

Geimer, P. (2009) *Theorien der Fotografie. Zur Einführung.* Junius Verlag, Hamburg.

Kember, S. (1998) *Virtual Anxiety: Photography, New Technologies and Subjectivity.* Manchester University Press, Manchester.

Kemp, W. and Amelunxen, H. von (eds) (1999–2000) *Theorie der Fotografie I-IV.* Schirmer/ Mosel, Munich.

Krauss, R. E. (1999a) Reinventing the medium. *Critical Inquiry,* 25 (2), 289–305.

Krauss, R. E. (1999b) *"A Voyage on the North Sea." Art in the Age of the Post-Medium Condition.* Thames & Hudson, London.

Kriebel, S. (2007) Theories of photography: A short history. In: Elkins, J. (ed.) *Photography Theory.* Routledge, New York, NY, pp. 1–49.

Lee, P. M. (2004) *Chronophobia. On Time in the Art of the 1960s.* MIT Press, Cambridge, MA.

Lister, M. (2004 [1996]) Photography in the age of electronic imaging. In: Wells, L. (ed.) *Photography: A Critical Introduction.* Routledge, London, pp. 295–336.

Lunenfeld, P. (2001 [2000]) *Snap to Grid. A User's Guide to Digital Arts, Media, and Cultures.* MIT Press, Cambridge, MA.

McLuhan, M. (1996 [1964]) *Understanding Media. The Extensions of Man.* MIT Press, Cambridge, MA.

Mitchell, W. J. (1992) *The Reconfigured Eye: Visual Truth in the Post-Photographic Era.* MIT Press, Cambridge, MA.

Onfray, M. (2010 [1996]) The identity of photography. In: Swinnen, J. and Deneulin, L. (eds) *The Weight of Photography. Photography History Theory and Criticism. Introductory Readings.* ASP, Brussels, pp. 505–513.

Phillips, Ch. (ed.) (1989) *Photography in the Modern Era. European Documents and Critical Writings, 1913-1940.* The Metropolitan Museum of Art and Aperture, New York, NY.

Stiegler, B. (2006) *Theoriegeschichte der Photographie.* Wilhelm Fink Verlag, Munich.

第一章 摄影中的再现：与绘画之争

Ades, D. (1976) *Photomontage*. Thames & Hudson, London.

Armstrong, C. (1998) *Scenes in a Library. Reading the Photograph in the Book, 1843–1875*. MIT Press, Cambridge, MA.

Arnheim, R. (1974) On the nature of photography. *Critical Inquiry*, 1 (1), 149–161.

Baetens, J.D. (2006a) Photography in the picture: Style, genre and commerce in the art of Jan Van Beers (1852–1927) (Part I). *Image [&] Narrative*, 14. Available at: www. imageandnarrative.be/inarchive/painting/Jan_Dirk_Baetens.htm (accessed October 27, 2010).

Baetens, J.D. (2006b) Photography in the picture: Style, genre and commerce in the art of Jan Van Beers (1852–1927) (Part II). *Image [&] Narrative*, 15. Available at: http://www. imageandnarrative.be/inarchive/iconoclasm/jdbaetens.htm (accessed October 27, 2010).

Bann, S. (2001) *Parallel Lines: Printmakers, Painters, and Photographers in Nineteenth-Century France*. Yale University Press, New Haven, CT.

Barthes, R. (1986 [1961]) The photographic message. In: *The Responsibility of Forms. Critical Essays on Music, Art, and Representation*. Trans. R. Howard. Basil Blackwell, Oxford, pp. 3–20.

Batchen, G. (1999 [1994]) Ectoplasm: Photography in the digital age. In: Squiers, C. (ed.) *Over Exposed. Essays on Contemporary Photography*. The New Press, New York, NY, pp. 9–23.

Batchen, G. (2001) *Each Wild Idea. Writing, Photography, History*. MIT Press, Cambridge, MA.

Batchen, G. (2009 [2005]) Dreams of ordinary life: Cartes-de-visites and the bourgeois imagination. In: Long, J.J., Nobel, A., and Welch, E. (eds) *Photography. Theoretical Snapshots*. Routledge, London, pp. 80–97.

Baudelaire, C.H. (1965 [1859]) The salon of 1859. In: Mayne, J. (ed. and trans.) *Charles Baudelaire. Art in Paris 1845–1862. Salons and Other Exhibitions*. Cornell University Press, London, pp. 144–216.

Baudrillard, J. (1996 [1995]) *The Perfect Crime*. Verso, London. First published as *Le crime parfait*.

Bazin, A. (1980 [1945]) The ontology of the photographic image. In: Trachtenberg, A. (ed.) *Classic Essays on Photography*. Trans. H. Gray. Leete's Island Press, New Haven, CT, pp. 237–244.

Benjamin, W. (2008 [1931]) Little history of photography. In: Jennings, M.W., Doherty, B., and Levin, T.Y. (eds) *The Work of Art in the Age of Its Technological Reproducibility, and Other Writings on Media*. Trans. E. Jephcott, *et al*. The Belknap Press of Harvard University Press, Cambridge, MA, pp. 274–298.

Benjamin, W. (2008 [1936]) The work of art in the age of its technological reproducibility. In: Jennings, M.W., Doherty, B., and Levin, T.Y. (eds) *The Work of Art in the Age of Its Technological Reproducibility, and Other Writings on Media*. Trans. E. Jephcott, *et al*. The Belknap Press of Harvard University Press, Cambridge, MA, pp. 19–55.

Bolter, J.D. and Grusin, R. (1999) *Remediation. Understanding New Media.* MIT Press, Cambridge, MA.

Brik, O. (1989 [1926]) The photograph versus the painting. In: Phillips, Ch. (ed.) *Photography in the Modern Era. European Documents and Critical Writings, 1913–1940.* The Metropolitan Museum of Art and Aperture, New York, NY, pp. 213–218.

Brik, O. (1989 [1928]) From the painting to the photograph. In: Phillips, Ch. (ed.) *Photography in the Modern Era. European Documents and Critical Writings, 1913–1940.* The Metropolitan Museum of Art and Aperture, New York, NY, pp. 227–233.

Burgin, V. (1982 [1980]) Photography, phantasy, function. In: Burgin, V. (ed.) *Thinking Photography.* MacMillan Press, London, pp. 177–216.

Burgin, V. (1996 [1995]) The image in pieces: Digital photography and the location of cultural experience. In: Amelunxen, H. von, Iglhaut, S., and Rötzer, F. (eds) *Photography after Photography. Memory and Representation in the Digital Age.* G+B Arts, Amsterdam, pp. 26–35.

Burgin, V. (2007) "Medium" and "Specificity." In: Elkins, J. (ed.) *Photography Theory.* Routledge, New York, NY, pp. 363–369.

Butler, S. (1999 [1985]) From today black and white is dead. In: Brittain, D. (ed.) *Creative Camera. 30 Years of Writing.* Manchester University Press, Manchester, pp. 121–126.

Chevrier, J.F. (2001) A painter of modern life. An interview between Jeff Wall and Jean-François Chevrier. In: Lauter, R. (ed.) *Jeff Wall. Figures & Places: Selected Works From 1978–2000.* Prestel, Munich, pp. 168–185.

Chevrier, J.F. (2003 [1989]) The adventures of the *picture* form in the history of photography. In: Fogle, D. (ed.) *The Last Picture Show: Artists Using Photography, 1960–1982.* Walker Art Center, Minneapolis, MN, pp. 113–128.

Chevrier, J.F. (2005) The metamorphosis of place. In: Vischer, T. and Naef, H. (eds) *Jeff Wall: Catalogue Raisonné 1978–2004.* Steidl, Göttingen, pp. 12–32.

Chevrier, J.F. (2006) *Jeff Wall.* Hazan, Paris.

Costello, D. (2005) Aura, face, photography: Re-reading Benjamin today. In: Benjamin, A. (ed.) *Walter Benjamin and Art.* Continuum, London, pp. 164–184.

Costello, D. (2007) After medium specificity *chez* Fried. Jeff Wall as a painter; Gerhard Richter as a photographer. In: Elkins, J. (ed.) *Photography Theory.* Routledge, New York, NY, pp. 75–89.

Costello, D. (2008) On the very idea of a "specific" medium: Michael Fried and Stanley Cavell on painting and photography as arts. *Critical Inquiry,* 34 (2), 274–312.

Courten, C. von (2008) Prikkelende afwezigheid. Focusonscherpte in de hedendaagse kunstfotografie. Unpublished master's thesis, Leiden University.

Damisch, H. (2003 [1978]) Five notes for a phenomenology of the photographic image. In: Wells, L. (ed.) *The Photography Reader.* Routledge, London, pp. 87–89.

Dennis, K. (2009) Benjamin, Atget and the "readymade" politics of postmodern photography studies. In: Long, J.J., Nobel, A., and Welch, E. (eds) *Photography. Theoretical Snapshots.* Routledge, London, pp. 112–124.

Drück, P. (2004) *Das Bild des Menschen in der Fotografie. Die Porträts von Thomas Ruff.* Dietrich Reimer Verlag, Berlin.

215

Elkins, J. (2007a) The art seminar. In: Elkins, J. (ed.) *Photography Theory*. Routledge, New York, NY, pp. 129–203.

Elkins, J. (2007b) Einige Gedanken über die Unbestimmtheit der Repräsentation. In: Gamm, G. and Schürmann, E. (eds) *Das unendliche Kunstwerk: von der Bestimmtheit des Unbestimmten in der ästhetischen Erfahrung*. Philo, Hamburg, pp. 119–140.

Enright, R. (2000) "The consolation of plausibility" (interview with Jeff Wall). *Border Crossings*, 73, 38–51.

Flusser, V. (1984 [1983]) *Towards a Philosophy of Photography*. D. Bennett (ed.) English edition. European Photography, Göttingen. First published as *Für eine Philosophie der Fotografie*.

Friday, J. (2005) André Bazin's ontology of photographic and film imagery. *Journal of Aesthetics and Art Criticism*, 63 (4), 339–350.

Fried, M. (2004) Being there. On two pictures by Jeff Wall. *Artforum*, 43 (1), 53–54.

Fried, M. (2007) Jeff Wall, Wittgenstein and the everyday. *Critical Inquiry*, 33 (3), 495–526.

Fried, M. (2008) *Why Photography Matters as Art as Never Before*. Yale University Press, New Haven, CT.

Galassi, P. (1981) *Before Photography. Painting and the Invention of Photography*. Museum of Modern Art, New York, NY.

Galassi, P. (2001) *Andreas Gursky*. Museum of Modern Art, New York, NY.

Gamm, G. and Schürmann, E. (eds) (2007) *Das unendliche Kunstwerk: von der Bestimmtheit des Unbestimmten in der ästhetischen Erfahrung*. Philo, Hamburg.

Green, D. (2009) Constructing the real: Staged photography and the documentary tradition. In: Green D. and Lowry J. (eds), *Theatres of the Real*. Photoworks, Brighton & Fotomuseum, Antwerp, pp. 103–110.

Green, D. and Seddon, P. (2000) *History Painting Reassessed. The Representation of History in Contemporary Art*. Manchester University Press, Manchester.

Greenberg, C. (1993 [1964]) Four photographers: Review of *A Vision of Paris* by Eugène-Auguste Atget; *A Life in Photography* by Edward Steichen; *The World Through My Eyes* by Andreas Feininger; and *Photographs by Cartier-Bresson*, introduced by Lincoln Kirstein. In: O'Brian, J. (ed.) *Clement Greenberg. The Collected Essays and Criticism. Volume 4. Modernism with a Vengeance 1957–1969*. University of Chicago Press, Chicago, IL, pp. 183–187.

Greenberg, C. (1993 [1967]) Complaints of an art critic. In: O'Brian, J. (ed.) *Clement Greenberg. The Collected Essays and Criticism. Volume 4. Modernism with a Vengeance 1957–1969*. University of Chicago Press, Chicago, IL, pp. 265–272.

Heinzelmann, M. (ed.) (2008) *Gerhard Richter. Overpainted Photographs*. Hatje Cantz, Ostfildern.

Henisch, H.K. and Henisch, B.A. (1996) *The Painted Photograph 1839–1914. Origins, Techniques, Aspirations*. Pennsylvania State University Press, University Park, PA.

Jeffrey, I. (1996 [1981]) *Photography. A Concise History*. Thames & Hudson, London.

Kracauer, S. (1980 [1960]) Photography. In: Trachtenberg, A. (ed.) *Classic Essays on Photography*. Trans. H. Gray. Leete's Island Press, New Haven, CT, pp. 245–268.

Krauss, R.E. (1985 [1977]) Notes on the index: Part 1. In: Krauss, R.E. (ed.) *The Originality of the Avant-Garde and Other Modernist Myths*. MIT Press, Cambridge, MA, pp. 196–209.

Manovich, L. (1996 [1995]) The paradoxes of digital photography. In: Amelunxen, H. von, Iglhaut, S., and Rötzer, F. (eds) *Photography after Photography. Memory and Representation in the Digital Age*. G+B Arts, Amsterdam, pp. 57–65.

Merleau-Ponty, M. (2004 [1948]) *The World of Perception*. Trans. O. Davis. Routledge, London. First published as *Causeries*.

Mitchell, W.J. (1992) *The Reconfigured Eye: Visual Truth in the Post-Photographic Era*. MIT Press, Cambridge, MA.

Mitchell, W.J.T. (2006) Realism and the digital image. In: Baetens, J. and Van Gelder, H. (eds) *Critical Realism in Contemporary Art. Around Allan Sekula's Photography*. University Press Leuven, Leuven, pp. 12–27.

Owens, C. (1978) Photography en Abyme, *October*, 5, 73–88.

Owens, C. (1992 [1982]) Representation, appropriation, and power. In: Bryson, S., *et al.* (eds) *Craig Owens. Beyond Recognition. Representation, Power, and Culture*. University of California Press, Berkeley, Los Angeles, CA, pp. 88–113.

Phillips, Ch. (1989 [1982]) The judgment seat of photography. In: Bolton, R. (ed.) *The Contest of Meaning: Critical Histories of Photography*. MIT Press, Cambridge, MA, pp. 14–47.

Relyea, L. (2006) Photography's everyday life and the ends of abstraction. In: Ault, J., *et al.* (eds) *Wolfgang Tillmans*. Yale University Press, New Haven, CT, pp. 89–105.

Richter, G. (1995 [1993]) *The Daily Practice of Painting: Writings and Interviews 1962–1993*. Trans. D. Britt. Thames & Hudson, London. First published as *Text*.

Ritchin, F. (1991) The end of photography as we have known it. In: Wombell, P. (ed.) *PhotoVideo*. Rivers Oram Press, London, pp. 8–15.

Rodchenko, A. (1989 [1928a]) The paths of modern photography. In: Phillips, Ch. (ed.) *Photography in the Modern Era. European Documents and Critical Writings, 1913–1940*. The Metropolitan Museum of Art and Aperture, New York, NY, pp. 256–263.

Rodchenko, A. (1989 [1928b]) A caution. In: Phillips, Ch. (ed.) *Photography in the Modern Era. European Documents and Critical Writings, 1913–1940*. The Metropolitan Museum of Art and Aperture, New York, NY, pp. 264–266.

Rosler, M. (2005 [1988/1989]) Image simulations, computer manipulations. In: *Decoys and Disruptions: selected writings, 1975–2001*. MIT Press, Cambridge, MA, pp. 259–317.

Schaeffer, J.M. (1987) *L'image précaire. Du dispositif photographique*. Seuil, Paris.

Scharf, A. (1974 [1968]) *Art and Photography*. 2nd revised edition. Penguin, Harmondsworth.

Scott, C. (1999) *The Spoken Image. Photography and Language*. Reaktion Books, London.

Sekula, A. (1984 [1975]) On the invention of photographic meaning. In: *Photography Against the Grain. Essays and Photo Works 1973–1983*. Press of the Nova Scotia College of Art and Design, Halifax, pp. 3–21.

Snyder, J. (2007) Pointless. In: Elkins, J. (ed.) *Photography Theory*. Routledge, New York, NY, pp. 369–385.

217

Snyder, J. and Allen, N.W. (1975) Photography, vision, and representation. *Critical Inquiry*, 2 (1), 143–169.

Solomon-Godeau, A. (1982) Tunnel vision. *Print Collector's Newsletter*, 22 (6), 173–175.

Steadman, P. (2001) *Vermeer's Camera. Uncovering the Truth Behind the Masterpieces.* Oxford University Press, Oxford.

Sterckx, M. (2006) Standbeeld/standpunt/stadsbeeld. De representatie van negentiende-eeuwse standbeelden in de reproductiefotografie rond 1900. Unpublished PhD thesis, Katholieke Universiteit Leuven.

Swenson, G.R. (1963) What is pop art? Answers from 8 painters, Part I. *Artnews* 62, 24–27, 60–63.

Szarkowski, J. (1966) *The Photographer's Eye.* Museum of Modern Art, New York, NY.

Szarkowski, J. (1975) Photography – a different kind of art. *New York Times Magazine* (April 13).

Trachtenberg, A. (1992) Likeness as identity: Reflections on the Daguerrean Mystique. In: Clarke, G. (ed.) *The Portrait in Photography.* Reaktion Books, London, pp. 173–192.

Tumlir, J. (2001) The hole truth. Jan Tumlir talks with Jeff Wall about *The Flooded Grave. Artforum*, 39 (7), 112–117.

Ullrich, W. (2002a) *Die Geschichte der Unschärfe.* Verlag Klaus Wagenbach, Berlin.

Ullrich, W. (2002b) Unschärfe, Antimodernismus und Avantgarde. In: Geimer, P. (ed.) *Die Ordnungen des Sichtbaren. Fotografie in Wissenschaft, Kunst und Technologie.* Suhrkamp, Frankfurt am Main, pp. 381–412.

Van Gelder, H. (2000) De artistieke grenzen op het spel. Picturale aspecten van de actuele fotografie. *Obscuur*, 17, 23–32.

Van Gelder, H. (2007) The theorization of photography today: Two models. In: Elkins, J. (ed.) *Photography Theory.* Routledge, New York, NY, pp. 299–304.

Van Gelder, H. (2009) The shape of the pictorial in contemporary photography. *Image [&] Narrative*, 24. Available at: www.imageandnarrative.be/inarchive/Images_de_l_invisible/Vangelder.htm (accessed October 27, 2010).

Van Gelder, H. and Westgeest, H. (2009) Photography and painting in multi-mediating pictures. *Visual Studies*, 24 (2), 122–131.

Vischer, T. and Naef, H. (eds) (2005) *Jeff Wall: Catalogue Raisonné 1978–2004.* Steidl, Göttingen.

Walden, S. (2008) *Photography and Philosophy: Essays on the Pencil of Nature.* Blackwell, Malden, MA.

Wall, J. (1989) My photographic production. In: Joly, J.B. (ed.) *Symposium. Die Photographie in der Zeitgenössischen Kunst. Eine Veranstaltung der Akademie Schloss Solitude. 6/7 Dezember 1989.* Akademie Schloss Solitude, Stuttgart, pp. 57–67.

Wall, J. (1995) Marks of indifference: Aspects of photography in, or as, conceptual art. In: Goldstein, A. and Rorimer, A. (eds) *Reconsidering the Object of Art, 1965–1975.* Museum of Contemporary Art, Los Angeles, CA, pp. 247–267.

Wall, J. (1996) *Jeff Wall.* Information leaflet, Museum Boijmans van Beuningen, Rotterdam and Centrum Beeldende Kunst, Rotterdam, September, 17, n.p.

Wall, J. (2002) *Jeff Wall: New work*. Press release. Marian Goodman Gallery, New York, NY, September 20 to November 2, n.p.

Walton, K.L. (1984) Transparent pictures. On the nature of photographic realism. *Critical Inquiry*, 11 (2), 246–277.

Wells, L. (ed.) (2009 [1996]) *Photography: A Critical Introduction*, 4th revised edition. Routledge, London.

Westgeest, H. (2011) Herhalingsstrategieën in het fotografische werk van Idris Khan. In: Houppermans, J., *et al.* (eds) *Herhaling*. Leiden University Press, Leiden.

Weston, E. (2003 [1943]) Seeing photographically. In: Wells, L. (ed.) *The Photography Reader*. Routledge, London, pp. 104–108.

Wiertz, A.J. (1869 [1855]) La photographie. In: *Œuvres littéraires*. Parent et Fils Editeurs, Brussels, pp. 309–310.

第二章 摄影中的时间：与时基艺术的较量

Alexander, D. (2005) Slide show. In: Alexander, D., *et al. Slide Show. Projected Images in Contemporary Art*. Tate Publishing, London, pp. 3–33.

Alloway, L. (2003 [1970]) Artists and photographs. In: Fogle, D. (ed.) *The Last Picture Show: Artists Using Photography, 1960–1982*. Walker Art Center, Minneapolis, MN, pp. 20–21.

Arnheim, R. (1978) A stricture on space and time. *Critical Inquiry*, 1 (4), 645–655.

Baetens, J. (2001) Trois métalepses. In: Ribière, M. and Baetens, J. (eds) *Time, Narrative and Fixed Image*. Rodopi, Amsterdam, pp. 171–178.

Baker, C. (2001) Circling greyhounds. In: Ribière, M. and Baetens, J. (eds) *Time, Narrative and Fixed Image*. Rodopi, Amsterdam, pp. 185–202.

Barthes, R. (1981 [1980]) *Camera Lucida. Reflections on Photography*. Trans. R. Howard. Hill and Wang, New York, NY. First published as *La chambre claire*.

Batchen, G. (2001) *Each Wild Idea. Writing, Photography, History*. MIT Press, Cambridge, MA.

Batchen, G. (2006) *Forget Me Not: Photography and Remembrance*. Princeton University Press, Princeton, NJ.

Batchen, G. (ed.) (2009) *Photography Degree Zero. Reflections on Roland Barthes's Camera Lucida*. MIT Press, Cambridge, MA.

Bazin, A. (1980 [1945]) The ontology of the photographic image. In: Trachtenberg, A. (ed.) *Classic Essays on Photography*. Trans. H. Gray. Leete's Island Press, New Haven, CT, pp. 237–244.

Bellour, R. (2007 [1984]) The pensive spectator. In: Campany, D. (ed.) *The Cinematic*. Whitechapel, London and MIT Press, Cambridge, MA, pp. 119–123.

Belting, H. (2002) Invisible movies in Sugimoto's "Theaters." In: Latour, B. and Weibel, P. (eds) *Iconoclash. Beyond the Image Wars in Science, Religion, and Art*. ZKM, Karlsruhe, pp. 423–427.

Benjamin, W. (2008 [1931]) Little history of photography. In: Jennings, M.W., Doherty, B., and Levin, T.Y. (eds) *The Work of Art in the Age of Its Technological Reproducibility, and*

Other Writings on Media. Trans. E. Jephcott, *et al.* The Belknap Press of Harvard University Press, Cambridge, MA, pp. 274–298.

Bragaglia, A.G. (1989 [1913]) Excerpts from futurist photodynamism. In: Phillips, Ch. (ed.) *Photography in the Modern Era. European Documents and Critical Writings, 1913–1940.* Metropolitan Museum of Art and Aperture, New York, NY, pp. 287–295.

Bryson, N. (1983) *Vision and Painting. The Logic of the Gaze.* MacMillan Press, London.

Burgin, V. (2009 [2005]) The time of the panorama. In: Streitberger, A. (ed.) *Situational Aesthetics. Selected Writings by Victor Burgin.* Leuven University Press, Leuven, pp. 293–312.

Burton, J. (ed.) (2006) *Cindy Sherman.* MIT Press, Cambridge, MA.

Campany, D. (2007) *The Cinematic.* Whitechapel, London, and MIT Press, Cambridge, MA.

Campany, D. (2008) *Photography and Cinema.* Reaktion Books, London.

Cartier-Bresson, H. (1952) *The Decisive Moment.* Simon & Schuster, New York, NY.

Crary, J. (1990) *Techniques of the Observer. On Vision and Modernity in the Nineteenth Century.* An *October* book. MIT Press, Cambridge, MA.

Demos, T.J. (ed.) (2006) *Vitamin Ph: New Perspectives in Photography.* Phaidon, London.

Druckrey, T. (1991) Deadly representations or apocalypse now. *Ten.8,* 23, 16–27.

Dubois, Ph. (1998 [1990]) *Der Fotografische Akt. Versuch über ein theoretisches Dispositiv,* Trans. D. Hornig. Verlag der Kunst, Dresden. First published as *L'acte photographique.*

Duve, Th. de (1978) Time exposure and snapshot: The photograph as paradox. *October,* 5, 113–125.

Edgerton, H.E. and Killian, J.R. (1954 [1939]). *Flash! Seeing the Unseen by Ultra High-Speed Photography.* Charles T. Branford Company, Boston, MA.

Elkins, J. (2005) Critical response: What do we want photography to be? A response to Michael Fried. *Critical Inquiry,* 31 (4), 938–956.

Foote, N. (2003 [1976]) The anti-photographers. In: Fogle, D. (ed.) *The Last Picture Show: Artists Using Photography, 1960–1982.* Walker Art Center, Minneapolis, MN, pp. 24–31.

Frampton, H. (1983) *Circles of Confusion: Film, Photography, Video. Texts 1968–1980.* Visual Studies Workshop Press, Rochester, NY.

Friday, J. (2006) Stillness becoming: reflections on Bazin, Barthes, and photographic stillness. In: Green, D. and Lowry, J. (eds) *Stillness and Time: Photography and the Moving Image.* Photoworks/Photoforum, Brighton, pp. 39–54.

Fried, M. (2008) *Why Photography Matters as Art as Never Before.* Yale University Press, New Haven, CT.

Frizot, M. (1998 [1994]) *The New History of Photography.* Trans. S. Bennett, *et al.* Könemann, Cologne. First published as *Nouvelle histoire de la photographie.*

Gernsheim, H. and Gernsheim, A. (1956) *L.J.M. Daguerre. The History of the Diorama and the Daguerreotype.* Secker & Warburg, London.

Goldin, N. (1996 [1986]) *Ballad of Sexual Dependency.* Aperture Foundation, New York, NY.

Green, D. (ed.) (2004) *Visible Time: The Work of David Claerbout.* Photoworks, Brighton.

Green, D. (2005) The visibility of time. In: *David Claerbout.* Städtische Galerie im Lenbachhaus, Munich, pp. 19–43.

Green, D. and Lowry, J. (eds) (2006) *Stillness and Time: Photography and the Moving Image.* Photoworks/Photoforum, Brighton.

Greenberg, C. (1993 [1964]) Four photographers: Review of *A Vision of Paris* by Eugène-Auguste Atget; *A Life in Photography* by Edward Steichen; *The World Through My Eyes* by Andreas Feininger; and *Photographs by Cartier-Bresson,* introduced by Lincoln Kirstein. In: O'Brian, J. (ed.) *Clement Greenberg. The Collected Essays and Criticism. Volume 4. Modernism with a Vengeance 1957–1969.* University of Chicago Press, Chicago, IL, pp. 183–187.

Groys, B. (2003) *Topologie der Kunst.* Carl Hanser Verlag, Munich.

Hantelmann, D. von (2009) James Coleman's box (ahhareturnabout). In: *James Coleman.* Irish Museum of Modern Art, Project Arts Centre, Royal Hibernian Academy, Dublin, pp. 65–86.

Harbord, J. (2009) *Chris Marker. La Jetée.* Afterall Books, London.

Irvine, K. (2004) *The Performance Moment.* Available at: www.mocp.org/exhibitions/2004/10/cameraaction_pe.php (accessed June 8, 2010).

Iversen, M. (2007) Following pieces. On performative photography. In: Elkins, J. (ed.) *Photography Theory.* Routledge, New York, NY, pp. 91–108.

Jeffrey, I. (1996 [1981]) *Photography. A Concise History.* Thames & Hudson, London.

Kear, J. (2003) In the spiral of time: Memory, temporality, and subjectivity in Chris Marker's *La Jetée.* In: Hughes, A. and Noble, A. (eds) *Phototextualities. Intersections of Photography and Narrative.* University of New Mexico Press, Albuquerque, NM, pp. 218–235.

Kellein, Th. (1995) *Hiroshi Sugimoto – Time Exposed.* Kunsthalle, Basel.

Kember, S. (1998) *Virtual Anxiety: Photography, New Technologies and Subjectivity.* Manchester University Press, Manchester.

Kracauer, S. (1993 [1927]) Photography. *Critical Inquiry,* 19 (3), 421–436.

Krauss, R.E. (1999) Reinventing the medium. *Critical Inquiry,* 25 (2), 289–305.

Kriebel, S. (2007) Theories of photography: A short history. In: Elkins, J. (ed.) *Photography Theory.* Routledge, New York, NY, pp. 1–49.

Lista, G. (1987) Futurisme et expérimentations. In: Bellour, R., *et al.* (eds) *Le temps d'un movement. Aventures et mesaventures de l'instant photographique.* Centre National de la Photographie, Paris. pp. 59–86.

Marey, E.J. (1972 [1894]) *Movement.* Trans. E. Pritchard. Arno Press and *The New York Times,* New York, NY. First published as *le Mouvement.*

McQuire, S. (1998) *Visions of Modernity. Representations, Memory, Time and Space in the Age of the Camera.* Sage, London.

Metz, Ch. (1985) Photography and fetish. *October,* 34, 81–90.

Mulvey, L. (2007 [2006]) *Death 24x a Second: Stillness and the Moving Image.* Reaktion Books, London.

Newhall, B. (1982 [1937]) *The History of Photography.* Museum of Modern Art, New York, NY.

Newman, H. (2000) *Performancemania.* Matt's Gallery, London.

221

Orlow, U. (2007 [1999]) Photography as cinema: La Jetée and the redemptive powers of the image. In: Campany, D. (ed.) *The Cinematic.* Whitechapel, London and MIT Press, Cambridge, MA, pp. 177–184.

Parr, M. and Badger, G. (2004) *The Photobook: A History. Volume 2.* Phaidon, London.

Ruby, J. (1995) *Secure the Shadow. Death and Photography in America.* MIT Press, Cambridge, MA.

Scharf, A. (1974 [1968]) *Art and Photography,* 2nd revised edition. Penguin, Harmondsworth.

Schnelle-Schneyder, M. (1990) *Photographie und Wahrnehmung, am Beispiel der Bewegungsdarstellung im 19. Jahrhundert.* Jonas Verlag, Marburg.

Scott, C. (2007) *Street Photography. From Atget to Cartier-Bresson.* I.B. Taurus, London.

Smith, G. (2010) Time and memory in William Henry Fox Talbot's Calotypes of Oxford and David Octavius Hill and Robert Adamson's of St Andrews. In: Baetens, J., Streitberger, A., and Van Gelder, H. (eds) *Time and Photography.* Leuven University Press, Leuven, pp. 67–83.

Snyder, J. and Allen, N.W. (1975) Photography, vision, and representation. *Critical Inquiry,* 2 (1), 143–169.

Sontag, S. (2002 [1977]) *On Photography.* Penguin, London.

Szarkowski, J. (1966) *The Photographer's Eye.* Museum of Modern Art, New York, NY.

Thurmann-Jajes, A. (2002) *Ars Photographica. Fotografie und Künstlerbücher.* Neues Museum Weserburg, Bremen.

Trachtenberg, A. (ed.) (1980) *Classic Essays on Photography.* Trans. H. Gray. Leete's Island Press, New Haven, CT.

Van Gelder, H. (2004) The fall from grace. Late Minimalism's conception of the intrinsic time of the artwork-as-matter. *Interval(le)s,* 1 (1), 83–103. Available at: http:/ www.ulg. ac.be/cipa/pdf/van%20gelder.pdf (accessed November 4, 2010).

Vanvolsem, M. (2006) The experience of time in still photographic images. Unpublished PhD thesis, Katholieke Universiteit Leuven.

Virilio, P. (1995 [1988]) *The Vision Machine.* Trans. J. Rose. Indiana University Press, Bloomington, IN. First published as *La machine de vision.*

Wells, L. (ed.) (2009 [1996]) *Photography: A Critical Introduction,* 4th revised edition. Routledge, London.

Westgeest, H. (2008) The changeability of photography in multimedia artworks. In: Van Gelder, H. and Westgeest, H. (eds) *Photography Between Poetry and Politics: The Critical Position of the Photographic Medium in Contemporary Art.* Leuven University Press, Leuven, pp. 3–16.

Westgeest, H. (2011) Photography bridging great distances in time and place. In: Vandermeulen, B. and Veys, D. (eds) *Imaging History, Photography after the Fact.* Leuven University Press, Leuven.

Wollen, P. (2003 [1984]) Fire and ice. In: Wells, L. (ed.) *The Photography Reader.* Routledge, London, pp. 76–80.

第三章 摄影中的地点与空间：对待虚拟地点和空间对象的立场

Augé, M. (2008 [1992]) Non-Places: An Introduction to Supermodernity. Trans. J. Howe. Verso, London. First published as Non-lieux, introduction à une anthropologie de la surmodernité.

Barthes, R. (1981 [1980]) Camera Lucida. Reflections on Photography. Trans. R. Howard. Hill and Wang, New York, NY. First published as La chambre claire.

Batchen, G. (2001) Each Wild Idea. Writing, Photography, History. MIT Press, Cambridge, MA.

Batchen, G. (2005) Photography by the numbers. In: Martin, L.A. (ed.) Joan Fontcuberta. Landscapes Without Memory. Aperture Foundation, New York, NY, pp. 9–13.

Benjamin, W. (2008 [1936]) The work of art in the age of its technological reproducibility. In: Jennings, M.W., Doherty, B., and Levin, T.Y. (eds) The Work of Art in the Age of Its Technological Reproducibility, and Other Writings on Media. Trans. E. Jephcott, et al. The Belknap Press of Harvard University Press, Cambridge, MA., pp. 19–55.

Brougher, K. and Ferguson, R. (2001) Open City: Street Photographs Since 1950. Hatje Cantz Publishers, Ostfildern.

Burgin, V. (1982 [1975]) Photographic practice and art theory. In: Burgin, V. (ed.) Thinking Photography. MacMillan Press, London, pp. 39–83.

Burgin, V. (2009 [2005]) The time of the panorama. In: Streitberger, A. (ed.) Situational Aesthetics. Selected Writings by Victor Burgin. Leuven University Press, Leuven, pp. 293–312.

Casey, E.S. (1987) Remembering: A Phenomenological Study. Indiana University Press, Bloomington, IN.

Constant [Nieuwenhuys] (1974 [1973]) Het principe van de desoriëntatie. In: Locher, J.L. (ed.) New Babylon. Haags Gemeentemuseum, The Hague, pp. 65–70.

Crary, J. (1990) Techniques of the Observer. On Vision and Modernity in the Nineteenth Century. An October book. MIT Press, Cambridge, MA.

Cresswell, T. (2004) Place: A Short Introduction. Blackwell, Malden, MA.

Dean, T. and Millar, J. (2005) Place. Thames & Hudson, London.

Deutsche, R. (1986) Krzysztof Wodiczko's homeless projection and the site of urban "revitalization." October, 38, 63–98.

Druckrey, T. (1991) Deadly representations or apocalypse now. Ten.8, 23, 16–27.

Dubois, Ph. (1998 [1990]) Der Fotografische Akt. Versuch über ein theoretisches Dispositiv. Trans. D. Hornig. Verlag der Kunst, Dresden. First published as L'acte photographique.

Foucault, M. (1977 [1975]) Discipline and Punish. The Birth of the Prison. Trans. A. Sheridan. Penguin, London. First published as Surveiller et punir: Naissance de la prison.

Foucault, M. (1986 [1967]) Of other places. Diacritics, 16, 22–27.

Fried, M. (2008) Why Photography Matters as Art as Never Before. Yale University Press, New Haven, CT.

Green, D. (1999 [1996]) Between object and image. In: Brittain, D. (ed.) Creative Camera. 30 Years of Writing. Manchester University Press, Manchester, pp. 261–268.

Hansen, M.B.N. (2006 [2004]) New Philosophy for New Media. MIT Press, Cambridge, MA.

Hayden, D. (1995) The Power of Place. Urban Landscapes as Public History. MIT Press, Cambridge, MA.

Hockney, D. (1985 [1983]) *On Photography*. National Museum of Photography, Film & Television, Bradford.

Jacobs, S. and Maes, F. (eds) (2009) *Beyond the Picturesque*. S.M.A.K., Ghent.

Krauss, R.E. (1985 [1979]) Sculpture in the expanded field. In: Krauss, R.E. (ed.) *The Originality of the Avant-Garde and Other Modernist Myths*. MIT Press, Cambridge, MA, pp. 276–290.

Laxton, S. (2008) What photographs don't know. In: Van Gelder, H. and Westgeest, H. (eds) *Photography Between Poetry and Politics: The Critical Position of the Photographic Medium in Contemporary Art*. Leuven University Press, Leuven, pp. 89–99.

Lerup, L. (2001) *Thomas Demand*. De Appel, Amsterdam.

Malpas, J.E. (1999) *Place and Experience. A Philosophical Topography*. Cambridge University Press, Cambridge.

Manovich, L. (1996 [1995]) The paradoxes of digital photography. In: Amelunxen, H. von., Iglhaut, S., and Rötzer, F. (eds) *Photography after Photography. Memory and Representation in the Digital Age*. G+B Arts, Amsterdam, pp. 57–65.

Marcoci, R. (2005) *Thomas Demand*. The Museum of Modern Art, New York, NY.

Massey, D. (2005 [1994]) *Space, Place, and Gender*. University of Minneapolis Press, Minneapolis, MN.

Mitchell, W.J. (1992) *The Reconfigured Eye: Visual Truth in the Post-Photographic Era*. MIT Press, Cambridge, MA.

Ndenga, H. (2007) *Panorama Carcéral*. Available at: www.jeuneafrique.com/jeune_afrique/article_jeune_afrique.asp?art_cle=LIN02097panorlarcra0 (accessed June 8, 2010).

Nelson, A. (2010) Suspensions of time and history: The montage photobooks of Moshe Raviv Vorobeichic. In: Baetens, J., Streitberger, A., and Van Gelder, H. (eds) *Time and Photography*. Leuven University Press, Leuven, pp. 141–164.

O'Hagan, S. (2010) *Why Street Photography is Facing a Moment of Truth*. Available at: www.guardian.co.uk/artanddesign/2010/apr/18/street-photography-privacy-surveillance (accessed June 12, 2010).

Ritchin, F. (2009) *After Photography*. Norton & Company, New York, NY.

Rodchenko, A. (1989 [1928]) Against the synthetic portrait, for the snapshot. In: Phillips, Ch. (ed.) *Photography in the Modern Era. European Documents and Critical Writings, 1913–1940*. The Metropolitan Museum of Art and Aperture, New York, NY, pp. 238–242.

Russett, R. (2009) *Hyperanimation. Digital Images and Virtual Worlds*. Indiana University Press, Bloomington, IN.

Sack, R.D. (1997) *Homo Geographicus. A Framework for Action, Awareness, and Moral Concern*. The John Hopkins University Press, Baltimore, MD.

Schwartz, J.M. and Ryan, J.R. (eds) (2003) *Picturing Place. Photography and the Geographical Imagination*. I.B. Taurus, London.

Sontag, S. (2002 [1977]) *On Photography*. Penguin, London.

Trachtenberg, A. (1989) Naming the view. In: Trachtenberg, A. (ed.) *Reading American Photographs. Images as History. Mathew Brady to Walker Evans*. Hill and Wang, New York, NY, pp. 119–163.

Tuan, Y.-F. (1977) *Space and Place. The Perspective of Experience.* University of Minnesota Press, Minneapolis, MN.

Vanvolsem, M. (2006) The experience of time in still photographic images. Unpublished PhD thesis, Katholieke Universiteit Leuven.

Verhagen, E. (2007) *Jan Dibbets. L'oeuvre photographique/The Photographic Work, 1967–2007.* Trans. J. Tittensor. Éditions du Panama, Paris.

Virilio, P. (1995 [1988]) *The Vision Machine.* Trans. J. Rose. Indiana University Press, Bloomington, IN. First published as *La machine de vision.*

Walker, I. (1999 [1986]) Déjà vu: the rephotographic survey project. In: Brittain, D. (ed.) *Creative Camera. 30 Years of Writing.* Manchester University Press, Manchester, pp. 127–144.

Westerbeck, C. and Meyerowitz, J. (1994) *Bystander. A History of Street Photography.* Thames & Hudson, London.

Westgeest, H. (2009) The concept of place in photography in multimedia artworks. In: Westgeest, H. (ed.) *Take Place. Photography and Place from Multiple Perspectives.* Valiz, Amsterdam, pp. 98–130.

Westgeest, H. (2011) Herhalingsstrategieën in het fotografische werk van Idris Khan. In: Houppermans, J., et al. (eds) *Herhaling.* Leiden University Press, Leiden.

Wigley, M. (1998) *Constant's New Babylon. The Hyper-Architecture of Desire.* 010 Publishers, Rotterdam.

Wollen, P. (2003 [1984]) Fire and ice. In: Wells, L. (ed.) *The Photography Reader.* Routledge, London, pp. 76–80.

第四章 摄影的社会功能：纪实摄影的遗产

Agamben, G. (1998) *Homo Sacer: Sovereign Power and Bare Life.* Trans. D. Heller-Roazen. Stanford University Press, Stanford, CA.

Azoulay, A. (2008) *The Civil Contract of Photography.* Zone Books, New York, NY.

Baetens, J. and Van Gelder, H. (2006) Introduction. A Note on Critical Realism Today. In: Baetens, J. and Van Gelder, H. (eds) *Critical Realism in Contemporary Art. Around Allan Sekula's Photography.* University Press Leuven, Leuven, pp. 12–27.

Baker, G. (2005) Photography's expanded field. *October*, 114, 120–140.

Barnard, A. (2004) The legacy of the situationist international. The production of situations of creative resistance. *Capital & Class*, 84, 103–124.

Barthes, R. (1983 [1967]) *The Fashion System.* Trans. M. Ward and R. Howard. University of California Press, Berkeley, CA. First published as *Système de la mode.*

Bate, D. (2001) Blowing it: Digital images and the real. *DPICT Magazine*, 7, 20–22.

Beausse, P. (1998) The critical realism of Allan Sekula. *Art Press*, 240, 20–26.

Beausse, P. (2002) Interview with Bruno Serralongue. In: *Bruno Serralongue.* Les presses du réel/janvier, Paris, pp. 15–19.

Benjamin, W. (2008 [1931]) Little history of photography. In: Jennings, M.W., Doherty, B., and Levin, T.Y. (eds) *The Work of Art in the Age of Its Technological Reproducibility, and*

Other Writings on Media. Trans. E. Jephcott, *et al.* The Belknap Press of Harvard University Press, Cambridge, MA, pp. 274–298.

Benjamin, W. (2008 [1934/1977]) The author as producer. In: Jennings, M.W., Doherty, B., and Levin, T.Y. (eds) *The Work of Art in the Age of Its Technological Reproducibility, and Other Writings on Media.* Trans. E. Jephcott, *et al.* The Belknap Press of Harvard University Press, Cambridge, MA, pp. 79–95.

Benjamin, W. (1969 [1950]) Theses on the philosophy of history. In: Arendt, H. (ed.) *Walter Benjamin. Illuminations.* Trans. H. Zohn. Schocken Books, New York, NY, pp. 253–264.

Bolter, J.D. and Grusin, R. (1999) *Remediation. Understanding New Media.* MIT Press, Cambridge, MA.

Bolton, R. (1989 [1987]) In the American East: Richard Avedon Incorporated. In: Bolton, R. (ed.) (1989) *The Contest of Meaning: Critical Histories of Photography.* MIT Press, Cambridge, MA, pp. 261–282.

Boulouch, N. (2008) La photographie couleur est-elle moderne? In: Streitberger, A. (ed.) *Photographie Moderne/Modernité Photographique.* SIC, Brussels, pp. 81–88.

Brik, O. (1989 [1926]) The photograph versus the painting. In: Phillips, Ch. (ed.) *Photography in the Modern Era. European Documents and Critical Writings, 1913–1940.* The Metropolitan Museum of Art and Aperture, New York, NY, pp. 213–218.

Brik, O. (1989 [1928]) From the painting to the photograph. In: Phillips, Ch. (ed.) *Photography in the Modern Era. European Documents and Critical Writings, 1913–1940.* The Metropolitan Museum of Art and Aperture, New York, NY, pp. 227–233.

Buchloh, B.H.D. (1995) Allan Sekula: Photography between discourse and document. In: *Fish Story. Allan Sekula.* Witte de With, Rotterdam, pp. 189–200.

Burgin, V. (1982 [1980]) Photography, phantasy, function. In: Burgin, V. (ed.) *Thinking Photography.* MacMillan Press, London, pp. 177–216.

Burgin, V. (1986) *Between.* Basil Blackwell, Oxford.

Bush, K. (2003) The latest picture. In: Fogle, D. (ed.) *The Last Picture Show: Artists Using Photography, 1960–1982.* Walker Art Center, Minneapolis, MN, pp. 262–266.

Campany, D. (2003) Safety in numbness: Some remarks on problems of "late photography." In: Green, D. (ed.) *Where is the Photograph?* Photoworks, Brighton, pp. 123–132.

Clark, T.J. (2002) Commentary. In: Gillis, Ch. (ed.) *Migrations: The Work of Sebastião Salgado.* The Regents of the University of California and the Doreen B. Townsend Center for the Humanities, Berkeley, CA, pp. 23–26.

Crimp, D. (1993) *On the Museum's Ruins.* MIT Press, Cambridge, MA.

Demos, T.J. (2008) Recognizing the unrecognized: The photographs of Ahlam Shibli. In: Van Gelder, H. and Westgeest, H. (eds) *Photography Between Poetry and Politics: The Critical Position of the Photographic Medium in Contemporary Art.* Leuven University Press, Leuven, pp. 123–141.

Filipovic, E. (2005) The global white cube. In: Vanderlinden, B. and Filipovic, E. (eds) *The Manifesta Decade. Debates on Contemporary Art Exhibitions and Biennials in Post-Wall Europe.* MIT Press, Cambridge, MA, pp. 63–84.

Fowler, C. (ed.) (2002) *The European Cinema Reader.* Routledge, London.

Fried, M. (2008) *Why Photography Matters as Art as Never Before*. Yale University Press, New Haven, CT.

Galassi, P. (2001) *Andreas Gursky*. Museum of Modern Art, New York, NY.

Gierstberg, F. (1998) Dismal science. An interview with Allan Sekula. In: *Allan Sekula. Dead Letter Office*. Nederlands Foto Instituut, Rotterdam, pp. 1–9.

Godfrey, T. (1982) Sex, text, politics. An interview with Victor Burgin. *Block*, 7, 2–26.

Green, D. and Edwards, S. (1987) Burgin and Sekula. *Ten.8*, 26, 30–43.

Green, D. (2009) Constructing the real: Staged photography and the documentary tradition. In: Green, D. and Lowry, J. (eds) *Theatres of the Real*. Photoworks, Brighton, pp. 103–110.

Greenberg, C. (1993 [1964]) Four photographers: Review of *A Vision of Paris* by Eugène-Auguste Atget; *A Life in Photography* by Edward Steichen; *The World Through My Eyes* by Andreas Feininger; and *Photographs by Cartier-Bresson*, introduced by Lincoln Kirstein. In: O'Brian, J. (ed.) *Clement Greenberg. The Collected Essays and Criticism. Volume 4. Modernism with a Vengeance 1957–1969*. University of Chicago Press, Chicago, IL, pp. 183–187.

Guerra, C. (2009) *Lecture on Bruno Serralongue's Anti-Photojournalism*. Wiels, Brussels. May 14, video recording.

Hardt, M. and Negri, A. (2000) *Empire*. Harvard University Press, Boston, MA.

Jacobs, L. (ed.) (1971) *The Documentary Tradition*. Norton and Co., New York, NY.

Jameson, F. (1991) *Postmodernism or The Cultural Logic of Late Capitalism*. Verso, London.

Jeffrey, I. (1996 [1981]) *Photography. A Concise History*. Thames & Hudson, London.

Krauss, R.E. (1999) Reinventing the medium. *Critical Inquiry*, 25 (2), 289–305.

Manovich, L. (1996 [1995]) The paradoxes of digital photography. In: Amelunxen, H. von, Iglhaut, S., and Rötzer, F. (eds) *Photography after Photography. Memory and Representation in the Digital Age*. G+B Arts, Amsterdam, pp. 57–65.

Mayeur, C. (2008) Bruno Serralongue. Décalage stratégique pour réfléchir l'information. In: Bawin, J. (ed.) *Art Actuel & Photographie*. Presses Universitaires, Namur, pp. 69–75.

Phillips, Ch. (1989 [1982]) The judgment seat of photography. In: Bolton, R. (ed.) *The Contest of Meaning: Critical Histories of Photography*. MIT Press, Cambridge, MA, pp. 14–47.

Poivert, M. (2010 [2004]) The modern condition of photography in the twentieth century. In: Swinnen, J. and Deneulin, L. (eds) *The Weight of Photography. Photography History Theory and Criticism. Introductory Readings*. ASP, Brussels, pp. 515–547.

Rancière, J. (2006 [2001]) *Film Fables*. Trans. E. Battista. Berg, New York, NY. First published as *La Fable cinématographique*.

Rancière, J. (2004 [2000]) *The Politics of Aesthetics: the Distribution of the Sensible*. Trans. G. Rockhill. Continuum, London. First published as *Le Partage du sensible: Esthétique et politique*.

Rancière, J. (2009 [2008]) *The Emancipated Spectator*. Trans. G. Elliott. Verso, London. First published as *Le spectateur émancipé*.

Riis, J. (1971 [1890]) *How the Other Half Lives. Studies among the Tenements of New York*. Expanded edition. Dover Publications, New York, NY.

Risberg, D. (1999) Imaginary economies: An interview with Allan Sekula. In: Sekula, A. (ed.) *Dismal Science: Photoworks 1972–1996*. University Galleries of Illinois State University, Bloomington, IL, pp. 236–251.

Ritchin, F. (2009) *After Photography*. Norton & Company, New York, NY.

Roberts, J. (1998) *The Art of Interruption: Realism, Photography and the Everyday*. Manchester University Press, Manchester.

Roberts, J. (2009) Photography after the photograph: Event, archive, and the non-symbolic. *Oxford Art Journal*, 32 (2), 281–298.

Rodchenko, A. (1989 [1928]) The paths of modern photography. In: Phillips, Ch. (ed.) *Photography in the Modern Era. European Documents and Critical Writings, 1913–1940*. Metropolitan Museum of Art and Aperture, New York, NY, pp. 256–263.

Roelandt, E. (2008) Renzo Martens' Episode 3. Analysis of a film process in three conversations. *A Prior*, 16, 176–185.

Rosler, M. (1989 [1981]) In, around, and afterthoughts (on documentary photography). In: Bolton, R. (ed.) *The Contest of Meaning: Critical Histories of Photography*. MIT Press, Cambridge, MA, pp. 303–340.

Rosler, M. (2005 [1999/2001]) Post-documentary, post-photography. In: Rosler, M. (ed.) *Decoys and Disruptions: selected writings, 1975–2001*. MIT Press, Cambridge, MA, pp. 207–244.

Rosler, M. (2005 [1988/1989]) Image simulations, computer manipulations. In: Rosler, M. (ed.) *Decoys and Disruptions: selected writings, 1975–2001*. MIT Press, Cambridge, MA, pp. 259–317.

Rosler, M. (2006) Afterword: A history. In: Rosler, M. (ed.) *3 Works*. Expanded edition. [1981] The Press of the Nova Scotia College of Art and Design, Halifax, pp. 94–103.

Schmidt, D. (2005) *Siev-X. Zu einem Falll von verschärfter Flüchtlingspolitik. On a Case of Intensified Refugee Politics*. B_Books, Berlin.

Sekula, A. (1984 [1975]) On the invention of photographic meaning. In: Sekula, A. (ed.) *Photography Against the Grain. Essays and Photo Works 1973–1983*. Press of the Nova Scotia College of Art and Design, Halifax, pp. 3–21.

Sekula, A. (1999 [1984]) Dismantling modernism, reinventing documentary. Notes on the politics of representation. In: Sekula, A. (ed.) *Dismal Science: Photoworks 1972–1996*. University Galleries of Illinois State University, Bloomington, IL, pp. 117–138.

Sekula, A. (2001) *TITANIC's wake*. Le Point du jour, Paris.

Sekula, A. (2003) Conversation between Allan Sekula and Benjamin H. D. Buchloh. In: Breitwieser, S. (ed.) *Allan Sekula. Performance under Working Conditions*. Generali Foundation, Vienna, pp. 21–55.

Serralongue, B. (2008) Droit de regard. In: Morel, G. (ed.) *Photojournalisme et Art Contemporain. Les Derniers Tableaux*. Éditions des archives contemporaines, Paris, pp. 45–55.

Smedley, E. (2000) Escaping to reality: Fashion photography in the 1990s. In: Bruzzi, S. and Church Gibson, P. (eds) *Fashion Cultures: Theories, Explorations and Analysis*. Routledge, Oxon, pp. 143–156.

Solomon-Godeau, A. (1982) Tunnel vision. *Print Collector's Newsletter*, 22 (6), 173–175.

Solomon-Godeau, A. (2003 [1991]) *Photography at the Dock: Essays on Photographic History, Institutions, and Practices.* University of Minnesota Press, Minneapolis, MN.

Sontag, S. (2002 [1977]) *On Photography.* Penguin, London.

Sontag, S. (2004) *Regarding the Pain of Others.* Picador, London.

Stallabrass, J. (1997) Sebastião Salgado and fine art photojournalism. *New Left Review,* 1 (223), 131-162.

Stein, S. (1980) *Harry Callahan. Photographs in Color, The Years 1946-1978.* Center for Creative Photography, Tucson, AZ.

Stein, S. (1983) Making connections with the camera. Photography and social mobility in the career of Jacob Riis. *Afterimage,* 11 (10), 9-15.

Stein, S. (1984) Der Fortbestand des Sozialdokumentarischen in einer Antisozialen Zeit. In: *Dokumentarfotografie aus den Vereinigten Staaten.* Fotografische Sammlung Museum Folkwang, Essen, pp. 2-14.

Steyerl, H. (2007) Documentary uncertainty. *A Prior,* 15, 302-308.

Streitberger, A. (2009) *Lecture on Bruno Serralongue's Anti-Photojournalism.* Wiels, Brussels. May 14, video recording.

Szarkowski, J. (1967) *New Documents.* Museum of Modern Art, New York, NY.

Tagg, J. (1988) *The Burden of Representation. Essays on Photographies and Histories.* University of Minnesota Press, Minneapolis, MN.

Tagg, J. (2009) *The Disciplinary Frame: Photographic Truths and Capture of Meaning.* University of Minnesota Press, Minneapolis, MN.

Tello, V. (2009) *Monument to Memory: Woomera in Australian Contemporary Art.* Available at: www.mathieugallois.com/text/Tello.html (accessed June 8, 2010).

Van Gelder, H. (2007) Allan Sekula. The documenta 12 project (and beyond). *A Prior,* 15, 210-253.

Wall, J. (1995) Marks of indifference: Aspects of photography in, or as, conceptual art. In: Goldstein, A. and Rorimer, A. (eds) *Reconsidering the Object of Art, 1965-1975.* Museum of Contemporary Art, Los Angeles, CA, pp. 247-267.

Weinberger, A.D. (1986) *On the Line: the New Color Photojournalism.* Walker Art Center, Minneapolis, MN.

Weiss, P. (2005 [1981]) *The Aesthetics of Resistance. Volume 1.* Trans. J. Neugroschel. Duke University Press, Durham, NC.

Wells, L. (ed.) (2009 [1996]) *Photography: A Critical Introduction,* 4th revised edition. Routledge, London.

Winkel, C. van (2005) *The Regime of Visibility.* NAi Publishers, Rotterdam.

第五章 自我映现的摄影

Amelunxen, H. von, Iglhaut, S., and Rötzer, F. (eds) (1996 [1995]) *Photography after Photography. Memory and Representation in the Digital Age.* G+B Arts, Amsterdam. First published as *Fotografie nach der Fotografie.*

Bargellesi-Severi, G. (ed.) (1997) *Robert Smithson. Slideworks.* Carlo Frua, Milan.

Barthes, R. (1981 [1980]) *Camera Lucida. Reflections on Photography.* Trans. R. Howard. Hill and Wang, New York, NY. First published as *La chambre claire.*

Batchen, G. (1993) The naming of photography. A mass of metaphor. *History of Photography,* 17 (1), 22–32.

Batchen, G. (2001) Vernacular photographies. In: Batchen, G. *Each Wild Idea. Writing, Photography, History.* MIT Press, Cambridge, MA, pp. 56–80.

Burgin, V. (1982 [1977]) Looking at photographs. In: Burgin, V. (ed.) *Thinking Photography.* MacMillan Press, London, pp. 142–153.

Burgin, V. (ed.) (1982 [1980]) *Thinking Photography.* MacMillan Press, London.

Burgin, V. (1992) Fantasy. In: Wright, E. (ed.) *Feminism and Psychoanalysis: A Critical Dictionary.* Basil Blackwell, Oxford, pp. 84–88.

Burgin, V. (1996) *In/Different Spaces. Place and Memory in Visual Culture.* University of California Press, Berkeley, Los Angeles, CA.

Burgin, V. (2006 [2004]) *The Remembered Film.* Reaktion Books, London.

Burgin, V. (2009 [2008]) Monument and melancholia. In: Streitberger, A. (ed.) *Situational Aesthetics. Selected Writings by Victor Burgin.* Leuven University Press, Leuven, pp. 315–329.

Doy, G. (2005) *Picturing the Self. Changing Views of the Subject in Visual Culture.* I.B. Tauris, London.

Druckrey, T. (1996 [1995]) Fatal vision. In: Amelunxen, H. von, Iglhaut, S., and Rötzer, F. (eds) *Photography after Photography. Memory and Representation in the Digital Age.* G+B Arts, Amsterdam, pp. 81–87.

Dubois, Ph. (1998 [1990]) *Der Fotografische Akt. Versuch über ein theoretisches Dispositiv,* Trans. D. Hornig. Verlag der Kunst, Dresden. First published as *L'acte photographique.*

Duve, Th. de (1996) The mainstream and the crooked path. In: Duve, Th. de, Pelenc, A., and Groys, B. (eds) *Jeff Wall.* Phaidon, London, pp. 26–55.

Feininger, A. (1961) *Die Hohe Schule der Fotografie.* Ekon, Düsseldorf.

Flusser, V. (1984 [1983]) *Towards a Philosophy of Photography.* D. Bennett (ed.) English edition. European Photography, Göttingen. First published as *Für eine Philosophie der Fotografie.*

Flusser, V. (1998 [1980/1981/1982/1983/1989]) *Standpunkte. Texte zur Fotografie.* European Photography, Göttingen.

Foucault, M. (1973 [1966]) *The Order of Things. An Archeology of the Human Science.* Vintage Books, New York, NY. First published as *Les mots et les choses.*

Foucault, M. (1994 [1982]) La pensée, l'émotion. In: Foucault, M. (ed.) *Dits et écrits. IV 1980–1988.* Gallimard, Paris, pp. 243–250.

Groot, L. de. (2007) Camera Reflectens. Het Metabeeld in de Fotografie. Unpublished master's thesis, Leiden University.

Grundberg, A. (2003 [1990]) The crisis of the real: Photography and postmodernism. In: Wells, L. (ed.) *The Photography Reader.* Routledge, London, pp. 164–179.

Hagen, W. (2002) Die Entropie der Fotografie. Skizzen zu einer Genealogie der digitalen-elektronischen Bildaufzeichnung. In: Wolf, H. (ed.) *Paradigma Fotografie. Fotokritik am Ende des fotografischen Zeitalters.* Suhrkamp Verlag, Frankfurt, pp. 195–235.

Hoy, A.H. (1987) *Fabrications. Staged, Altered, and Appropriated Photographs*. Abbeville Press Publishers, New York, NY.

Iversen, M. (2007) *Beyond Pleasure. Freud, Lacan, Barthes*. The Pennsylvania State University Press, Pennsylvania, PN.

Kofman, S. (1998 [1973]) *Camera Obscura of Ideology*. Trans. W. Straw. The Athlone Press, London. First published as *Camera obscura de l'idéologie*.

Kozloff, M. (1979) *Photography & Fascination. Essays*. Addison House, Danbury, NH.

Krauss, R.E. (1985 [1977]) Notes on the index: Part 1. In: Krauss, R.E. (ed.) *The Originality of the Avant-Garde and Other Modernist Myths*. MIT Press, Cambridge, MA, pp. 196–209.

Lacan, J. (1998 [1973]) *The Seminar of Jacques Lacan. Book XI. The Four Fundamental Concepts of Psychoanalysis*. (Edited by Millar, J.-A.) Trans. A. Sheridan. W.W. Norton and Company, New York, NY. First published as *Les quatre concepts fondamentaux de la psychanalyse*.

Lawson, S. (1999 [1995]). Doppelgänger. Wendy McMurdo interviewed by Sheila Lawson. In: Brittain, D. (ed.) *Creative Camera. 30 Years of Writing*. Manchester University Press, Manchester, pp. 251–256.

Manovich, L. (1996 [1995]) The paradoxes of digital photography. In: Amelunxen, H. von, Iglhaut, S., and Rötzer, F. (eds) *Photography after Photography. Memory and Representation in the Digital Age*. G+B Arts, Amsterdam, pp. 57–65.

Marien, M.W. (1997) *Photography and Its Critics. A Cultural History, 1839–1900*. Cambridge University Press, Cambridge.

Martin, R. and Spence, J. (1988) Photo therapy: Psychic realism as a healing art? *Ten.8*, 30, 2–17.

McGrath, R. (1987) Re-reading Edward Weston. Feminism, photography and psychoanalysis. *Ten.8*, 27, 26–35.

McQuire, S. (1998) *Visions of Modernity. Representations, Memory, Time and Space in the Age of the Camera*. Sage, London.

Melchior-Bonnet, S. (2001 [1994]) *The Mirror: A History*. Trans. K.H. Jewett. Routledge, New York, NY. First published as *Histoire du miroir*.

Metz, Ch. (1985) Photography and fetish. *October*, 34, 81–90.

Mitchell, W.J. (1992) *The Reconfigured Eye: Visual Truth in the Post-Photographic Era*. MIT Press, Cambridge, MA.

Mitchell, W.J.T. (1994) *Picture Theory. Essays on Verbal and Visual Representation*. University of Chicago Press, Chicago, IL.

Mitchell, W.J.T. (2003) The work of art in the age of biocybernetic reproduction. *Modernism/Modernity*, 10 (3), 481–500.

Moholy-Nagy, L. (1989 [1927a]) Unprecedented photography. In: Phillips, Ch. (ed.) *Photography in the Modern Era. European Documents and Critical Writings, 1913–1940*. The Metropolitan Museum of Art and Aperture, New York, NY, pp. 83–85.

Moholy-Nagy, L. (1989 [1927b]) Photography in advertising. In: Phillips, Ch. (ed.) *Photography in the Modern Era. European Documents and Critical Writings, 1913–1940*. The Metropolitan Museum of Art and Aperture, New York, NY, pp. 86–93.

Moholy-Nagy, L. (1965 [1947]) *Vision in Motion*. Paul Theobald, Chicago, IL.

Mul, J. de. (2002) *Cyberspace Odyssee.* Klement, Kampen.

Mulder, A. (2000) *Het fotografisch genoegen.* Van Gennep, Amsterdam.

Owens, C. (1978) Photography *en Abyme, October,* 5, 73–88.

Owens, C. (1982) Sherrie Levine at A&M Artworks. *Art in America,* 70 (6), 148.

Owens, C. (1992 [1983]) The discourse of others: Feminists and postmodernism. In: Bryson, S., *et al.* (eds) *Craig Owens. Beyond Recognition. Representation, Power, and Culture.* University of California Press, Berkeley, Los Angeles, CA, pp. 166–190.

Owens, C. (1992 [1985]) Posing. In: Bryson, S., *et al.* (eds) *Craig Owens. Beyond Recognition. Representation, Power, and Culture.* University of California Press, Berkeley, Los Angeles, CA, pp. 201–217.

Pitman, J. (2008) War's absurdity in the day nobody died at Paradise Row. *Times Online.* Available at: http://entertainment.timesonline.co.uk/tol/arts_and_entertainment/visual_arts/article4803938.ece (accessed June 8, 2010).

Pollock, G. (2009 [1988]) *Vision and Difference. Feminism, Femininity and the Histories of Art.* Routledge, London.

Rose, G. (2003 [2001]) Psychoanalysis: Visual culture, visual pleasure, visual rupture. In: Rose, G. (ed.) *Visual Methodologies. An Introduction to the Interpretation of Visual Materials.* Sage, London, pp. 100–134.

Royle, N. (2003) *The Uncanny.* Manchester University Press, Manchester.

Schwarz, H. (1985 [1962]) On photography, part II. In: Parker, W.E. (ed.) *Art and Photography. Forerunners and Influences. Selected Essays by Heinrich Schwarz.* G.M. Smith and Visual Studies Workshop Press, Layton, UT, pp. 85–94.

Scott, C. (1999) *The Spoken Image. Photography and Language.* Reaktion Books, London.

Scott, C. (2007) *Street Photography. From Atget to Cartier-Bresson.* I.B. Taurus, London.

Solomon-Godeau, A. (2003 [1991]) *Photography at the Dock: Essays on Photographic History, Institutions, and Practices.* University of Minnesota Press, Minneapolis, MN.

Sontag, S. (2002 [1977]) *On Photography.* Penguin, London.

Stoichita, V.I. (1997 [1993]) *The Self-Aware Image. An Insight into Early Modern Meta-Painting.* Trans. A.M. Glasheen. Cambridge University Press, Cambridge. First published as *L'instauration du tableau. Métapeinture à l'aube des temps modernes.*

Stoichita, V.I. (1997) *A Short History of the Shadow.* Reaktion Books, London.

Streitberger, A. (2008) "The ambiguous multiple-entendre" (Baldessari) – Multimedia art as rebus. In: Van Gelder, H. and Westgeest, H. (eds) *Photography Between Poetry and Politics: The Critical Position of the Photographic Medium in Contemporary Art.* Leuven University Press, Leuven, pp. 35–49.

Streitberger, A. (2009) Questions from Alexander Streitberger to Victor Burgin. In: Streitberger, A. (ed.) *Situational Aesthetics. Selected Writings by Victor Burgin.* Leuven University Press, Leuven, pp. 109–110.

Szarkowski, J. (1978) *Mirrors and Windows.* Museum of Modern Art, New York, NY.

Talbot, W.H.F. (1980 [1844]) A brief historical sketch of the invention of the art. In: Trachtenberg, A. (ed.) *Classic Essays on Photography.* Trans. H. Gray. Leete's Island Press, New Haven, CT, pp. 28–36.

Tromble, M. (2005) *The Art and Films of Lynn Hershman Leeson.* University of California Press, Berkeley, CA.

Van Lier, H. (2007 [1983]) *Philosophy of Photography.* Trans. A. Rommens. Leuven University Press, Leuven. First published as *Philosophie de la photographie.*

Williams, V. (2008) No statistics. Adam Broomberg and Oliver Chanarin. In: Stok, F. van der, Giertsberg, F., and Bool, F. (eds) *Questioning History. Imagining the Past in Contemporary Art.* NAi Publishers, Rotterdam, pp. 120–125.

Yates, M. (1986) Photography and fine art. *Ten.8,* 23, 32–39.

专用术语一览表

Boom, M. and Rooseboom, H. (eds) (1996) *A New Art. Photography in the 19th Century.* Trans. B. Fasting. Rijksmuseum, Van Gogh Museum, Amsterdam.

Marien, M.W. (1997) *Photography and Its Critics. A Cultural History, 1839–1900.* Cambridge University Press, Cambridge.

Swinnen, J. (1992) *De paradox van de fotografie. Een kritische geschiedenis.* Hadewijch/Cantecleer/BRTN/VAR, Schoten.

索引

译后记

摄影术诞生虽只有短短不到200年的时间，其间出现的理论著述说不上汗牛充栋，但也足可谓非常之多，既总结和概括了摄影创作实践，也促进了摄影实践自身的不断发展。但这类著述翻译和引进的仍属极少数，除零星结集或收入其他视觉文化研究的文集外，几乎无从查找，更不用说系统地进行阅读。

两年前，为寻找此类参考书，得知本书英文版即将出版。预定了半年之后方得到此书，读后觉得对国内读者非常实用，是一本难得的参考书。该书把摄影的相关理论问题分成五大部分，围绕摄影中的再现、时间、空间（地点）、社会批判功能以及摄影自身呈现，结合西方摄影理论中的经典文论和著作，同时结合当代理论研究中其他学科的研究成果，对这一领域进行细致的梳理。本书引用著作和文章多达300余部（篇），虽不能说每部著作都详加论述，但足以让我们大略了解摄影理论发展动向。同时本书结合对早期、现代以及当代的摄影作品的案例分析，使理论梳理更加清晰。

2012年，本书作者之一海伦·维斯特杰斯特曾应邀在三影堂摄影艺术中心举办的"未来策展人"高阶培训中担纲"摄影理论简史"课程，4天课程也是以本书为基本线索，抽取摄影理论和实践中的重要概念，辅以大量作品案例研究，使学员们在极短的时间里了解到西方摄影理论和实践的大致发展过程和走向。作者对翻译引进此书也极为支持，并帮助协调版权的洽谈和购买。

2012年初，与中国民族摄影艺术出版社的张宇先生谈及此书，当即表示愿意出版，并开始与外方出版社洽谈版权事宜，经多方努力，终于取得了文字版权，但终因图片版权过于复杂，涉及到诸多机构和个人，难度极大，无法一一取得。故此在本书中文版正文中，取消了插图，仅注出原书图注。关于图片问题，也曾与作者商讨，她在中文版序言中提出配合英文原版来看的建议，目下也是无奈之举，未来希望更新的译本问世时可以解决这一问题吧。

关于本书书名的确定，原书名直译为《以历史的眼光看摄影理论》，与中国民族摄影艺术出版社社长殷德俭先生商讨，觉得直译译名不够明确，故此中文版更名为《摄影理论：历史脉络与案例分析》，这样既明确了此书历史脉络梳理的特点，也突出了该书的案例分析，读者更清楚此书的内容。

由于当代西方摄影理论涉及到的不仅仅是摄影或艺术领域本身，还广泛结合了其他学科的研究成果，诸如符号学、文化理论、视觉理论、精神病学、社会学、人类学、哲学、地理学等，翻译有相当的难度。书中出现的重要概念、文章书籍、作者以及作品等，在中文版中均注以原文，同时在正文栏外还加注了原文页码，虽然大大增加了工作量，但读者可以轻松找到原文对应页码，对中文译文难以理解的部分，可参考原文阅读。同时，原书的参考书目也保持原貌，未予翻译，有兴趣的读者可进一步参考涉及的原著。书末索引部分，均按照原书页码列示，保证与原著的对应关系。索引部分仅在词条之后加注中文。

书中一些重要概念和引文的翻译，国内已经有的少数译本，均按中译文直接收录进来，但没有译本的部分，除参照台湾已有的译本之外，只能根据相关学科的翻译方式暂时定名，例如书中谈及摄影的"在场"与"缺席"，presence和absence这两个概念，因为没有对应的翻译，暂定目前的译法。另外，apparatus，"机具"，第一稿中曾译为"器材"，后改为"器械"，但始终觉得不妥，后参考台湾李文吉的《摄影的哲学思考》中译本，暂定为"机具"为妥。另涉及其他学科的概念，诸如精神病理学和精神分析，都参考了该学科著述的译名方式。但因译者水平有限，难免挂一漏万，还望读者不吝赐教，多多提出宝贵意见，以便未来出版更新的译本。

另外，关于本书引文标注体例稍加说明。文末标注括号及数字的，是引用文献的页码，如中文版第10页第5行末尾；括号中标注引用文献作者名及数字者，如中文本20页（波尔特和格鲁森，1999[30]），指引用两位作者的这一文献第30页文字，该文献出版于1999年；如第20页（1980[1945]:238）的写法，指的是引用文献为1980年版238页，该文献最早出版于1945年。书中引文体系以此类推，特此说明。

国内近年来翻译出版了桑塔格、巴特、本雅明等名家的理论书籍和文章，但尚有大量对现当代摄影艺术实践具有重要影响的作者和著作尚未引进，早期如施蒂格利茨、莫霍利—纳吉、韦斯顿、纽霍尔、格恩斯海姆，当代如巴茨、弗卢瑟尔、范·里尔、米切尔·弗雷德、乔弗里、巴钦、玛莎·罗斯勒、艾伦·塞库拉、约翰·塔格、维克多·布尔金等等，理论著作翻译引进的工作还任重道远，需要更多有志者投身这一行列，不断丰富理论译著，从而解决目前与西方同行们信息不对等的局面，在充分了解近200年来西方摄影领域理论和实践的发展和走向这一基础上，促进国内摄影理论研究的深化和推陈出新，同时为摄影实践者们的创作打开新的思路。

感谢中国民族摄影艺术出版殷德俭先生和张宇先生一直以来给予的帮助和支持，感谢在翻译本书过程中提供帮助的朋友们，翻译中曾与海杰、唐晶等讨论过一些概念，博尚兄也在版式设计中提出了一些意见。感谢家人的支持和宽容，每晚工作至深夜均陪伴左右。感谢本书作者提供的多方帮助，更感谢她们用自己的研究成果写作了这样一本好书。希望本书中文版的问世，能为丰富国内摄影理论研究译著献绵薄之力。

毛卫东

2013年12月4日于银枫寓所

修订说明

2014年3月本书第一版出版问世后，一年来已告售罄。值第二次印刷之际，对第一版译文进行了再次修订，订正了第一版中的若干疏漏。另外，两个较大的改动在此予以说明。

首先，第一版中"image"均翻译为"图像"，为了有别于其他艺术类型形成的image，本次修订遂将与摄影有关的"image"改译为"影像"。

其次，第一版后记中曾专门说明"apparatus"一词翻译时的考虑，当时采用了台湾的译法，翻译成"机具"。本书第一版出版后，承蒙董冰峰兄引介阿甘本的《apparatus》一文，经数次讨论后，觉得还是按照目前当代艺术的标准译法，改译为"装置"。

特此说明。

毛卫东

2015年6月1日

图书在版编目（ＣＩＰ）数据

摄影理论：历史脉络与案例分析 / (比) 吉尔德, (荷) 维斯特杰斯特著；毛卫东译. —— 北京：中国民族摄影艺术出版社, 2013.12

（影像文丛）

书名原文：Photography theory in historical perspective
ISBN 978-7-5122-0485-0

Ⅰ.①摄… Ⅱ.①吉… ②维… ③毛… Ⅲ.①摄影理论 Ⅳ.①TB81

中国版本图书馆CIP数据核字(2013)第301798号
著作权合同登记号 01-2013-6452

Title: *Photography theory in historical perspective* by Hilde Van Gelder and Helen Westgeest,
ISBN:978-1-4051-9161-6

Copyright © 2011 Hilde Van Gelder and Helen Westgeest

丛　书：影像文丛
主　编：毛卫东
出版人：殷德俭

摄影理论：历史脉络与案例分析（修订版）

作　者：[比利时] 希尔达·凡·吉尔德　[荷兰] 海伦·维斯特杰斯特
翻　译：毛卫东
责　编：张宇　董良
出　版：中国民族摄影艺术出版社
地　址：北京东城区和平里北街14号（100013）
发　行：010-64211754　84250639
网　址：http://www.chinamzsy.com
印　刷：北京地大天成印务有限公司
开　本：32k　142 mm×210 mm
印　张：8
字　数：200 千
版　次：2015年6月第1版第2次印刷
印　数：3001—6000册
书　号：ISBN 978-7-5122-0485-0
定　价：58.00 元

图注

第一章 摄影中的再现

图注1.1 杰夫·沃尔，《洛杉矶贝弗利大道8056号，1996年9月24日上午9时》，1996年，明胶卤化银照片，203.5 × 256 厘米
© 杰夫·沃尔

图注1.2 杉本博司，《音乐课》，1999年，染料冲印照片，135 × 106 厘米，底片 C2001
© 杉本博司

图注1.3 杰夫·沃尔，《绊脚石》，1991年，灯箱透明片，229 × 337.5 厘米
© 杰夫·沃尔

图注1.4 亨利·佩奇·罗宾逊，《他从不坦露自己的爱》，1884年 国立媒体博物馆

图注1.5 亚历山大·罗德钦科，《高等技术与艺术学院校内的游行集会》，1928年，明胶卤化银照片，49.5 × 35.3 厘米

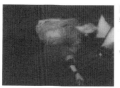

图注1.6 格哈特·李希特，《被枪杀者1》，1988年，布面油画，100 × 140厘米
© 格哈特·李希特

图注1.7 托马斯·鲁夫，《肖像（斯托亚）》1986年，210 × 165 厘米
© 托马斯·鲁夫

图注1.8 格哈特·李希特，《8.2.1992》，1992年，彩色照片上涂抹黑白漆料，10.9 × 14.8 厘米
© 格哈特·李希特

图注1.9 尤塔·巴斯，《旷野之9》，1995年，带背板的彩色照片，58.4 × 73 厘米，第八版
© 尤塔·巴斯

(a)

(b)

图注1.10 (a)托马斯·鲁夫，《Jpeg se03》，2006年，242.6 × 184.8 厘米 (b) 图注1。10(a) 细部
© 托马斯·鲁夫

第二章 摄影中的时间

图注2.1 杉本博司，《尤宁城汽车影院》，1993年，明胶卤化银照片，119.4 × 149.2 厘米，底片701
© 杉本博司

图注2.2 马丁·范沃尔塞姆，《鲁汶》，2002年，激光冲印照片，30 × 255 厘米
© 马丁·范沃尔塞姆

图注2.3 哈罗德·埃杰顿，《奶滴皇冠》，约1936年
© 麻省理工学院

图注2.4 艾蒂安·儒勒·马雷，《奔跑的定时摄影图像》，约1892年
国立媒体博物馆

图注2.5 安东·乔里奥·布拉加利亚，《位置的变换》，1911年，明胶卤化银照片，12.8 × 17.9 厘米
© Photo SCALA, Florence, 2010

图注2.6 海莉·纽曼，《哭泣的眼镜》（抑郁症辅助），1995年，在汉堡、柏林、罗斯托克、伦敦和吉尔福德的公交车上。摄影：克里斯蒂娜·兰博。一年来，我乘坐所造访的城市的公交车时，带着哭泣的眼镜。眼镜利用隐藏在我外套里的一个泵压系统，从眼睛中挤压出水来，在我的脸上行为泪滴。眼镜被构思成一个能够在公共空间表达情感的工具。数月来带着这个眼镜，它们成了外在的器械，能够让内在的、无法识别的情绪表现出来。
引自《隐义：行为影像，1994-1998》，1998年。
摄影：凯西·奥尔

(a)

图注2.7 (a) 爱德华·迈布里奇，《骑马者的延时照片》，1872－1885年；(b) 爱德华·迈布里奇，《马和骑手》，1880年
(a) 国立媒体博物馆 (b) 金斯顿博物馆

(b)

图注2.8 亨利·卡蒂埃——布列松，《圣拉扎尔车站背后》，1932年
马格南图片社

图注2.9 克里斯·马克，《堤》，1962年，电影剧照
阿尔果斯影片公司

图注2.10 大卫·克莱伯特，《越南，1967年，德富县邻近地区，重现岭广路作品，2001年
© 大卫·克莱伯特

第三章 摄影中的地点与空间

图注3.1 海伦·维斯特杰斯特家庭相册中的埃菲尔铁塔照片，1950年

图注3.2 托马斯·迪曼德，《厨房》，2004年，暗房冲印彩色照片，133 × 165 厘米
© 托马斯·迪曼德

图注3.3 威廉·亨利·福克斯·塔尔博特，《林肯法学院一景，新图书馆，伦敦》，1843－1846年，卡罗法底片制作的盐纸照片
莱顿大学

图注3.4 奥斯卡·古斯塔夫·雷兰德，《人生的两条道路》，1857年，蛋白工艺照片，多张底片合成。国立媒体博物馆

(a)
(b)
(c)

图注 3.5 (a) 莫妮卡·司徒德/克里斯托弗·范·登·伯格，《湖》，2009年，装置作品，带有洞穴结构的打印聚氯乙烯多边形，喷薄打印，木质结构，393 × 356 × 860 厘米，摄像机，以及 (b和c) 显示屏；
背景图像：喷墨输出在聚氯乙烯上，480 × 500厘米

图注3.6 伊德瑞斯·卡恩，《贝歇夫妇的每一座山墙边的房子》，激光冲印照片，装裱在铝板上，203.2 × 165.1 厘米
© 伊德瑞斯·卡恩

图注3.7 让·蒂波茨，《透视矫正：我的工作室Ⅱ》，1969年，黑白照片，115 × 115 厘米
© 让·蒂波茨

图注3.8 安德烈·莫纳斯特尔斯基，《喷泉》，2005年，16幅照片，每幅200 × 80 厘米，直径700 厘米，面粉
© SABAM Belgium

图注3.9 德鲁日巴·纳洛托夫喷泉。摄影：安娜·耶列夫娜

图注3.10 安德烈·古斯基，《法兰克福》，2007年，彩色照片，237 × 504 × 6.2 厘米
© 安德烈·古斯基

图注3.11 让·蒂波茨，《布尔口之二》，1981年，彩色照片，纸上铅笔绘制，装裱在硬纸板上。185 × 185 厘米
© 让·蒂波茨

图注3.12 让·蒂波茨，《韦扎塔的窗子》，1989年，彩色照片及纸上水彩，装裱在硬纸板上，185 × 185 厘米
© 让·蒂波茨

图注3.13 大卫·霍克尼，《在禅院小憩，1983年2月119日摄于京都龙安寺》，1983年，摄影拼贴，149.2 × 106.7厘米，20版
© 大卫·霍克尼

图注3.14家肯尼斯·斯奈尔森，《岩石公园（京都龙安寺）》，1989年

图注3.15 米切尔·苏博斯基，《508b 囚室，A区，波尔斯莫安全监狱》，引自《四个角落》，2004-2005年
© 米切尔·苏博斯基

图注3.16 杰弗里·肖，《地点：用户手册》，1995年，多媒体装置（观众来到11个360度全景照片组成的圆筒旁）
© 杰弗里·肖

图注3.17 米罗斯拉夫·若嘉纳，《情人跳》，1995年，互动多媒体装置，德国媒体与艺术中心，1995年。两块投影幕（4 × 6米），空间（30 × 15米），两台计算机，两张镭射盘，音频CD，四通道音响，无线/红外头戴式耳机。与卢德格尔·霍维斯塔德（12D设计环境）以及福特·奥克萨尔（心/眼/视视角）合作。摄影记录文献。

图注3.18 莱昂·皮埃尔·茹万，《法国凡尔赛公园的一只花瓶》，1853-1857年，立体照片（卡片），玻璃湿版底片制作的蛋白工艺照片，莱顿大学

图注3.19 康斯坦·纽文赫斯，《新巴比伦，大型黄色区域》，1967年，《新巴比伦》展览装置现场，1974年 海牙市立博物馆

图注3.20 米开朗基罗·皮斯特莱托，《彩色的玛利亚》，1962/1993年，丝网印刷在抛光不锈钢板上，230 × 125厘米，原作为彩色

图注3.21 伯恩·哈尔布赫尔，《韩式房间》，2009年
© 伯恩·哈尔布赫尔

图注3.22 克尔基思多夫·沃蒂兹科，《士兵与水手纪念拱门》，1986年。在马萨诸塞州波士顿士兵与水手内战纪念碑上的公开投影。
© 克尔基思多夫·沃蒂兹科

第四章 摄影的社会功能

(a)　　　　　　　　(b)

图注4.1 (a and b) 艾伦·塞库拉，《无题幻灯片段》，1972年（细部）
© 艾伦·塞库拉

图注4.2 布鲁诺·萨拉朗格，《第十号，1994年1月5日星期四》，引自《社会新闻》系列，1994年。西霸彩色照片与丝网漏印，带玻璃木框中，85 × 102.5厘米《巴黎风貌》

图注4.3 约翰·汤普森，《爬行者，伦敦》，引自《伦敦的街头生活》（1877-1878），图版30，乔治·伊士曼之家国际摄影与电影美术馆

(a)　　　　(b)　　　(c)

图注4.4 (a) 布鲁诺·萨拉朗格，《避难所之六，加莱，2007年4月》，选自《加莱》系列，2007年。伊尔福克罗姆工艺，装裱在铝板上，覆亚克力加框，126 × 159厘米
(b)《两个男人，沙丘区，加莱，2007年7月》，选自《加莱》系列，2007年。伊尔福克罗姆工艺，装裱在铝板上，覆亚克力加框，159 × 126 厘米
(c)《残迹 3，加莱，2007年7月》，选自《加莱》系列，2007年。伊尔福克罗姆工艺，装裱在铝板上，覆亚克力加框，63.5 × 51厘米
《巴黎风貌》